国家发展与战略丛书

National Development and Strategy Series

中国地方政府
节能指标评估研究

Evaluation on Energy-saving Indicators of Local Government in China

马 本／著

U0386450

中国人民大学出版社
·北京·

图书在版编目（CIP）数据

中国地方政府节能指标评估研究/马本著. —北京：中国人民大学出版社，2019.1

（国家发展与战略丛书）

ISBN 978-7-300-26499-8

Ⅰ.①中…　Ⅱ.①马…　Ⅲ.①地方政府-节能-经济指标-评价-中国　Ⅳ.①TK01

中国版本图书馆 CIP 数据核字（2018）第 282252 号

国家发展与战略丛书

中国地方政府节能指标评估研究

马　本　著

Zhongguo Difang Zhengfu Jieneng Zhibiao Pinggu Yanjiu

出版发行	中国人民大学出版社			
社　　址	北京中关村大街 31 号		**邮政编码**	100080
电　　话	010－62511242（总编室）		010－62511770（质管部）	
	010－82501766（邮购部）		010－62514148（门市部）	
	010－62515195（发行公司）		010－62515275（盗版举报）	
网　　址	http://www.crup.com.cn			
	http://www.ttrnet.com（人大教研网）			
经　　销	新华书店			
印　　刷	天津中印联印务有限公司			
规　　格	160 mm×230 mm　16 开本		**版　　次**	2019 年 1 月第 1 版
印　　张	15.75 插页 1		**印　　次**	2019 年 1 月第 1 次印刷
字　　数	227 000		**定　　价**	58.00 元

前　言

　　为扭转"十五"期间能源消费量迅速扩张、能源消费强度反弹的形势，2006 年我国引入了节能目标责任制度，通过明确责任、制定目标、定量考核的方式，激励地方政府推动节能监管和政策落实。地方政府节能考核指标成为落实国家节能战略的重要抓手，形塑了地方政府节能激励结构的主要内容。然而，随着中国经济分权化改革的深入，地方政府集经济发展、医疗卫生、节能环保等事务于一身，财政创收激励和政治晋升激励将地方政府塑造成为增长型政府，经济增长强激励必然对节能激励产生种种影响，甚至使其扭曲。鉴于此，本书试图以新古典经济学框架下的节能市场失灵为基础，引入新政治经济学关于地方政府（或其主要官员）经济增长的激励结构，以地方政府节能考核指标为核心，较客观、深入地刻画地方政府的节能激励及节能行为模式，以期从评估和改进节能考核指标的角度，促进地方政府节能激励结构的优化、推动实现真实节能。

　　本书的结构安排如下：第 1 章是导论。第 2 章是地方政府节能激励的制度基础，分别从经济增长激励机制、节能市场失灵两个角度分析地方政府节能激励结构。第 3 章是地方政府节能指标的评估框架，归纳了我国的节能政策及其执行机制，重点分析了我国的节能目标责任制度，在文献研究基础上，提出了评估框架。第4、5、6章分别从节能内涵、节能统计、节能资源配置的视角对以万元GDP能耗下降率（能源消费强度下降率）为核心的节能指标进行了评估，提出了指标改进的思路。第7章是本书的结论、建议与启示。

本书对从事能源经济、能源管理等相关领域工作的专业人员具有参考价值，也可以作为能源经济学、环境经济学等专业研究生的教学参考书。

本书是在博士论文基础上稍做修改而成的。笔者在博士论文的准备和撰写过程中，得到了许多专家学者的指导、帮助和鼓励。感谢导师宋国君教授的悉心指导，本书的许多观点也是跟宋老师讨论而成的。一直以来，宋老师都对我严格要求，为我提供良好的科研学习条件，督促我出国交流开拓视野，鼓励我进行学术前沿探索；宋老师接地气的研究视角、实事求是的学术态度、坚持不懈的学术追求，都使我受益匪浅。感谢美国纽约州立大学的Richard C. Smardon教授和雪城大学的Peter J. Wilcoxen副教授对本书框架和思路的讨论和有益建议；感谢美国纽约州立大学的David A. Sonnenfeld教授的学术讨论和对部分章节的富有建设性的意见。感谢中国人民大学的马中教授、曾贤刚教授对本书的评论和提出的修改意见。本书的出版，还得益于亲人、朋友们的关心、支持和鼓励，在此表达诚挚的谢意。

本书是对我国节能考评指标的初步评估，尽管在撰写过程中，力求资料翔实、论证严谨，但限于作者能力，难免存在疏漏，不足之处恳请读者批评指正。

马本

于中国人民大学

目　　录

第1章 导论

1.1 研究背景

1.1.1 节能是解决中国能源消费量和碳排放量过快增长、空气污染日益严重的根本途径

1978 年至 2010 年，中国国内生产总值（GDP）年均增长 9.5%，2010 年达到 40.12 万亿元，约合 5.4 万亿美元；在经济增长驱动下，能源消费总量持续快速增长，2010 年达到 30.80 亿吨标准煤。[①] 2010 年，中国一次能源消费量占世界能源消费总量的 20.3%，超过了美国的 19.3%，成为能源消费最多的国家。[②]

在一次能源消费中，煤炭消费量占中国能源消费总量的比重已由建国初期的 90% 以上下降到改革开放初期的 70%；1980—2000 年，该比

---

① 该数据采用电热当量法计算，按发电煤耗法计算的能源消费总量为 32.49 亿吨标准煤。参见《中国能源统计年鉴 2011》。

② BP，2011. BP Statistical Review of World Energy June 2010. British Petroleum，London.

重维持在 70%～80%，经历了小幅上升而后下降的过程；2010 年下降至 68.0%。尽管如此，煤炭在我国能源消费中的主体地位短期内难以根本改变。与此同时，石油的消费量呈快速增长趋势，机动车保有量的快速增长是主要驱动因素。

能源消耗是中国大气污染日益严重、温室气体排放快速增长的主要诱因。中国的大气环境污染以煤烟型为主，主要污染物是颗粒物和 SO_2，部分大城市如北京、上海、广州等，属于煤烟型与机动车尾气污染并重类型。[①] 2013 年 1 月华北大部出现了持续时间长、污染严重的大范围强雾霾天气，中科院等的相关研究认为大气污染是产生该次雾霾的主要原因，其中工业和燃煤排放、汽车尾气等是主要污染源。[②] 与此同时，中国燃料消费的碳排放总量居世界第一位，2010 年中国燃料消费 CO_2 排放总量为 72.171 亿吨，占当年世界排放总量的 23.84%[③]，2011 年该比例上升为 26.38%[④]，中国面临越来越大的国际压力。

节能是缓解中国能源消费总量和碳排放总量过快增长、减轻空气污染的根本途径。一方面，采取技术上可行、经济上合理、环境和社会可接受的一切措施，来提高能源资源的利用效率，降低单位产出的能源消耗。当前，与世界平均水平和主要发达国家相比，中国的能源利用效率偏低。2009 年，中国的单位 GDP 能耗为 4.88 吨标准油/万美元，是世界平均水平的 2.31 倍、经济合作与发展组织（OECD）平均水平的 4.03 倍、美国的 3.78 倍、德国的 4.36 倍、日本的 7.63 倍。同时，与其他"金砖国家"相比，中国的单位 GDP 能耗是巴西的 2.19 倍，是印度的 95%，是俄罗斯的 46%。[⑤] 以世界平均水平为标杆，中国在提高

① 参见郝吉明、马广大、王书肖：《大气污染控制工程（第三版）》，北京，高等教育出版社，2010。

② 参见王炬鹏：《中科院专项研究强雾霾天气原因——污染排放为主因》，载《中国青年报》，2013-02-16。

③ IEA, 2012. IEA Statistics CO_2 Emission from Fuel Combustion: Highlights (2012 Edition). International Energy Agency, Paris.

④ BP, 2012. BP Statistical Review of World Energy June 2011. British Petroleum, London.

⑤ 参见《中国能源统计年鉴 2011》。

能源利用效率方面有巨大潜力（见图 1-1）。

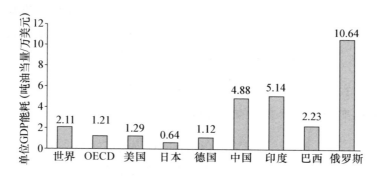

图 1-1 2009 年中国与其他国家或地区能源消费强度对比

注：GDP 采用汇率法核算，以 2000 年价格为基期。
资料来源：《中国能源统计年鉴 2011》。

与此同时，中国能源利用效率呈现较大的区域差异。以省级行政区为例，2009 年单位 GDP 能耗较低的北京为 0.606 吨标准煤/万元，广东为 0.684 吨标准煤/万元，上海为 0.727 吨标准煤/万元，而同期的宁夏为 3.454 吨标准煤/万元，青海为 2.689 吨标准煤/万元，山西为 2.364 吨标准煤/万元。城市能效间的差距更加明显。2009 年在有观测值的 214 个城市中，城市平均值为 1.43 吨标准煤/万元，能耗强度最大的是石嘴山市的 6.75 吨标准煤/万元，是均值的 4.7 倍；能耗强度最小的是汕尾市的 0.528 吨标准煤/万元，仅是均值的 36.9%。与国家间诸如社会制度、技术封锁等限制相比，中国各地区的社会制度、经济运行规则和金融、财政、税收等宏观经济政策基本一致①，缩小地区能源消费强度差距是当前技术经济条件下实现中国总体能源消费强度下降的重要途径。

另一方面，积极开发太阳能、风能等可再生能源，加快可再生能源对化石能源的替代，抑制化石能源消费量的过快增长是节能的重要内容。由于化石能源的不可再生性，在当前经济、技术可行的条件下，应

---

① 参见史丹：《中国能源效率的地区差异与节能潜力分析》，载《中国工业经济》，2006（10）。

中国地方政府节能指标评估研究

大力发展可再生能源。2009 年，中国水电、风电、生物质发电，以及包括沼气、太阳能在内的可再生能源应用量约合 2.68 亿吨标准煤，占当年能源消费总量的 8.7%。① 在能源短缺、环境污染、气候变化等严峻形势下，加快发展可再生能源是一个重要的破解途径。

1.1.2 地方政府已成为节能监管和政策执行的主体，节能评价指标是落实国家节能战略的重要抓手

改革开放之初，国民经济沿袭原有的计划经济体制，在工业领域尤甚。这一时期所形成的节能监管体系具有计划经济时期的基本特征，体现为：综合经济部门制定节能政策—专业工业部门执行节能政策—下属工业企业落实政策措施。这种节能政策及其执行机制与以国营经济为主体的能耗结构相一致。1992 年以后，国家经济体制改革的步伐加快。大批国有企业改制，一部分中央直属企业完成股份制改造，实行属地化管理，由企业所在地政府管理。与此同时，乡镇企业的发展带动民营企业快速发展。由地方政府直接管理的企业迅速扩张，而由国务院工业部门直接或间接管理的企业不断减少。2000 年以后，随着中国加入世界贸易组织（WTO），节能行业主管部门大多已经转制为工业行业协会，中央工业部门垂直监管功能大为弱化。②

改革开放以来，我国国有及国有控股企业在工业总产值中的比重呈快速下降趋势，由改革开放初期的近 80%，下降为 2011 年的 26.2%。其中，国有企业的比重也呈下降趋势，由 2001 年的 18.1%下降到 2011 年的 7.9%，国有企业中的中央企业的比重 2011 年下降为 4.7%（见图 1-2）。一方面，国有及国有控股企业在工业产值中的比重持续下降；另一方面，中央国有企业的比重持续下降，中央政府及其职能部门在节能政策执行中的作用大为削弱。

随着国有企业改制和非国有企业的快速发展，中央政府职能部门节

---

① 参见国家发改委：《可再生能源发展"十二五"规划编制工作方案》，2010。
② 参见齐晔：《中国低碳发展报告（2013）——政策执行与制度创新》，北京，社会科学文献出版社，2013。

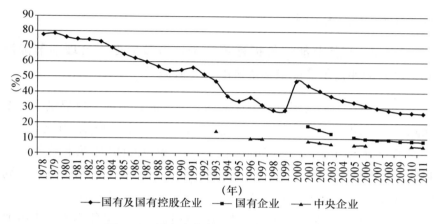

图 1 - 2　国有企业占工业总产值的比重变化

注：1999 年以前工业统计口径包括所有独立核算的工业企业，2000 年开始，工业统计不再包含规模以下（年产值 500 万元以下）的非国有企业，即只包含 "全部国有企业" 和 "规模以上非国有企业"，导致 2000 年国有及国有控股企业比重大幅上升；受统计指标限制，"国有企业" 和 "中央企业" 不包含国有独资公司。

资料来源：《中国工业经济统计年鉴》，有数据缺失。

能监管和执行能力弱化的同时，地方政府节能监管和政策执行的地位越来越重要。2006 年 8 月，国务院颁布《国务院关于加强节能工作的决定》，明确了实现 "十一五" 节能目标的具体方法，即建立节能目标责任制和评价考核体系。随后，国务院将 "十一五" 单位 GDP 能耗在 2005 年基础上下降 20％的总体目标分解为各地区节能目标，并明确了地方政府主要领导是节能工作的第一责任人。2007 年 10 月，全国人大常委会通过修订后的《节约能源法》，将节能目标责任制写入法律。由此，确立了节能目标自上而下的分解、执行和考核的节能目标责任制度，地方政府在节能政策执行体系中扮演了核心的角色。[①]

　　本质上，节能目标责任制是对地方政府节能管理效果进行考评的制度，节能评价指标是将中央政府节能目标转化为地方政府加强节能监管、贯彻节能政策的重要载体，是落实国家节能战略的重要抓手。节能评价指标的合理性对激励地方政府真正节能、规范地方政府节能行为，

---

　　① 参见齐晔：《中国低碳发展报告（2013）——政策执行与制度创新》，北京，社会科学文献出版社，2013。

以及节能目标的实现都十分重要。

1.1.3 现行节能评价指标不利于地方政府形成合理的节能激励，深入的评估是节能指标改进的重要依据

"十一五"节能目标责任制的实施，为节能目标的完成提供了重要保障。2010 年，中国单位 GDP 能耗为 1.033 吨标准煤/万元[①]，比 2005 年下降 19.06%，基本完成"十一五"单位 GDP 能耗下降 20% 的目标。作为重要的节能政策执行机制，节能目标责任制功不可没。同时，以万元 GDP 能耗下降率为核心的节能指标存在诸多不足：

第一，难以抑制能源消费总量的快速增长。[②] 2002 年以来，中国能源消费总量的增长显著加快，以年均 9.31% 的速度增加，显著快于 1990—2002 年 4.08% 的年均增长率。2005—2010 年，尽管中国为节能付出了巨大努力，包括政策和管理、资金投入、机构建设等，但是仍未遏制能源消费总量的快速增长。

"九五"计划提出万元 GDP 能耗下降 22.7% 的目标，实际下降达到 27.1%，该时期能源消费总量累计增长 1.44 亿吨标准煤。"十一五"同样设定了节能目标，能源消费总量增加 8.89 亿吨标准煤，远远大于"九五"期间新增的 1.44 亿吨标准煤。"十五"计划未提出万元 GDP 能耗下降率目标，万元 GDP 能耗上升 1.8%，能源消费总量增加 9.05 亿吨标准煤。与"十五"时期对比，在节能目标约束下，"十一五"时期新增的能源消费量与无节能目标约束的"十五"能源增量基本相当（见表 1-1）。

表 1-1　　　三个五年计划（规划）节能目标及其完成情况对比

时期	是否制定单位 GDP 能耗目标（%）	节能目标完成情况（%）	能源消费总量累计增量（亿吨标准煤）	能源消费总量累计增长率（%）	GDP 累计增长率（%）
"九五"	下降 22.7	下降 27.1	1.44	10.9	51.3

---

①　GDP 采用 2005 年可比价格。

②　除此之外，以万元 GDP 能耗下降率为核心的节能评价指标，还存在诸如不利于发展可再生能源、以技术节能为导向的考评体系难以有效激励结构节能和管理节能等不足，详细分析参见 3.2.3 节。

续前表

时期	是否制定单位GDP能耗目标（％）	节能目标完成情况（％）	能源消费总量累计增量（亿吨标准煤）	能源消费总量累计增长率（％）	GDP累计增长率（％）
"十五"	无	上升1.8	9.05	62.2	59.3
"十一五"	下降20	下降19.0	8.89	37.7	70.1

资料来源：《新中国六十年统计资料汇编（1949—2008）》、《中国能源统计年鉴2011》、"九五""十五""十一五"国民经济和社会发展五年计划（规划）纲要。

第二，万元GDP能耗下降率指标下，地方政府节能激励还存在做大GDP的非节能激励、经济增长速度越快节能约束越小等问题。[①] GDP增长率越高，万元GDP能耗下降率目标就越容易完成。如果各地区分配了相同或相近的节能目标，不同地区GDP增长率差异越大，不同地区以能源消费的收入弹性表征的节能约束的差异就越大，从而出现地区间节能进度分化的不公平现象。[②] 而且，在分级核算的节能统计体制下，地方政府既是节能的被考核者，也是自身节能统计的实施者，加之地方政府GDP的强激励模式为行政干预统计数据提供了制度基础，增大了地方政府为完成节能目标而不采取真实节能行动的机会主义风险。

一般而言，真实节能构成了地方发展GDP的制约因素，可能对地方招商引资、增加财政收入造成一定程度的负面影响。[③] 尽管节能目标的完成情况对地方官员的政治晋升具有"一票否决"的优先性，但由于地方政府缺乏节能的内在动力，节能激励在经济增长强力激励模式下，

[①] 此处仅简述万元GDP能耗下降率指标下，节能激励存在的部分问题。关于节能激励机制的详细分析，参见4.3节。

[②] 例如，"十二五"初期（2011—2012年），万元GDP能耗下降率指标完成情况出现了明显的分化，北京前两年已经完成"十二五"目标的66.9％，上海完成了70.9％。与此同时，海南、青海和新疆则出现了万元GDP能耗不降反升的情形。

[③] Eaton, S., Kostka, G., 2014. Authoritarian Environmentalism Undermined? Local Leaders' Time Horizons and Environmental Policy Implementation in China. *The China Quarterly* 218, 359—380. 陶然、陆曦、苏福兵、汪晖：《地区竞争格局演变下的中国转轨：财政激励和发展模式反思》，载《经济研究》，2009（7）。

仍然被扭曲了。2010 年，多地区出现了"极端节能""休眠管理"现象[1]，通过节能政策低质量的执行，追求立竿见影的效果，忽视长远节能方案[2]，能源消费数据省区市和国家衔接不上[3]，削弱了政策执行的基础，等等。这些现象的背后，实际上是在特定节能激励下，地方政府采取的节能机会主义行为，与真实节能的初衷相违背。

当国家节能政策的落实越来越依赖地方政府，地方政府节能激励的合理性和有效性影响着地方政府公共资源在节能领域的投入和特定节能资源的配置模式，也决定着地方政府是否采取行动、推动真实节能。基于此，在节能目标责任制框架下，节能评价指标如何塑造地方政府的节能激励，经济增长的强激励如何对节能激励造成影响，通过对万元GDP 能耗下降率指标的评估，分析其与节能内涵的匹配性、节能激励的有效性、对节能资源配置的引导作用，探讨节能评价指标的改进思路，是本章着重研究的问题。

1.2 主要概念

1.2.1 地方政府

作为节能政策监管和执行的重要一环，地方政府在节能中的作用至关重要。在中国五级政府构架下，除了中央政府外的省（自治区、直辖市）、地市（州、盟）、县（县级市）、乡（镇）四级行政层级均被称为

---

① Kostka, G., Hobbs, W., 2012. Local Energy Efficiency Policy Implementation in China: Bridging the Gap between National Priorities and Local Interests. *The China Quarterly* 211, 765–785. Li, J., Wang, X., 2012. Energy and Climate Policy in China's Twelfth Five-year Plan: A Paradigm Shift. *Energy Policy* 41, 519–528.

② Eaton, S., Kostka, G., 2014. Authoritarian Environmentalism Undermined? Local Leaders' Time Horizons and Environmental Policy Implementation in China. *The China Quarterly* 218, 359–380.

③ Holz, C. A., 2014. The Quality of China's GDP Statistics. *China Economic Review* 30, 309–338.

地方政府。由于地方政府是辖区节能的责任主体，这里评价的是地方政府所辖地理区域内的总体节能效果，所以将地方政府看成一个整体。这个整体有两层含义：其一是将所辖的下级行政区的节能效果作为整体。例如，在中国现行的政府构架下，省级政府的节能效果实际上是所辖地市级行政区节能效果的加权平均，以此类推。其二是将该行政区内与节能相关的所有职能部门的节能效果看作一个整体①，地方政府节能效果是这些职能部门节能效果的总和。需要明确的是，地方政府是节能的责任主体，但节能指标评价的是辖区内的经济活动的节能效果，而不是评价政府机关自身的节能效果。

从概念上，地方政府囊括了除中央政府以外的所有行政层级。受数据可得性的限制，这里以省级行政区为主分析地方政府的节能激励、评估节能评价指标。考虑到在不同政府层级间自上而下、层层递进的节能互动具有一定的相似性，这里的分析结论在一定程度上适用于省及其以下层级的地方政府。但这种相似性并不完全，不同层级地方政府的节能模式存在差异。例如，在节能领域，县、乡等基层政府实际承担了节能的压力，直接面临低碳治理难题，相对而言，省区市作为中间政府不直接承担节能压力、不直接面临低碳治理难题。② 不同层级地方政府的节能激励、节能行为等可能存在的差异，这里并没有做详细分析。因此，将这里的部分结论原封不动地推广到更低层面的地方政府，尤其是地市级以下政府，需持谨慎态度。

1.2.2 节能

在概念上，节能是绝对量的概念，指能源消费总量的减少。③ 与节能易混淆的另一个概念是能源效率。能源效率是指用较少的能源生产同

---

① 与节能相关的政府职能部门较多，至少包括发展和改革部门、工业和信息化部门、建设部门、交通部门、农业部门、财政部门、统计部门以及节能监察队等。

② 参见齐晔：《中国低碳发展报告（2013）——政策执行与制度创新》，北京，社会科学文献出版社，2013。

③ Gillingham, K., Newell, R. G., Palmer, K., 2009. Energy Efficiency Economics and Policy. *Annual Review of Resource Economics* 1, 597-619.

样数量的服务或者有用的产出。① 节能并不能与能源效率提高画等号。由于节能未对能源服务的数量和质量进行限定，节能或能源消费总量的减少并不一定意味着能源效率的提高，能源效率的提高同样不一定意味着能源消费总量的减少；如果不伴随能源效率的提高，节能就意味着能源服务的减少。

同时，能源的回弹效应（rebound effect）和能源的价格弹性将节能与能源效率区分开来。能源的回弹效应指能源服务由于能源效率的提高、能源服务边际成本的降低而增加的现象；能源的回弹效应说明能源效率的提高并不一定总产生节能效果。由于能耗设备、节能投资的周转周期较长，能源价格的短期弹性主要取决于能源服务消费量的减少，更多与节能相关；能源价格的长期弹性则更多包含设备存量的能源效率提升，更多与能源效率相关。②

这里将节能定义为在能源的生产、运输、转化和消费过程中，减少浪费、提高利用率和使用效率，以尽可能少的能源消耗提供能源服务，同时，促进高热值能源对低热值能源的替代、清洁能源对高污染能源的替代、可再生能源对非可再生能源的替代，最终实现化石能源消费量的减少和能源结构的高效化、清洁化、绿色化。③

1.2.3　节能指标

节能指标是用于评价地方政府节能效果的指标，是本研究的评估对象。本研究所评估的节能指标，是在节能目标责任制度框架下，在政府行政序列内部自上而下地用于节能效果考核、评价的指标，不包括政府与重点用能企业间的节能量考核指标。当前，上级政府对下级政府节能考评以万元 GDP 能耗下降率为核心，它是本研究节能指标评估的重点。

---

① Patterson，M. G.，1996. What is Energy Efficiency?：Concepts，Indicators and Methodological Issues. *Energy Policy* 24，377−390.

② Gillingham，K.，Newell，R. G.，Palmer，K.，2009. Energy Efficiency Economics and Policy. *Annual Review of Resource Economics* 1，597−619.

③ 关于节能定义更详细的分析，参见 4.2 节。

这里的节能指标是对地方政府节能效果进行综合评价的指标，重点从节能激励角度分析该指标对地方政府节能行为的影响，考察节能指标自身的合理性。节能指标并非越多、越细越好。因此，这里对节能指标的评估并非旨在构建具体到部门、行业层面的地方政府节能评价的指标体系，而是追求核心节能指标对地方政府节能激励的塑造，规范地方政府节能行为，通过节能指标的评估和改进，促进地方政府真实节能。

1.3 研究假定

（1）为实现节能压力从中央到地方的传递，这里认为节能目标责任制的制度安排是必要的；节能指标是塑造地方政府节能能力的核心，是这里的评估对象。

（2）这里假定国家的节能战略不变，即在国家层面节能具有较高的优先性。这里基于中国节能管理实践，围绕节能指标存在的问题，对地方政府节能指标的评估和改进，是建立在节能优先的国家战略的基础之上的，研究目标是通过指标评估和改进促进国家节能战略在地方的落实。

（3）尽管能源价格是节能的基础性激励，但节能存在市场失灵、化石能源存在价格补贴，节能政策干预是必要的。中国的能源消费以商品能源为主，对于能源消费者，能源价格是节能的基础性激励。在价格激励的基础上，经济增长强激励使节能激励扭曲了，节能多维度市场失灵导致节能激励不足。这里着重从地方政府节能激励视角，讨论自上而下的节能评价指标对地方政府节能政策执行的影响。

（4）地方官员出于个人利益，可能出现伪造数据等道德风险。尽管《统计法》禁止统计中的机会主义行为（例如，更改数据等），但地方官员出于个人利益的考虑，仍然可能铤而走险，违背《统计法》的规定。节能指标是宏观指标，其数据无一例外地依赖当前的统计体系，这里从节能统计可靠性视角对节能指标的评估，涉及地方政府节能统计中的机会主义行为。

1.4 基本内容

1.4.1 研究方法

（1）文献调研与归纳。在文献调研与归纳的基础上，尤其是对经济增长激励机制的分析、对节能市场失灵的分析，主要采用文献调研与归纳总结的方法；从节能内涵、节能统计、驱动因素视角对节能评价指标的评估，均不同程度地借鉴和吸纳了国内外学者已有研究的成果。

（2）实地调查与研讨。与相关研究课题相结合，在研究准备阶段，实地调研的国内城市近 10 个，对相关政府部门、企业、居民的调查访谈直接或间接地促进了本研究很多观点的形成。除此之外，本研究思路的形成也得益于多次公开的专家研讨。

（3）比较研究。在分析已有节能评价指标的不足与潜在指标的优势时，广泛地采用了比较研究的方法。

（4）制度经济分析。本研究采用制度经济分析法，侧重于从制度激励角度研究地方政府激励机制，包括财政分权和人事集权制度下的经济增长激励模式，以及节能目标责任制下的节能激励。在探讨中央和省级加总数据衔接不上的问题上，构建了基于制度经济视角的分析框架。

（5）指数分解法。在讨论中央和省级加总的 GDP、能源消费量数据衔接不上的问题时，采用了指数分解方法，将总体的不一致按照部门或能源品种进行分解，计算了分部门、分能源品种的贡献率。

（6）计量经济分析。在分析能源消费强度、能源消费量，乃至分能源品种能源消费强度、分能源品种能源消费量的驱动因素时，采用了组均值估计方法，估计了动态面板数据模型，解决了截面相关性问题，以得到较可靠的估计结果。

1.4.2 技术路线

通过文献研读、数据搜集、实地调研等方式，形成对中国政治经济制度、节能目标责任制度，以及由此塑造的经济增长激励、节能激励的基本认识；以多目标委托代理和节能市场失灵为理论基础，分析中国节能政策及其执行模式，概述了节能目标责任制下，节能指标存在的问题，提出了节能指标的评估框架。通过回答什么是节能、如何监测节能、如何实现节能，从节能内涵、节能统计、节能资源配置三个视角，以与节能内涵的匹配性、节能统计的可靠性、对节能资源配置的引导为评估标准，对以万元 GDP 能耗下降率为核心的节能评价指标进行了较深入的评估，通过不同指标的对比分析，从上述三个视角提出了指标改进的思路。这里的技术路线如图 1-3 所示。

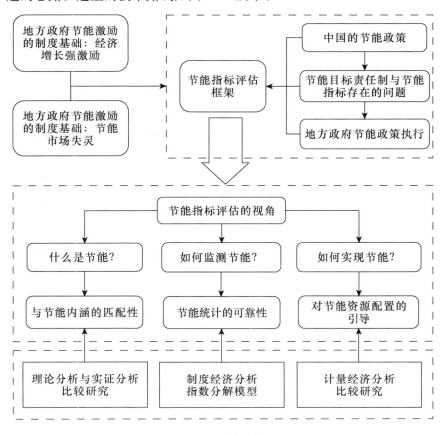

图 1-3 技术路线图

1.4.3　主要内容

本研究共分七章。第 1 章为总论，介绍研究背景、主要概念、研究假定、基本内容和研究意义。

第 2 章为地方政府节能激励的制度基础。首先，以多目标委托代理理论为基础，总结并评述了地方政府推动经济增长的激励机制，分析了由经济增长强激励模式造成的地方政府节能激励的扭曲。其次，重点介绍了中国主要能源的定价机制，依据市场失灵理论，分析了中国节能市场激励的失灵与税费政策，发现地方政府节能激励的微观基础较为薄弱。据此，从经济增长强激励对节能激励的扭曲、节能市场失灵决定的节能激励不足两个方面，奠定了地方政府节能激励与节能指标评估的制度基础。

第 3 章为地方政府节能指标的评估框架。首先，系统地归纳了中国的节能政策及其依赖地方政府的政策执行机制；追溯目标管理责任制度的源头，详细介绍了节能目标责任制的由来，概述了当前节能评价指标存在的问题。其次，对节能政策评估已有研究进行评述之后，提出了本研究的评估框架：从节能内涵、节能统计、节能资源配置三个角度，分别评估节能指标与节能内涵的匹配性、节能统计的可靠性、节能指标对节能资源配置的引导作用。

第 4 章为基于节能内涵视角的节能指标评估。首先，对能源进行了定义和分类，并着重分析了中国能源消费的特点。其次，对节能内涵进行了系统的理论分析，包括节能的定义、节能与能源效率的关系、宏观层面节能的主要内容等。在对以万元 GDP 能耗下降率为核心指标的激励机制及其效果进行详细分析之后，利用比较分析的方法，讨论了能源消费的收入弹性、能源消费量等潜在节能指标的激励机制，从与节能内涵的匹配性的角度，提出了改进节能指标的思路。

第 5 章为基于节能统计视角的节能指标评估。首先，归纳了中国节能统计体制现状的要点，并针对 GDP 统计、能源消费统计进行了较详细的介绍。其次，以此为基础，构建了指数分解模型、制度经济分析框架，对中央和地方加总的 GDP、能源消费量数据的冲突进行了深入分析，试图揭示不同行政层级间节能指标统计数据衔接不上的根源。针对电力引致的一次能源消费量统计、可再生能源统计、基于普查的数据调整与发布等方面，分析了当前节能统计存在的问题，评估了由节能统计决定的节能指标、节能激励的有效性。基于此，提出了能源消费统计制度改革建议，并从节能统计视角提出了节能评价指标的改进思路。

第 6 章为基于节能资源配置视角的节能指标评估。首先，识别了能源消费强度、能源消费量的主要驱动因素，包括收入水平、工业化、城镇化等，并将驱动因素与节能资源配置方式衔接起来。分别以能源消费强度、煤炭消费强度、电力消费强度为被解释变量，以人均 GDP、工业化率、城镇化率为解释变量，构建了面板数据模型，采用克服了截面依赖性的组均值估计，实证检验了能源消费强度指标的驱动因素。类似地，分别以能源消费总量、煤炭消费量、电力消费量为被解释变量，以人口规模、人均 GDP、工业化率、服务业比重、城镇化率为解释变量，实证了能源消费量指标的驱动因素。其次，考察节能指标对技术节能、结构节能、管理节能的激励效果，评估其对节能资源配置的引导作用，提出了指标改进的建议。

第 7 章为结论、建议与启示。归纳了本研究的主要结论，得出了研究启示，交代了研究不足和创新点，并对进一步的研究做了展望。

1.5　研究意义

本研究在节能目标责任制框架下，引入经济增长激励和节能激励，从不同视角对万元 GDP 能耗下降率指标开展评估，具有以下现实意义：

第一，本研究对于节能目标责任制的改进具有参考价值。当前的节能目标责任制以万元 GDP 能耗下降率为核心节能指标，已有的相关研究都集中在节能目标责任制的绩效、节能政策效果评估等方面，基本上是将节能目标责任制当作一项节能政策或节能政策的执行机制，是在已有制度框架下的效果评估，尚未上升到制度层面的评估和改进。本研究的评估对象是节能评价指标，实质上是对节能目标责任制自身的评估。节能指标作为节能目标责任制的核心，对其进行评估并提出改进思路，对于节能目标责任制自身的完善具有现实意义。

第二，在评估万元 GDP 能耗下降率时，本研究不仅关注节能激励自身，而且引入了地方政府经济增长激励，更为全面、客观、符合实际，对现实的指导意义较强。实际上，地方政府集众多职能于一身，仅就节能讨论节能，难免只见树木不见森林而失之偏颇。就万元 GDP 能耗下降率指标而言，它是能源消费量和 GDP 的复合指标，本研究将经济增长强激励作为地方政府内在激励的核心内容，考察经济增长激励对节能激励的扭曲，将经济增长强激励纳入节能指标评估框架，对节能指标的评估结论更为深入、更为客观。

第三，本研究为克服节能实践中出现的"节能压力难以有效传递""中央和地方节能数据衔接不上"等问题，提供了解决思路。以当前节能评价指标为基础，出现的中央和地方节能数据衔接不上等节能统计的诸多问题，一方面，为地方政府"官出数字、数字出官"的节能投机行为提供了空间，削弱了节能目标责任制作为节能政策执行机制的有效性；另一方面，可能导致地方政府完成节能目标、中央政府节能目标难以完成的节能治理窘境。本研究从制度层面的剖析，为解决这一现实问题提供了方案。

第2章 地方政府节能激励的制度基础

2.1 地方政府经济增长的激励机制与节能激励扭曲

改革开放以来，中国的经济发展取得了巨大成就，如何解释中国经济增长奇迹成为学术界关注的热点问题。一个共识是：地方政府在推动经济增长中发挥着十分重要的作用。[①] 随着制度经济学在解释经济增长上提供的崭新视角，分析地方政府及其官员经济增长的激励模式无疑成为关注的焦点。能源为经济增长提供不可或缺的物质基础，驱动着经济的运行。在经济取得重要成就的同时，中国的能源消费量快速增长，尤其是 2003 年之后，能源消费量增长明显加快，节能面临的挑战十分严峻。2006 年，为了扭转"十五"期间能源消费强度不降反升的趋势，确保"十一五"单位 GDP 能耗下降 20% 的节能目标的实现，中国实行了节能目标责任制，将节能目标层层分解到地方政府和重点能耗企业（"千家企业"），形成了自上而下的地方政府节能激励机制。

---

① 参见陶然、陆曦、苏福兵、汪晖：《地区竞争格局演变下的中国转轨：财政激励和发展模式反思》，载《经济研究》，2009（7）。

由于中央政府与地方政府之间存在多目标委托代理关系，地方政府实际承担了除国防、外交以外的包括经济增长、社会发展（科教文卫等）、社会稳定、安全生产、计划生育、节能降耗、环境保护等在内的几乎所有政府事权。在这些众多的事权里，经济增长占据最核心的位置，因为财政激励和晋升激励将地方政府塑造成了增长型政府。为了经济增长而展开激烈的地区间竞争，是中国经济增长奇迹的根源，同时是地方政府节能激励扭曲的重要根源之一。本节着重分析地方政府推动经济增长的激励机制，落脚点是地方政府经济发展的强力激励对节能激励造成的扭曲和激励不足。

2.1.1　财政创收激励

　　新古典经济学中，政府被认为是纠正市场失灵、提供公共服务的公正无私的抽象组织，而政府内部则是一个"黑箱"，政府间纵向的权力结构和激励机制被忽略了。尽管在多层级的政府治理结构中，财政关系的安排远不能代表政府纵向关系的全部，但无疑是政府治理中的重要内容。对地方政府财政激励的研究已形成了系统的、具有较大影响力的理论框架，即 Weingast[①] 构建的"保护市场的财政联邦主义"分析框架，并将改革时期中国经济增长的奇迹作为重要的案例，从而发展出了中国特色的"保护市场的财政联邦主义"[②]。"保护市场的财政联邦主义"或称第二代财政联邦主义[③]是在古典财政联邦主义理论基础上发展而来的。

　　与之前的理论不同，第二代财政联邦主义强调了地方财政分权对地

---

① Weingast，B. R.，1995．The Economic Role of Political Institutions：Market-Preserving Federalism and Economic Development．*Journal of Law*，*Economics*，*and Organization* 11，1-31．

② Jin，H.，Qian，Y.，Weingast，B. R.，2005．Regional Decentralization and Fiscal Incentives：Federalism, Chinese Style．*Journal of Public Economics* 89，1719-1742．Montinola，G.，Qian，Y.，Weingast，B. R.，1995．Federalism, Chinese Style：the Political Basis for Economic Success．*World Politics* 48，50-81．

③ Qian，Y.，Weingast，B. R.，1997．Federalism as A Commitment to Perserving Market Incentives．*The Journal of Economic Perspectives* 11，83-92．

方官员行为的激励作用①，在一定程度上弥补了古典财政联邦主义将地方政府当作一个"黑箱"，而忽略了地方官员为何有积极性这么做的微观政治基础的不足。经过一些学者的进一步发展，中国式保护市场的联邦主义得到系统的研究，并将研究重点放在中国的财政分权对地方官员发展地方经济，以增加财政收入的激励机制上②。中国特色的财政联邦主义理论从政府组织制度入手，将地方政府作为追求地方税收最大化的"经济人"，财政分权改革使地方政府成为"剩余占有者"并产生了追求地方税收最大化的激励。③ 地区间的财政竞争硬化了地方预算约束，迫使地方政府加快国企民营化改革，增加对生产性基础设施的投资④，从而维护了市场机制，使地方官员有积极性发展经济，推动了中国经济的高增长。

　　虽然对于中国的经济高增长具有一定的解释能力，但"保护市场的财政联邦主义"分析框架毕竟是舶来品，探究中国经济增长奇迹必须植根于中国特定的政治经济制度安排及其激励机制。改革初期，中国的财政管理体制经历了多次调整，1978—1979 年实行"定收定支，收支挂钩，总额分成，一年一变"的财政体制，实际上是改革前统收统支体制的延续。之后，中国财政管理体制经历了两次重大变革：一是 20 世纪 80 年代初开始探索实行的财政承包制，进入地方和中央财政"分灶吃饭"阶段（1980—1993 年）。其间，财政体制经历了 1985 年和 1988 年两次较大的调整，最终形成了中央与地方按照协商好的分成办法，按一定比例或一定额度进行收入分成的制度安排，缴够中央的，剩下的是地方政府可以支配的，确保了地方政府的"剩余占有权"，具有很强的财政收入分权色彩。二是 1994 年的分税制改革。这是新中国成立以来调

---

　　① 参见黄再胜、朱敏军：《中国分权式改革的激励难题及其政策选择——一种合约视角的分析》，载《当代经济科学》，2007（5）。

　　② Montinola, G., Qian, Y., Weingast, B. R., 1995. Federalism, Chinese Style: the Political Basis for Economic Success. *World Politics* 48，50−81.

　　③ Qian, Y., Xu, C., 1993. Why China's Economic Reforms Differ: The M-form Hierarchy and Entry/expansion of the Non-state Sector. *Economics of Transition* 1，135−170.

　　④ Qian, Y., Roland, G., 1998. Federalism and the Soft Budget Constraint. *The American Economic Review*，88（5），1143−1162.

整力度最强、规模最大、影响深远的一轮财政体制改革，以扭转中央财政占整个财政收入比重过低的被动局面，从财政收入角度看，具有较明显的集权化色彩。① 一个基本的共识是：地方政府在中国的经济增长过程中发挥了十分重要的作用，而地方政府经济增长的财政激励所面临的一个重要挑战是，1994 年分税制改革实现了中央财政收入的集权化后，中国经济增长并未减速。②

近年来，不少学者认识到经济激励（或地方财政激励）并不足以构成政府发展经济的全部激励③，甚至认为财政激励不是中国经济增长的主要激励④。在人事权由上级控制的体制下，上级对下级官员基于绩效考核的晋升激励在解释中国各地区为经济增长而竞争的模式时具有的重要性引起学术界的极大关注。

2.1.2　政治晋升激励

与地方政府追求财政收入最大化的"经济人"假定不同，晋升激励理论将地方政府官员视为追求权力最大化的"政治人"，政治职务的晋升无疑是权力最大化的最重要途径。上级对人事任命权的掌控，为通过晋升激励下级官员按照设定的绩效考核标准努力工作、为增长而竞争提供了条件。

为揭示地方官员的晋升激励对中国经济高增长的作用，对中国地方政府经济绩效和官员晋升的实证研究可追溯到 20 世纪 90 年代中期 Bo⑤

① 参见郭庆旺、贾俊雪：《中国地方政府规模和结构优化研究》，北京，中国人民大学出版社，2012。

② 参见陶然、陆曦、苏福兵、汪晖：《地区竞争格局演变下的中国转轨：财政激励和发展模式反思》，载《经济研究》，2009 (7)。

③ Xu，C.，2011. The Fundamental Institutions of China's Reforms and Development. *Journal of Economic Literature* 49，1076-1151. 傅勇：《中国的分权为何不同：一个考虑政治激励与财政激励的分析框架》，载《世界经济》，2008 (11)。王永钦、张晏、章元、陈钊、陆铭：《中国的大国发展道路——论分权式改革的得失》，载《经济研究》，2007 (1)。

④ 周黎安：《中国地方官员的晋升锦标赛模式研究》，载《经济研究》，2007 (7)。

⑤ Bo，Z.，1996. Economic Performance and Political Mobility：Chinese Provincial Leaders. *Journal of Contemporary China* 5，135-154.

的开创性研究。该研究采用 1949—1994 年中国 30 个省区市的样本，检验了晋升与经济绩效的关系，结果表明，1978 年改革以来，那些对中央财政贡献大的省区市的领导获得了更大的晋升机会，相对而言，经济增长率高的省区市的领导获得晋升的机会并没有显著增加，而经济规模大的省区市的领导获得晋升的比例更大。

随后，类似的研究大量涌现。Maskin 等[1]以中共十一大和十三大中央委员为样本，发现经济增长绩效会显著增加省级官员的晋升概率，并认为中国地方官员间存在基于经济增长业绩的晋升标尺竞赛（yardstick competition）[2]，遗憾的是他们的研究并未加入控制变量。Chen 等[3]和 Li、Zhou[4]以年度经济增长率、任期经济增长率、与前任经济增长率的差衡量经济绩效，分别通过 1979—2002 年和 1979—1995 年的省级数据，证实了经济绩效能显著增加晋升机会的假设。基于此，周黎安[5]系统论述并提出了中国地方官员间存在为增长而竞争的晋升锦标赛（promotion tournament）模式，得到了学者们的极大关注和大量引用。

在对该问题的进一步实证中，不少学者的研究成果与基于经济绩效的锦标赛模式并不矛盾。王贤彬、徐现祥[6]采用 1978—2005 年省级数据，证明了地方官员间的政治竞争确实促进了地方经济增长，有较好职业前景的地方官员更有积极性推动经济增长，证实了政治激励对

① Maskin, E., Qian, Y., Xu, C., 2000. Incentives, Information, and Organizational Form. *The Review of Economic Studies* 67, 359-378.

② 关于标尺竞赛，以及后文讨论的锦标赛、资格赛的定义和区分，参见杨其静、郑楠：《地方领导晋升竞争是标尺赛、锦标赛还是资格赛》，载《世界经济》，2013（12）。

③ Chen, Y., Li, H., Zhou, L.-A., 2005. Relative Performance Evaluation and the Turnover of Provincial Leaders in China. *Economics Letters* 88, 421-425.

④ Li, H., Zhou, L.-A., 2005. Political Turnover and Economic Performance: the Incentive Role of Personnel Control in China. *Journal of Public Economics* 89, 1743-1762.

⑤ 参见周黎安：《中国地方官员的晋升锦标赛模式研究》，载《经济研究》，2007（7）。

⑥ 参见王贤彬、徐现祥：《地方官员晋升竞争与经济增长》，载《经济科学》，2010（6）。

解释中国经济高增长的重要性，并且认为政治激励对经济的推动作用开始于 20 世纪 90 年代。冯芸、吴冲锋[①]采用 1978—2008 年省级数据，还考察了省级副职的晋升与经济绩效的关系，发现辖区经济增长绩效对低级别官员晋升概率的影响大于对高级别官员晋升概率的影响。进一步地，乔坤元[②]将研究层级延伸到地市级，认为中国确实存在一个以经济增长为主要考核内容的官员晋升锦标赛机制，并呈现自上而下竞争"层层加码"的特点。

由此可见，除了财政创收激励外，地方官员不遗余力推动经济增长，还受到职位晋升的政治激励。在财政和晋升的双重强力激励下，推动经济增长成为地方主要官员工作的重中之重，中国的地方政府被塑造成为增长型政府。

2.1.3 地方政府节能激励的扭曲

激励扭曲（incentive distortion）指的是特定的委托代理关系下的激励机制并未引导代理人做出符合委托人期望的行为，而是使其产生机会主义行为的现象。中央政府和地方政府在节能领域存在委托代理关系，地方政府节能激励扭曲指的是，由委托代理的多任务属性、与其他激励的冲突导致，或由激励机制本身存在的某种缺陷导致的地方政府过度节能或节能不足，从而偏离中央政府委托的节能目标的现象。地方政府具有典型的多任务（multi-task）代理特征，除了这里重点关注的节能外，经济增长、教科文卫等社会事务、环境保护等的事权都集中在地方政府。在中国特色的地方分权体制下，为增长而竞争的激励机制为地方政府经济增长提供了强力激励，使地方官员将主要精力集中于经济增长，扭曲了地方政府官员的努力在不同任务间的合理配置。例如，财政分权和基于绩效考核的地方政府竞争，导致地方

---

① 参见冯芸、吴冲锋：《中国官员晋升中的经济因素重要吗?》，载《管理科学学报》，2013（11）。

② 参见乔坤元：《我国官员晋升锦标赛机制的再考察——来自省、市两级政府的证据》，载《财经研究》，2013（4）。

政府公共支出结构"重基本建设,轻公共服务和人力资本投资"的明显扭曲。①

　　正如上一节所分析的,财政激励和晋升激励的双重激励将中国的地方政府塑造成了增长型政府,经济增长成为改革以来地方政府主要的行为取向,这种强有力的激励机造就了中国的经济奇迹,同时是导致地方政府在包括节能在内的公共事务上行为扭曲的根源。基于此,这里重点从增长型地方政府及其激励机制视角,分析地方政府节能激励的扭曲。

　　节能激励扭曲的表现之一:地方政府节能目标完成进度滞后。2006年以来,中国确立了节能的目标责任制和评价考核体系,节能目标作为约束性指标纳入地方国民经济和社会发展五年规划之中,随后赋予了节能目标在地方政府绩效考核体系中"一票否决"的重要地位。② 尽管如此,在五年规划的初期,节能目标的完成进度具有明显的滞后性。"十一五"(2005—2010 年)初期,在除西藏外的其他 30 个省区市,2006—2007 年仅有北京、天津、上海、福建四省市节能目标完成进度超过 40%;剩下的 26 个省区市中的 21 个节能目标完成进度为 30%～40%,节能目标完成进度低于 30%的有山西、海南、青海、宁夏、新疆五省区,节能目标完成进度大大滞后。③ 尽管"十二五"(2011—2015 年)节能目标的分解更多考虑到地区差异,节能目标完成进度普遍滞后的现象有所缓解,26 个省区市 2012 年的节能进度超过 40%,但其他地区节能指标出现不降反升的强力反弹现象。2012 年,单位 GDP 能耗在 2010 年基础上不降反升的地区包括海南(＋1.66%)、青海(＋7.70%)和新疆(＋13.81%),除此之外,宁夏的单位 GDP 能耗仅下降 0.84%,仅完成

---

　　① 参见傅勇、张晏:《中国式分权与财政支出结构偏向:为增长而竞争的代价》,载《管理世界》,2007 (3)。

　　② 关于节能目标责任制和"一票否决"制度,详细内容参见 3.2 节。

　　③ 由于"十一五"期间开展了第二次经济普查,对 2005—2007 年的 GDP 和能源消费数据进行了调整,本研究在计算各地区单位 GDP 能耗下降率时采用调整后的数据(《中国统计年鉴 2011》和《中国能源统计年鉴 2011》),与次年公布的各地区单位 GDP 能耗等指标的公报数据不完全一致;各省区市节能目标采用《国家发改委、国家统计局关于"十一五"各地区节能目标完成情况的公告》中的数据。

"十二五"总体目标的 5.6%。①

与节能指标完成滞后形成鲜明对比的是，地方政府经济增长目标的"层层加码"与目标的超额完成。以"十二五"为例，中央政府年均经济增长目标为 7%，根据各省区市国民经济和社会发展"十二五"规划纲要，各省级政府无一例外地制定了高于 7% 的经济增长目标，最低的是 8%（北京、上海、浙江、广东），最高的则达到 13%（山西、海南）。"十二五"前两年（2011 年、2012 年），除北京（7.9%）、上海（7.8%）外，其他 29 个省区市年均实际经济增长率均超过 8.5%。除北京、上海、山西、海南、宁夏外，其他 26 个省区市均超额实现当地制定的经济增长目标。例如，重庆经济增长目标为 12.5%，前两年年均增长 15.0%。在中国尤其是经济相对落后的中部和西部，经济增长激励对地方政府行为模式的主导作用可见一斑，经济增长的冲动是导致节能激励扭曲的主要因素。

节能激励扭曲的表现之二：地方政府节能统计数据扭曲，中央政府节能压力难以有效传导到地方。中国各地区的 GDP 和能源核算采用分级核算的方式，即国家统计局制定统一的核算办法，各省区市分别独立核算辖区内 GDP 和能源消费量的制度。② 一个突出的现象是各省区市加总数据与国家层面的 GDP 数据不一致的问题，从 1996 年以来，各省区市 GDP 加总数据始终高于国家数据③，能源消费量各省区市加总也明显超过全国数据。尽管其中既有技术层面的因素（2005 年之前服务业统计的薄弱），也有制度层面的因素（以 GDP 为主要考核指标背景下的分级核算），但分析表明，地方政府经济增长的强力激励是造成地方 GDP 和能源消费量数据扭曲的根源和主要原因之一。④

---

① "十二五"期间的单位 GDP 能耗数据根据《中国统计年鉴 2013》计算，GDP 采用 2005 年可比价格；各省区市"十二五"节能目标源于《国务院关于印发"十二五"节能减排综合性工作方案的通知》。

② 参见 http://www.stats.gov.cn/tjzs/cjwtjd/201311/t20131105_455940.html。

③ Xu，X.，2006. New Features of China's National Accounts. OECD，Paris，France.

④ 针对各省区市 GDP 和能源消费量加总数据超过全国数据的问题，5.2 节将进行深入和细致分析，并提出一个基于制度经济学的解释框架。

　　各省区市 GDP 和能源消费量数据衔接不上导致"十二五"初期中央节能目标进度明显滞后于地方节能目标进度。根据各省区市统计局提供的各省区市数据，加总后计算中国单位 GDP 能耗，2011 年、2012 年分别下降 2.97% 和 4.79%，两年累计完成"十二五"节能目标的 47.6%，节能进度超前完成 7.6%。而同时，根据国家统计局提供的数据，2011 年、2012 年全国单位 GDP 能耗分别下降 2.02% 和 3.49%，两年累计仅完成"十二五"节能目标的 33.9%，节能进度滞后 6.1%。中央和省区市单位 GDP 能耗数据衔接不上将可能导致"十二五"末期地方节能指标完成的同时，中央节能指标难以完成的尴尬局面，以至于国家发改委主任徐绍史在第十二届全国人大常委会第八次会议上做的《国务院关于节能减排工作情况的报告》，将"中央与地方节能统计数据衔接不够，节能压力不能有效传递到地方"作为节能工作中存在的一个主要问题和困难。

　　节能激励扭曲的表现之三：增长导向的地方政府对高耗能行业依赖与节能降耗之间的内在冲突，陷入"鱼和熊掌不可兼得"的选择困境。以经济发展为主的晋升激励是导致发展型目标与节能等规制型目标的权重失衡的主要因素。地方发展经济，尤其是在中西部经济相对落后地区，很大程度上难以摆脱对高耗能行业的依赖。例如，2012 年为争取一个 100 万吨的电解铝项目尽快落地，甘肃省拟讨论出台"电价优惠"政策，以期在与内蒙古、青海等地区的竞争中胜出，因为对于电解铝等高耗能行业而言，电费是高耗能产品成本的大头，占到 70% 甚至 80%。① 地方政府节能目标与发展目标的角色冲突表现为：在晋升激励和财政激励下，地方政府官员产生了发展地方经济的内在驱动，而节能目标具有约束性、"一票否决"的强制性特征，赋予了地方政府官员在发展经济的同时必须完成节能目标的双重使命，使其陷入"鱼和熊掌不可兼得"的困境。一位地方经信委副主任将这种困境描述成"左手与右手的较量"，如此

---

① 参见梁嘉琳、王璐：《西部推优惠电价救高耗能行业》，载《经济参考报》，2012-07-24。

评述："发展原材料工业和节能降耗相互冲突，又都归我主管，有时开一个会同时研究这两个议题，从要求到措施都前后矛盾，政府既是压力的制造者，又是压力的承担者，所以体会特别深、压力特别大。"①

以对高耗能行业实施的电价优惠为例，地方政府经济发展激励对节能激励的扭曲可见一斑。对电解铝、铁合金、氯碱等高耗能行业实行电价优惠政策始于2000年；2004年国家发改委出台规定，要求取消电解铝、铁合金和电石的电价优惠；2004年6月，国家发改委对电解铝、铁合金、电石、烧碱、水泥、钢铁6个高耗能行业试行了差别电价政策；2006年出台规定对电解铝等8个高耗能部门实行限制类和淘汰类的差别电价政策，并加大了差别电价实施力度。② 2007年连续出台两个文件，要求各地区落实高耗能行业差别电价政策（发改价格〔2007〕2655号和3550号）。然而，在国家三令五申取消高耗能行业电价优惠、实行差别电价的同时，有些地区尤其是中西部地区，仍在继续给予高耗能行业优惠电价，高耗能行业的差别电价政策的执行不理想。③ 根据国家电监会《2009年度电价执行及电费结算监管报告》，内蒙古、陕西、甘肃、青海、宁夏、河南、湖南、四川、广西、云南等多地区超越电价管理权限，自行出台优惠电价政策，存在不同程度的优惠电价问题。同时，甘肃、内蒙古等一些地方以发展经济为由，未将应执行差别电价的高耗能企业列入执行名单，未按规定执行差别电价。在《2010年度电价执行及电费结算情况通报》中，黑龙江、四川等地区2010年仍然存在自行出台优惠电价政策的问题。例如，黑龙江降低发电企业上网电价，对煤化工、光伏等高耗能企业实行优惠电价。

---

① 刘军、丁文杰、康淼、王艳明、刘巍巍、郑晓奕：《节能降耗压力大，企业不急政府急》，载《经济参考报》，2012-04-23。
② 参见《国务院办公厅转发发展改革委关于完善差别电价政策意见的通知》。
③ 参见赵晓丽、洪东悦：《中国节能政策演变与展望》，载《软科学》，2010（4）。

2.2 节能的市场失灵与地方政府节能激励的微观基础

尽管地方政府间的激烈竞争在推动经济增长中发挥了非常重要的作用，但政府机关自身不是主要的能源消费者，工业、居民生活、交通运输是能源的主要终端消费者。以 2011 年为例，终端能源消费量中，工业占 69.6%，居民生活占 11.2%，交通运输、仓储和邮政业占 8.4%，其他占 10.7%。[①] 尽管节能的目标责任制赋予了地方政府完成辖区节能目标的责任，并将节能目标完成情况与政治激励挂钩，但节能激励与地方政府对辖区经济增长的财政激励和晋升激励有显著不同。地方政府节能激励的实际效果很大程度上取决于企业和居民等能源消费者节能的微观基础及其激励强度。从经济的视角看，提高能源效率的实质是通过更高的初始投入来获得未来较低能源运行成本的一种投资，未来的节能收益往往具有一定的不确定性；对于一个理性的能源消费者而言，是否进行能效投资取决于初始成本与未来节能收益的对比。[②] 由于中国消费的大宗能源品种（包括煤炭、电力、石油、天然气等）均是商品能源，对企业和居民等微观能源消费者而言，能源价格构成了节能的最基础、最主要的激励机制。因此，能源价格形成机制决定了微观的能源消费者节能投资的主要预期收益的大小，也决定了节能价格激励的适切性。进一步地，即使能源价格完全由市场决定，在新古典经济学框架下，节能仍然存在时间维度上、空间维度上的诸多导致市场失灵的因素，例如，能源安全外部性、资源耗竭的代际外部性等，市场自发形成的能源价格仍然难以实现能源资源的优化配置，这

---

① 参见《中国能源统计年鉴 2012》中采用发电煤耗法计算的各行业终端能源消费量数据。

② Gillingham, K., Newell, R. G., Palmer, K., 2009. Energy Efficiency Economics and Policy. *Annual Review of Resource Economics* 1, 597−619.

为政府通过节能政策干预市场提供了条件。基于此，本节首先从中国主要能源的价格机制分析节能市场对微观能源消费者的激励，之后详细分析节能存在的导致市场失灵的因素，以及与之对应的消除市场失灵可能的政策选择，从而对中国地方政府节能激励的微观基础进行深入剖析。

2.2.1　中国主要能源的定价机制

（1）煤炭。

煤炭是中国消费的主要能源品种。自 1978 年以来，中国的煤炭消费量占能源消费总量的比重维持在 70% 上下。2011 年，中国煤炭消费量为 34.3 亿吨，占中国能源消费总量的 68.4%，占当年世界煤炭消费总量的 47.0%，中国是煤炭第一大消费国。同时，中国的煤炭基本实现自给自足，2011 年煤炭生产量约为 35.2 亿吨，占当年世界煤炭生产总量的 45.4%，中国也是第一大煤炭生产国。[①] 煤炭在中国的能源体系中占据最重要的位置，分析煤炭价格的形成机制，是理解节能激励微观基础的主要途径。

改革开放以来，我国的煤炭价格形成机制分为三个阶段。

第一阶段（1978—1985 年），延续了计划经济体制下，中央政府统一制定煤炭价格的定价机制。经过数次调整，1985 年煤炭平均售价为 26.05 元/吨[②]，这一时期煤炭定价具有完全计划经济色彩。

第二阶段（1986—1992 年），国家放开煤炭价格的过渡阶段。对计划内和计划外煤炭实施差别定价：计划内煤炭仍然实施国家指令性价格，由国家规定的统一的出厂价格和统一的加价幅度两部分构成；对计划外煤炭国家制定全国统一的最高限价，由供需双方确定具体价

---

① 中国能源生产量和消费量的数据来源于历年的《中国统计年鉴》，世界能源生产和消费的数据来源于 U. S. Energy Information Administration（EIA）：http://www. eia. gov/cfapps/ipdbproject/IEDIndex3. cfm? tid=1&pid=7&aid=1。

② 参见林伯强、魏巍贤、任力：《现代能源经济学》，北京，中国财政经济出版社，2007。

格。其间，政府仍然直接控制大部分煤炭价格，如 1987 年按国家定价销售的煤炭占总消费量的 93%①，但国家对煤炭价格的管制开始放松。

第三阶段（1993 年至今），煤炭价格逐步市场化。自 1993 年 1 月起，放开了约 2/3 的统配煤炭价格，到 1994 年 7 月，煤炭价格完全放开。由于电煤的生产和销售都有一定的垄断性，电煤价格很难在市场上由供需双方协商确定，煤炭企业和电力企业在煤炭价格上争议不断、此起彼伏，多次发生煤炭停运、电厂停机、用户停电等事故，严重影响正常的生产和生活秩序。② 1996 年国家计委对电煤实行国家指导价格，规定电煤的最高提价额度，在最高提价额度内，电煤价格由企业协商决定，电煤价格具有明显的计划特征，实行电煤价格双轨制。2001 年以后，虽然国家取消了电煤指导价，但为了促进煤电双方顺利签订煤炭购销合同，政府在每年的煤炭订货会上仍会发布一个参考性的协调价格，具体价格仍由供需双方协商确定。出于利益考虑，煤电双方在煤炭订货会上对煤价争议很大，最后达成协议的煤炭数量很少。为进一步缓解"市场煤"与"计划电"之间的矛盾，2004 年 12 月国家发改委建立了煤电价格联动机制，发电企业上网电价与煤炭价格联动，煤电联动周期一般为 6 个月，发电企业消纳煤炭价格上涨成本的 30%。由于煤炭价格的持续快速上涨，2004 年至 2011 年，国家发改委共进行 4 次较大范围的电煤价格临时干预，采取了控制电煤价格涨幅、实行电煤最高限价等措施，对电煤价格实施行政干预。自 2013 年 1 月起，国家发改委取消重点电煤合同，取消电煤价格双轨制；继续实施煤电价格联动机制，当电煤价格波动幅度超过 5% 时，以年度为周期，相应调整上网电价，同时将发电企业消纳煤价波动的比例由 30% 调整为 10%，这标志着电煤价格双轨制宣告结束，煤炭价格进一步市场化（见表 2-1）。

---

① 参见《中国物价年鉴 1989》。
② 参见丁杰：《能源、原材料价格改革与管理》，载《中国物价年鉴》，1996。

表 2-1 中国煤炭价格形成机制的主要政策

名称	日期	颁布机构	内容
关于重要生产资料和交通运输价格管理暂行规定	1988 年 1 月	国务院	煤炭等垄断企业或垄断行业生产的重要生产资料价格由国家物价局统一管理、制定和调整
关于放开部分统配煤炭出厂价格的通知	1992 年 12 月	国家物价局	自 1993 年 1 月起，放开部分统配煤炭出厂价格，放开价格的煤炭数量约为 2 亿吨，继续实施统配煤炭价格的还有 1.1 亿吨
关于煤炭价格有关问题的通知	1994 年 7 月	国家计委	放开仍然实行国家定价的 1.1 亿吨煤炭的价格
关于对电煤实行国家指导价格的通知	1996 年 2 月	国家计委	自 1996 年起对全国发电用煤实行国家指导价格，每年第四季度，由国家计委颁布下一年国家指导价格；国家指导价格采用规定最高提价额度的办法
国家发展改革委印发关于建立煤电价格联动机制的意见的通知	2004 年 12 月	国家发改委	上网电价与煤炭价格联动，电力企业要消化 30% 的煤价上涨因素
关于深化电煤市场化改革的指导意见	2012 年 12 月	国务院办公厅	2013 年起，取消重点电煤合同，取消电煤价格双轨制；继续实施并不断完善煤电价格联动机制，当电煤价格波动幅度超过 5% 时，以年度为周期，相应调整上网电价，同时将电力企业消纳煤价波动的比例由 30% 调整为 10%

（2）电力。

中国的电力以火力发电为主，火力发电用煤占煤炭消费量的比重从 1990 年的 25.8% 增加到 2010 年的 49.5%。与煤炭价格市场化改革不同步，电力市场化改革目标明显滞后：1993 年煤炭价格放开，但电力一直实行价格的政府管制。[①] 按照电力生产和销售的不同环节，电力价格包括上网电价、输配电价和销售电价，电价的定价权主要集中于国家发改委，部分权限下放到省级发展和改革部门。

上网电价。独立发电企业的上网电价，根据发电项目经济寿命周期，按照合理补偿成本、合理确定收益和依法计入税金的原则核定。其中，区域电网或区域电网所属地区电网统一调度机组的上网电价由国家发改委制定，其他发电企业上网电价由省级发改委制定。2004 年之后，新建火力发电企业执行分省区市上网标杆电价，标志着上网电价由之前的一机一价过渡到按照区域社会平均成本统一定价。由于近年煤炭价格快速上涨，且成本的上涨难以传导到销售端，东北电网公司 16 天亏损 32 亿元，竞价上网戛然而止、无果而终。[②] 2004 年之后，为应对煤炭价格的走高，电力价格形成机制被迫调整：以电煤综合出矿价格（车板价）为基础，实行煤电价格联动，并相应调整电网企业对用户的销售电价，适用范围主要限于工商业。

输配电价。输配电价实行政府定价制度。共用网络输配电价、接入跨省区市电网的接入价由国家发改委负责制定，接入省区市内电网的接入价由省区市发改委提出方案，报国家发改委审批。独立配电企业的配电价格由省区市发改委制定。

销售电价。省级及以上电网销售电价由国家发改委制定。[③] 自 1975 年以来，销售电价实行目录电价政策，1993 年以后，对电价分类进行了调整，即针对不同类型的用户实行不同的终端用电价格。现行的目录电价包括：居民生活电价、非居民照明电价、非工业和普通工业电价、大工业电价、商业电价、农业生产电价、贫困县农业排灌电价和趸售电价八类。为反映发电成本、调节用电高峰，销售电价还实行了峰谷电

---

　　① 参见唐衍伟：《中国煤炭资源消费状况与价格形成机制研究》，载《资源科学》，2008 (4)。

　　② 参见王赵宾：《扭曲的电价》，载《能源》，2014 (6)。

　　③ 参见《政府定价目录》，见北京市发展和改革委员会官方网站。

价、丰枯电价和季节电价。2012 年，针对居民用户，实行了阶梯电价政策。

除了上述电价政策之外，为鼓励电力投资，还实行了还本付息电价（1985 年）、电力建设基金（1988 年）等电价政策。近年来，在节能环保领域，电价作为一项重要的政策手段，相继出台了高耗能行业差别电价（2004 年）、可再生能源发电标杆上网电价（2006 年）、脱硫电价（2007 年）、小火电上网电价（2007 年）等。尽管在节能减排领域发挥了重要作用，但将电价作为政策工具、调控之手，背离了上网电价、销售电价市场化改革的趋势。① 值得指出的是，电价中包含了多种政府类基金和附加。以 2007 年销售电价为例，除上海、广东和西藏外，其他 28 个省级行政区一般工商业用电平均为 0.765 3 元/千瓦时，其中，各类政府性基金平均为 0.035 8 元/千瓦时，占电力销售价格的 4.68%。②

对于可再生能源发电，按照发电类型分别实行标杆上网电价。③ 2009 年，国家发改委出台对风力发电企业的上网标杆电价政策，4 个风力资源区分别实行 0.51 元/千瓦时、0.54 元/千瓦时、0.58 元/千瓦时和 0.61 元/千瓦时的上网标杆电价；2010 年，国家发改委对新建农林生物质发电实行 0.75 元/千瓦时的上网标杆电价；2013 年，国家发改委针对三类太阳能资源区，分别实行 0.90 元/千瓦时、0.95 元/千瓦时和 1.0 元/千瓦时的标杆上网电价。④

作为煤炭的最大消费者，发电企业受制于上网电价以及销售电价

---

① 参见王赵宾：《扭曲的电价》，载《能源》，2014（6）。

② 销售电价中，政府类基金和附加包括三峡工程建设基金、农网改造还贷资金、可再生能源附加、大中型水库移民后期扶持资金、地方水库移民后期扶持资金、城市公用事业附加费。

③ Ma，B.，Song，G.，Smardon，R. C.，Chen，J.，2014a. Diffusion of Solar Water Heaters in Regional China：Economic Feasibility and Policy Effectiveness Evaluation. *Energy Policy* 72，23-34.

④ 参见《国家发展改革委关于完善风力发电上网电价政策的通知》《国家发展改革委关于完善农林生物质发电价格政策的通知》《国家发展改革委关于发挥价格杠杆作用促进光伏产业健康发展的通知》。

的行政管制，难以将煤炭价格上涨带来的发电成本的增加传导到电力价格，致使电力价格难以反映市场供需状况。在以中央政府定价为主的电力价格形成机制下，定价部门难以准确获得发电、输配电等各个环节的成本信息，面临严重的信息搜集困境，通过政府定价获得最优的价格是不可能完成的任务[①]；价格制定难免受到垄断性、超大型国有发电集团、电网集团的游说和干扰[②]，被利益集团俘获；中国的电价实际上还赋予了宏观经济调控功能，尤其是将电价作为结构调整、节能减排的手段，使得电价严重扭曲[③]。结果是，在煤炭价格下跌时，电力价格难以顺势下调，造成过度节能。更常见的情形是：煤炭价格快速上涨时，电力价格难以跟进，节能激励不足。2004—2011 年，国家发改委对电煤价格的 4 次干预反映了电力价格机制与持续上扬的煤炭价格之间的矛盾，市场化了的煤炭和政府定价的电力是问题的根源所在。

（3）石油。

1978—2012 年，中国的石油消费量占一次能源消费量的比例为 19.1%，石油是继煤炭之后的主要一次能源品种。与煤炭和电力的基本自给自足不同，随着中国原油需求量的持续增加，中国原油的对外依赖度也越来越高。1990 年，中国原油对外依赖度仅为 2.5%，1998 年提高到 15.8%，2000 年则为 32.9%，2011 年达到 57.7%[④]，当前中国原油消费一多半依赖进口。通过国际原油市场，以国际价格进口大量原油必然会对国内原油价格机制产生影响。

中国的原油定价机制经历了 4 个阶段[⑤]：1）建国初期至 1981 年，

---

① Hayek，F. A.，1945. The Use of Knowledge in Society. *The American Economic Review* 35，519–530.

② Wang，B.，2007. An Imbalanced Development of Coal and Electricity Industries in China. *Energy Policy* 35，4959–4968.

③ 参见王赵宾：《扭曲的电价》，载《能源》，2014（6）。

④ 原油对外依赖度＝原油进口量/可供消费的原油量×100%。参见历年《中国能源统计年鉴》中"石油平衡表"和"中国能源平衡表（实物量）"。

⑤ Hang，L.，Tu，M.，2007. The Impacts of Energy Prices on Energy Intensity：Evidence from China. *Energy Policy* 35，2978–2988.

实行国家定价，相对于石油危机以来国际油价的大幅上扬，中国原油价格维持在低位；2）1981—1994 年，实行双轨价格制度，市场上出现一部分按照国际价格处理的高价油，但国有大型油田的价格仍实施国家定价；3）1994—1998 年，由于国家宏观经济形势的恶化和通货膨胀，国家收回了原油的定价权；4）1998 年至今，原油对外依赖度快速上升，实行与国际油价接轨的价格形成机制。我国的原油价格经历了多次改革，从全国统一定价、长期不变到价格双轨，再到与国际油价相联系，定价机制逐渐合理化、灵活化，但中国尚未参与到国际原油的定价中。[①]

　　成品油价格是终端消费者实际承担的价格，相对于原油价格而言，对节能激励的形成更为重要。1998 年以来，中国的成品油定价机制经历了 5 次改革[②]：1）1998 年 6 月，实行政府指导价，改变了价格完全由政府制定固定价格的模式；2）2000 年 6 月，国内成品油开始参考国际市场（新加坡市场）价格变化；3）2001 年 11 月，从单一参考新加坡成品油期货市场改为以新加坡、鹿特丹、纽约三地市场价格的加权平均制定成品油零售中准价；4）2006 年 3 月，成品油价格以国际市场原油价格为基础，加上国内合理加工成本和适当利润确定；5）2008 年 12 月，提高成品油消费税，国内成品油出厂价格以国际市场原油价格为基础，加国内平均加工成本、税金和适当利润确定，继续实行政府定价和政府指导价。[③]

　　（4）其他。

　　除了煤炭、电力和石油等主要能源外，1978—2012 年，天然气消费量占一次能源消费量的比重平均为 2.64%。中国的天然气实行基于平均成本和合理利润的政府定价机制，由中央政府和地方政府根据供应的自然流程分段管制定价的定价模式。其中，天然气生产企业的出厂价格、天然气管输公司的管输价格（含大用户直供价格）由中央政府制定；至城市门站后，城市燃气公司的配气价格则由省级发展和改革部门

　　①② 参见李雪文、麻男迪：《石油价格》，北京，北京大学能源安全与国家发展研究中心，CCED 工作论文系列（No. 20110303），2011。
　　③ 关于中国成品油价格形成机制的演变和详细说明，可参见李雪文、麻男迪：《石油价格》，北京，北京大学能源安全与国家发展研究中心，CCED 工作论文系列（No. 20110303），2011。

制定。① 终端销售则按照商业、居民、工业、化肥 4 类用户实行不同价格。

省级发展和改革部门还负责辖区内煤气出厂和销售价格，液化石油气销售价格，蒸气、供暖的出厂和销售价格的制定。② 2011 年，在能源消费总量中，煤气占 1.7%，液化石油气占 1.2%，生活用供暖能耗占 0.7%。从能源消费比例上看，上述能源的定价机制对节能的影响较为有限。

2.2.2　节能市场激励的失灵与税费政策

在新古典经济学的框架下，即使能源价格完全由市场决定，在能源消费过程中，仍然存在众多导致私人成本与社会成本偏离的因素，出现节能市场激励的失灵，尽管这种失灵并不是完全的失灵。导致节能市场失灵的因素很多，包括外部性在内的市场失灵的主要来源均与煤炭、石油等一次能源的消费直接相关。不考虑价格管制造成的失灵，以电力、热力为主的二次能源的消费以及终端节能技术的采用与环境污染、资源耗竭等外部性不直接相关。因此，在分析导致节能市场失灵的因素时，将煤炭和石油消费过程中的市场失灵作为主要对象。

当出现市场失灵时，按照庇古税的思路，通过征收资源税或环境税（费）将外部成本内部化以纠正私人成本与社会成本的偏离。在分析市场失灵的来源及程度后，进一步分析资源与环境税费等外部性内部化的政策及其强度，旨在得出能源消费者实际承担的价格在多大程度上反映了包括资源消耗和环境成本在内的社会成本，分析能源消费者节能激励的微观基础。

（1）资源耗减的代际外部性与资源税费。

对于煤炭、石油、天然气等化石能源，其开发和利用带来资源耗减的外部性，这种外部性具有代际特点。当代人过度开发利用不可再生资源，会影响后代人对这种稀缺资源利用带来的福利。矿产资源的可耗竭

---

① 参见史文婧、麻男迪、李雪文：《我国天然气价格》，北京，北京大学能源安全与国家发展研究中心，CCED 工作论文系列（No. 20120405），2012。

② 参见《政府定价目录》，见北京市发展和改革委员会官方网站。

性意味着：当代人对矿产资源消耗越多，后代人可以利用的资源就越少，其不可逆性使开发利用资源的当代人获得收益，却将资源稀缺和环境成本留给后代人。①

煤炭的使用者成本及其估算。煤炭资源具有不可再生性和可耗竭性，其开采中存在代际负外部性问题。代际负外部成本可以用使用者成本法计算，使用者成本指现在使用一单位资源对未来使用者造成的机会成本。② 李国平、张海莹③利用使用者成本法考虑了煤炭开采中的资源浪费，计算了在 1％、3％、5％、7％的贴现率下，2008 年我国煤炭资源使用者成本分别为 11 456.50 亿元、1 612.38 亿元、235.65 亿元、35.70 亿元（2000 年价格）。如果完全补偿煤炭资源的使用者成本，生产每吨煤炭的资源税费在 1％、3％、5％、7％贴现率下分别为 417.9 元/吨、58.8 元/吨、8.6 元/吨、1.3 元/吨。曾先峰、李国平④改进了使用者成本法，将煤炭资源开采中的损耗、通货膨胀等考虑进来，计算了我国煤炭的使用者成本。结果表明，在 0、1％、3％、5％的贴现率下，2010 年我国煤炭资源使用者成本分别为 27 090.7 亿元、10 033.6 亿元、1 409.5 亿元、206.0 亿元（2000 年价格）。如果完全补偿使用者成本，在 0、1％、3％、5％的贴现率下，煤炭的资源税费分别为 851.8 元/吨、315.5 元/吨、44.3 元/吨、6.5 元/吨。

不同贴现率下，煤炭资源的使用者成本差异很大，贴现率的选择对每吨煤炭的使用者成本非常敏感，因此贴现率的选择十分重要。从资源的最优消耗角度看，贴现率越小，对后代人煤炭资源的消费越有利；贴现率越大，越有利于满足当代人的煤炭资源需求。通常情况下，采用一年期存款利率反映贴现率，2000 年以来我国国有银行一年期存款利率

① 参见林伯强、刘希颖、邹楚沅、刘霞：《资源税改革：以煤炭为例的资源经济学分析》，载《中国社会科学》，2012（2）。

② 参见李国平、吴迪：《使用者成本法及其在煤炭资源价值折耗测算中的应用》，载《资源科学》，2004（3）。

③ 参见李国平、张海莹：《基于两个负外部成本内部化的煤炭开采税费水平研究》，载《人文杂志》，2011（5）。

④ 参见曾先峰、李国平：《非再生能源资源使用者成本：一个新的估计》，载《资源科学》，2013（2）。

为 2.24%～4.14%①，选择 3% 的贴现率较为合理。因此，在 3% 的贴现率下 2008 年、2010 年我国煤炭资源的平均使用者成本分别为 58.8 元/吨和 44.3 元/吨（2000 年价格）。

煤炭的资源税费。我国目前已经征收或实施的体现煤炭资源价值的税费有资源税、资源补偿费，以及探矿权、采矿权使用费及价款。探矿权、采矿权拍卖也是实现煤炭资源价值的一种方式（见表 2－2)②。

表 2－2　　　　　　各种煤炭资源税费征收金额及方式

税费种类	额度	征收方式
资源税	0.2～2.4 元/吨，平均 0.615 元/吨，中位数 0.5 元/吨（1991 年 1 月）； 2～4 元/吨，平均 2.81 元/吨，中位数 2.65 元/吨，山西、内蒙古为 3.2 元/吨，取 3.2 元/吨（2004—2006 年分省区市调整后）	按量征收
	焦煤，8 元/吨（2007 年 1 月调整后）	按量征收
资源补偿费	1% 销售收入（1994 年 4 月）	按销售收入征收
探矿权、采矿权价款	各地区标准不一，平均为 7.77 元/吨*。例如，贵州探矿权价款、采矿权价款均为焦用煤、优质瘦煤 6 元/吨，其他煤类以 3 元/吨计算（2008 年 3 月）；内蒙古将探矿权和采矿权统称为矿业权，规定最低价格：无烟煤 17 元/吨，焦煤等 15 元/吨，贫煤 11 元/吨，优质动力煤 6 元/吨，褐煤 3 元/吨（2011 年 5 月）	按储量征收
探矿权使用费	最高不超过 500 元/平方千米（1999 年）	按矿区面积征收
采矿权使用费	1 000 元/平方千米（1999 年）	按矿区面积征收

＊ 2010 年探矿权出让价款共 24 800 万元，采矿权出让价款共 96 386 万元，新出让生产规模 15 575.8 万吨，平均探矿权价款、采矿权价款分别为 1.59 元/吨、6.18 元/吨。

资料来源：《矿产资源补偿费征收管理规定》《财政部、国家税务总局关于调整焦煤资源税适用税额标准的通知》《中华人民共和国资源税暂行条例实施细则》《财政部、国土资源部关于印发〈探矿权采矿权使用费和价款管理办法〉的通知》《贵州省深化煤炭资源有偿使用制度改革试点工作实施意见》《内蒙古自治区人民政府关于调整煤炭资源矿业权价款有关问题的通知》等。

---

① Ma, B., Song, G., Smardon, R. C., Chen, J., 2014a. Diffusion of Solar Water Heaters in Regional China: Economic Feasibility and Policy Effectiveness Evaluation. *Energy Policy* 72, 23-34.

② 参见茅于轼、盛洪、杨富强：《煤炭的真实成本》，北京，煤炭工业出版社，2008。

煤炭资源税各省区市按照不同标准征收，2010 年焦煤占比约为 15.10%，加权后煤炭资源税约为 3.92 元/吨；煤炭资源补偿费为 1% 销售收入，2010 年煤炭矿产资源开发矿产品销售收入为 9 327.22 亿元，原煤年产矿量为 28.93 亿吨，推算资源补偿费约为 3.22 元/吨；探矿权、采矿权价款按平均 7.77 元/吨计算，探矿权使用费、采矿权使用费较低，利用 2010 年数据估算约为 0.04 元/吨。煤炭资源税费加总后约为 14.95 元/吨。利用 2000—2010 年中国工业生产者出厂价格指数，2010 年工业生产者出厂价格比 2000 年上涨 24.52%，考虑通货膨胀后，2010 年中国煤炭资源税费对使用者成本的补偿率仅为 27.11%。

石油和天然气的使用者成本及资源税费补偿率。根据曾先峰、李国平[1]的估算，2010 年中国石油和天然气的使用者成本共计 2 263.2 亿元（3% 贴现率，2000 年价格），当年的应缴资源税费为 178.25 亿元（2000 年价格），补偿率仅为 7.88%。尽管 2011 年底实行了资源税新标准，将原油的资源税提高为销售额的 5%～10%，但考虑综合减征率后全国实际费率平均仅为 3.7%[2]，仍难以根本扭转石油资源税费补偿率低的状况。

由此，我国煤炭、石油和天然气的税费政策只能补偿代际外部性的小部分，消费者实际承受的能源价格难以反映资源的稀缺性，存在较明显的节能激励不足。

（2）环境污染的外部性与环境税费。

化石燃料的燃烧排放多种污染物，包括氮氧化物、SO_2 和颗粒物。如果这些污染物的外部损失缺少政策干预而未内部化或未完全内部化，则存在环境外部性。除此之外，煤炭等化石燃料生产、运输的污染物排放同样会带来外部损失，这也是环境外部性的重要来源。例如，Gillingham 等[3]从国际视角，对电力生产的环境外部性文献进行了综述，

---

① 参见曾先峰、李国平：《非再生能源资源使用者成本：一个新的估计》，载《资源科学》，2003（2）。

② 参见赵文娟、高新伟：《我国石油税费对成品油价格的影响分析》，载《价格理论与实践》，2013（8）。

③ Gillingham, K., Newell, R., Palmer, K., 2006. Energy Efficiency Policies: A Retrospective Examination. *Annual Review of Environment and Resources* 31, 161–192.

发现以往的促进节电的政策所减少的 CO_2、NO_x、SO_2、PM10 污染物的外部成本约占到所节约电费的 10%。这里重点关注煤炭生产、运输和消费过程中的生态环境外部成本及其税费。

煤炭开采、运输、燃烧过程中，均存在环境污染、生态破坏等环境外部成本。茅于轼等[1]估算了中国煤炭的环境损害成本，结果显示 2005 年煤炭开采的生态环境外部成本约为 69.47 元/吨，此数据与李国平、张海莹[2]估算的 2008 年中国煤炭开采 64.23～68.47 元/吨的生态环境外部成本较为接近。除此之外，运输过程的环境外部成本约为 34.05 元/吨，煤炭燃烧过程的环境外部成本约为 91.7 元/吨，煤炭开采、运输、燃烧过程总的环境外部成本为 195.22 元/吨。[3] 煤炭开采、运输、燃烧产生的生态环境外部成本并不需要完全补偿。当企业进行减排时，随着预防成本（或治理成本）的提高，边际外部成本下降，当边际预防成本与边际外部成本相交时，即为最佳的预防或补偿成本。由于计算边际预防成本的难度较大，可把最佳的补偿成本估算为生态环境外部成本的一半[4]，即 97.61 元/吨。

煤炭的生态环境税费。包括矿山环境恢复治理保证金、排污费、水土流失防治费（水土流失补偿费）、水资源补偿费等，城市维护建设税、土地使用税等。除此之外，山西于 2011 年开征煤炭可持续发展基金（见表 2-3）。

表 2-3　　　　　　　　煤炭开采利用生态环境税费种类和额度

税费种类	额度（元/吨）	征收方式
矿山环境恢复治理保证金	10（山西）	按量征收
开采阶段排污费	0.07	按污染物量征收
水土流失防治费	0.5～1.0（平均 0.75，内蒙古）；0.5～1.5 元/平方米（河南）	按量或按采矿面积征收

---

[1]　参见茅于轼、盛洪、杨富强：《煤炭的真实成本》，北京，煤炭工业出版社，2008。

[2]　参见李国平、张海莹：《基于两个负外部成本内部化的煤炭开采税费水平研究》，载《人文杂志》，2011（5）。

[3][4]　参见茅于轼、盛洪、杨富强：《煤炭的真实成本》，北京，煤炭工业出版社，2008。

续前表

税费种类	额度（元/吨）	征收方式
水资源补偿费	3（原煤 2，洗煤 3，焦煤 4）	按量征收
林业建设基金	0.1	按量征收
煤炭可持续发展基金（山西）	平均为 15，其中，用于环保的 8.5（动力煤 5～15、无烟煤 10～20、焦煤 15～20，2007 年 3 月）	按量征收
装卸、堆放阶段排污费	0.26	按照粉尘排放量征收
燃烧阶段排污费	3.34	按 SO_2 等污染物量征收

注：开采阶段排污费额度是在 2010 年煤炭开采和洗选业污染物排放量的基础上，计算应缴排污费，并按照当年煤炭生产量平均；装卸、堆放阶段排污费根据天津市平均额度，针对火力发电企业，采用排污量核算系数平均值计算而来，忽略了堆放粉尘排放；燃烧阶段排污费额度是根据 2010 年燃料燃烧的工业 SO_2 和烟尘排放量，计算应缴排污费，并根据当年煤炭消费量平均，忽略了非工业燃烧的污染物排放。表中未标注省区市的数据为全国的数据。

资料来源：《山西省矿山环境恢复治理保证金提取使用管理办法（试行）》《内蒙古自治区人民政府关于印发〈内蒙古自治区水土流失防治费征收使用管理办法〉的通知》《河南省财政厅、物价局、水利厅关于修订〈河南省水土保持补偿费、水土流失防治费征收管理办法〉的通知》《山西省人民政府办公厅关于原煤洗煤焦煤水资源补偿费征收标准问题的通知》《山西省人民政府办公厅印发〈山西省林业建设基金代办办法〉的通知》《排污费征收标准管理办法》。

根据对当前生态环境税费标准的估计，计算煤炭开采阶段、运输阶段和燃烧阶段的生态环境外部成本补偿率如表 2-4 所示。

表 2-4　　　　煤炭的生态环境外部成本分阶段补偿率

项目	开采阶段	运输阶段	燃烧阶段	总计
生态环境外部成本（元/吨）	69.47	34.05	91.7	195.22
最佳补偿成本（元/吨）	34.735	17.025	45.85	97.61
环境税费标准（元/吨）	22.42	0.26	3.34	26.02
补偿率（%）	64.55	1.53	7.28	26.66

煤炭资源生态环境外部成本补偿率平均约为 26.66%，补偿率较低。其中，在煤炭开采阶段补偿率为 64.55%；运输阶段和燃烧阶段的补偿率分别仅有 1.53% 和 7.28%，导致煤炭资源生态环境外部成本总体补偿率仅为 26.66%。

由于中国石油消费的环境外部成本缺少估算数据，这里采用美国国家研究院估算的汽油消费的外部成本数据近似反映。轻型汽车消耗的汽油排放的颗粒物、SO_2 和氮氧化物的外部环境成本约为 29.83 美分/加仑[1]，约占 2008 年中国终端石油消费价格的 10.83%[2]。这是对石油消费外部成本的低估，因为该成本不包含石油开采和运输过程中的外部成本，也不包括温室气体的外部成本。尽管在原油的加工冶炼中征收排污费，但费率很低（参照煤炭燃烧阶段的排污费费率）；在汽油、柴油消费过程中，尚未征收车辆的排污费，生态环境税费尚不能补偿石油消费的环境外部成本。

煤炭、石油等化石能源燃烧产生 CO_2 等温室气体，产生全球气候变化外部成本。气候变化的外部成本由温室气体存量引致，全球范围内的温室气体排放的单位成本基本相同。在 1.5%、3.0% 和 4.5% 的贴现率下，美国国家研究院估计的温室气体边际损害成本分别为 10~100 美元/吨、3~30 美元/吨和 1~10 美元/吨 CO_2 当量。[3] 至今，中国化石能源消费的气候变化外部成本未得到内部化。

（3）能源安全外部性等其他节能市场失灵。

化石能源的稀缺及过大的对外依赖度将增加能源安全外部成本，体现在消费者在消费能源时没有将军事、外交的成本完全考虑在内，这种外部性可能是比较显著的。[4] Bohi 和 Toman[5] 将能源安全的外部成本分为两类：与石油进口量相关的成本（石油可获得性）和与石油价格相关的成本（价格可承受性）。世界石油资源主要分布在政治不稳定的地区，如中东、尼日利亚、俄罗斯和委内瑞拉。石油进口国

---

[1]　US National Research Council，2010. *Hidden Costs of Energy：Unpriced Consequences of Energy Production and Use*. The National Academies Press，Washington，D. C.，USA.

[2]　Jiang，Z.，Tan，J.，2013. How the Removal of Energy Subsidy Affects General Price in China：A Study Based on Input-output Model. *Energy Policy* 63，599-606.

[3]　同[1].

[4]　Bohi，D.，Toman，M.，1996. *Empirical Evidence on Energy Security Externalities*，*The Economics of Energy Security*. Dordrecht：Springer Netherlands，31-58.

[5]　Bohi，D. R.，Toman，M. A.，1993. Energy Security：Externalities and Policies. *Energy Policy* 21，1093-1109.

为了维护油路畅通，通常在这些地区支出大量的外交、军事成本，这些发生在国家层面的支出，部分目的是维护本国的石油安全，不会在国内石油消费价格中完全体现，从而产生能源安全外部性。①1993 年，中国成为石油净进口国，进入石油进口国俱乐部②，2011 年中国石油消费的对外依赖度达到 57.7%，而煤炭则基本自给自足，这意味着中国的能源安全外部性主要是由石油供应和国际石油价格波动造成的。

中国为维护石油安全所支出的成本包括：1) 在国有银行资金支持下，中石油等石油企业进行海外投资，一方面维护石油安全，另一方面实现企业自身的发展战略，例如中石油在苏丹和伊朗的投资③；2) 外交部通过与富油国建立良好的外交关系，从而确保中国海外投资计划的实施，保障石油安全；3) 与维护能源安全相关的军事支出，尽管军事支出并不单纯为了维护能源安全。④ 石油进口导致的能源安全外部性，使得天然气、乙醇燃料等石油替代品的应用量低于最优值。考虑到石油产品很大比例用于交通运输，国家安全外部性将导致对车辆或内燃机能效改进的投资不足。⑤

除了能源安全外部性外，导致节能市场失灵的因素⑥至少还包括：1) 节能信息市场失灵。信息问题被认为是实际能源效率与社会最优能

---

① Gillingham, K., Sweeney, J., 2010. Market Failure and the Structure of Externalities. Padilla, A. J., Schmalensee, R. *Harnessing Renewable Energy*, RFF Press.

② Downs, E. S., 2004. The Chinese Energy Security Debate. *The China Quarterly* 177, 21-41.

③ Eurasia Group, 2006. China's Overseas Investments in Oil and Gas Production, Prepared for the US-China Economic and Security Review Commission. Eurasia Group, New York, USA.

④ 同②.

⑤ 同①.

⑥ 本章仅列出了导致节能市场失灵的一部分因素，它们是导致中国节能市场失灵的主要来源。关于能源效率投资和可再生能源利用的市场失灵的详细论述分别参见 Gillingham, K., Newell, R. G., Palmer, K., 2009. Energy Efficiency Economics and Policy. *Annual Review of Resource Economics* 1, 597-619; Gillingham, K., Sweeney, J., 2010. Market Failure and the Structure of Externalities. Padilla, A. J., Schmalensee, R. *Harnessing Renewable Energy*, RFF Press.

源效率差距（energy efficiency gap）的主要原因。[1] 消费者通常缺少对比高效产品和低效产品在未来运行成本方面的差异信息，从而难以做出合理的投资决定[2]，如果居民缺少可再生能源设备的效能和收益信息，就可能产生信息市场失灵。2）不完全获取当前行动产生的未来收益：干中学（learning-by-doing）。企业生产成本随着产品累积产量的增加而下降，产品累积产量被看作知识存量的代理变量。在标准的干中学模型中，企业当前承担了在未来多生产一单位产品的预付成本，同时增加了知识存量，使得所有企业未来生产的成本降低。干中学市场失灵的程度因不同的技术而不同，在可再生能源领域，干中学是一种重要的市场失灵。[3]

2.2.3　地方政府节能激励的微观基础薄弱

（1）化石能源的价格补贴致使节能市场激励不足。

通常意义上的能源补贴指的是政府直接支付给能源消费者或生产者的货币支出，更广意义上的能源补贴包括提高能源生产者的能源产品价格、降低能源生产的成本、降低能源消费者承受的能源价格等在内的所有政府行为。[4] 中国的能源补贴有各种形式，包括政府补助或税费减免等直接形式，也包括能源建设支出、能源研发支出等间接形式。[5] 而针对能源消费价格的补贴对于终端能源消费者节能激励具有最直接、最重要的影响。

---

[1] Sanstad, A. H., Hanemann, W. M., Auffhammer, M., 2006. End-use Energy Efficiency in A "Post-Carbon" California Economy: Policy Issues and Research Frontiers. The California Climate Change Center at UC-Berkeley, Berkeley, California, USA.

[2] Howarth, R. B., Sanstad, A. H., 1995. Discount Rates and Energy Efficiency. *Contemporary Economic Policy* 13, 101-109.

[3] Gillingham, K., Sweeney, J., 2010. Market Failure and the Structure of Externalities. Padilla, A. J., Schmalensee, R. Harnessing Renewable Energy, RFF Press.

[4] Lin, B., Jiang, Z., 2011. Estimates of Energy Subsidies in China and Impact of Energy Subsidy Reform. *Energy Economics* 33, 273-283. OECD, 1998. Improving the Environment through Reducing Subsidies. OECD, Paris, France.

[5] Lin, B., Jiang, Z., 2011. Estimates of Energy Subsidies in China and Impact of Energy Subsidy Reform. *Energy Economics* 33, 273-283.

近年来，不少学者采用能源差价法（price-gap approach）计算了中国不同化石能源终端价格的补贴程度。在不考虑环境外部损失的条件下，选取国内各能源生产的参照价格（通常为进口价格），Liu 和 Li[①]计算了 2007 年中国终端能源价格的补贴，其中煤炭的价格补贴率为 6.46%，石油产品的价格补贴率为 19.52%，天然气的价格补贴率为 35.46%。采用相似的方法，Lin 和 Jiang[②]计算的 2007 年电煤的价格补贴率为 7.82%，居民家用汽油的价格补贴率为 20.13%，民用天然气的价格补贴率为 26.87%，居民用电的价格补贴率为 54.37%。进一步地，Lin 和 Ouyang[③]计算了 2006—2010 年的能源价格补贴率，其中，2010年，煤炭的价格补贴率为 12.12%，汽油的价格补贴率为 3.34%，民用天然气的价格补贴率为 55.17%，居民用电的价格补贴率为 54.73%，由于 2008 年底成品油定价与国际油价联动，汽油等成品油的补贴率大幅下降。可见，中国大宗能源品种终端消费价格的补贴是普遍存在的。能源消费价格补贴使节能投资的预期收益偏低，导致节能投资低于最优值，产生节能激励不足。

（2）节能的外部效应进一步削弱了节能激励的微观基础。

中国的能源消费以煤炭和石油等化石能源为主体，与化石能源消费环境污染外部成本未合理补偿相对应，节约能源将产生环境质量改善等正外部效应，主要体现为：1）能源消费量的减少有助于缓解化石能源的耗减产生的代际外部性；2）能源消费量的减少将降低温室气体排放引致的全球气候变化带来的损害，相对而言，煤炭的碳排放因子大于石油和天然气，以煤炭为主的能源消费结构决定了节能在中国具有更大的减缓气候变化效应；3）中国的大气环境污染以煤烟型为主，主要污染

① Liu, W., Li, H., 2011. Improving Energy Consumption Structure: A Comprehensive Assessment of Fossil Energy Subsidies Reform in China. *Energy Policy* 39, 4134-4143.

② Lin, B., Jiang, Z., 2011. Estimates of Energy Subsidies in China and Impact of Energy Subsidy Reform. *Energy Economics* 33, 273-283.

③ Lin, B., Ouyang, X., 2014. A Revisit of Fossil-fuel Subsidies in China: Challenges and Opportunities for Energy Price Reform. *Energy Conversion and Management* 82, 124-134.

物是颗粒物和 SO_2，部分大城市，如北京、上海、广州等，属于煤烟型与机动车尾气污染并重类型[1]，能源消费量尤其是煤炭消费量的减少将有效缓解酸雨、城市空气污染等环境问题，减少空气污染造成的损失；4）石油消费量的减少（或利用效率的提高）将有助于缓解石油的对外依赖程度，减轻国际油价波动对国内经济的冲击，减少国家层面为了维护石油安全的外交和军事支出；5）节能新产品的生产过程具有干中学的知识外溢效应，节能投资尤其是可再生能源投资具有信息外溢效应，这些节能行为的收益均不能为投资者所独享，从而产生正外部效应。

对于理性的微观能源消费者而言，节能的外部效应导致其不能完全占有节能投资的收益，市场节能激励的强度低于最优的激励强度，导致节能投入的不足。考虑到中国化石能源消费逆向补贴的普遍存在，节约化石能源的正外部效应进一步削弱了节能激励的微观基础。

（3）地方政府节能的市场激励基础薄弱。

煤炭价格的市场化与电煤价格中央政府的干预并存[2]，中央政府对电力价格和成品油价格的行政管制、天然气的政府定价决定了中国的大宗能源品种价格均由政府控制或受政府指导[3]，尤其是中央政府垄断着能源价格机制的制定权。地方政府对能源价格的影响较为有限，省级发展和改革部门能源定价范围包括：1）省区市内独立配电企业的配电价格；2）城市燃气公司的天然气配气价格；3）煤气出厂和销售价格，液化石油气销售价格，蒸气、供暖的出厂和销售价格；等等。地方政府虽然控制着部分终端能源消费价格，但却是辖区内大宗能源消费价格的接受者，因此，地方政府难以通过改变能源价格调控辖区内能源消费者的

---

①　参见郝吉明、马广大、王书肖：《大气污染控制工程（第三版）》，北京，高等教育出版社，2010。

②　尽管自 2013 年 1 月取消了电煤价格的双轨制、继续实行煤电价格联动，但电力价格政府管制的定价机制尚未改变，当煤炭价格出现快速上涨，对电煤价格的行政干预将不可避免。因此，电力价格管制决定了中国煤炭价格市场化是不彻底的市场化。（Jiang, Z., Lin, B., 2014. The Perverse Fossil Fuel Subsidies in China: The Scale and Effects. *Energy* 70, 411-419.）

③　Jiang, Z., Tan, J., 2013. How the Removal of Energy Subsidy Affects General Price in China: A Study Based on Input-output Model. *Energy Policy* 63, 599-606.

节能激励。

作为企业的生产要素，低价的能源有助于降低企业的生产成本，增加企业利润。例如，通过差价法计算的 2008 年中国能源价格补贴中，产业部门的补贴总额为 5 250.6 亿元，占价格总补贴的 63.1%，其中，1 962.0 亿元用于工业能源价格补贴。[①] 低价的能源降低了企业成本，有利于地方的经济发展，在经济增长强激励下，地方政府有维持辖区内能源低价以实现经济较快增长的激励。因此，地方政府和辖区内企业在维护能源低价上易达成共识，形成相互强化的维持较低能源价格的激励，这削弱了地方政府节能市场激励的基础。

节能的"两维度、多层次"外部效应决定了地方政府难以获得节能努力的全部收益，这进一步削弱了节能市场激励的基础。外部性的时间维度和空间维度决定了负责外部性内部化的政府层级，即跨行政区的外部性应当由上一级政府负责管理。[②] 化石能源耗减的代际外部性应由中央政府负责，化石能源燃烧的环境污染分不同情况由不同层级政府负责。其中，不存在跨界特征的城市 SO_2、氮氧化物等污染由城市政府负责；能源消费产生的细颗粒物（PM2.5）具有跨区域特征[③]，由中央政府负责；煤炭等燃料燃烧导致的酸沉降具有跨省级行政区特征，由中央政府负责；能源安全外部性具有跨国特征，由中央政府负责；温室气体排放产生的气候变化损失具有全球外部性，由中央政府负责。不难发现，节能外部性具有代际、跨区域、跨国、全球特征，中央政府实际上承担了能源消费的外部成本，更多地享有了节能的外部收益。因此，节能的外部性及其时间和空间特性决定了地方政府节能市场激励的基础薄弱、动力不足。

---

① Jiang, Z., Lin, B., 2014. The Perverse Fossil Fuel Subsidies in China: The Scale and Effects. *Energy* 70，411-419.

② 参见宋国君、金书秦、傅毅明：《基于外部性理论的中国环境管理体制设计》，载《中国人口·资源与环境》，2008（2）。

③ 以北京市 2012—2013 年度为例，全年 PM2.5 来源中区域传输贡献占 28%～36%，本地污染排放贡献占 64%～72%。在本地污染贡献中，机动车、燃煤、工业生产、扬尘为主要来源，分别占 31.1%、22.4%、18.1% 和 14.3%，餐饮、汽车修理、畜禽养殖、建筑涂装等其他排放约占 14.1%。

2.3　小结

本章集中分析了地方政府节能激励的制度基础。经济增长作为地方政府主要行为取向，其强有力的激励机制必然对节能激励产生种种扭曲。地方政府在财政激励和晋升激励的双重激励下，展开激烈的地区间竞争，不遗余力地推动地区经济的高增长。经济增长激励的成功正是节能激励扭曲的根源所在。基于此，本章梳理了地方政府增长激励对节能激励产生的扭曲：1）地方政府节能目标完成进度滞后；2）地方政府节能统计数据扭曲，中央政府节能压力难以有效传导到地方；3）增长导向的地方政府对高耗能行业的依赖与节能降耗之间的内在冲突，陷入"鱼和熊掌不可兼得"的选择困境。

进一步地，从主要能源的定价机制和节能市场失灵角度分析了能源消费者节能激励的不足，认为地方政府节能激励的微观基础较为薄弱。中国大宗能源价格机制由中央政府制定，实行政府定价或指导价，煤炭价格市场化并不充分，化石能源消费普遍存在价格补贴，且存在资源耗减的代际外部性、环境污染的跨地区外部性、能源安全的国际外部性、气候变化的全球外部性。不完全市场化的定价机制、普遍存在的价格补贴、能源消费的外部性共同决定了能源价格对能源消费者节能的激励作用不充分，节能外部性的代际特征和跨区域特征决定了地方政府缺少节能的内在激励。可见，对地方政府而言，节能激励的微观基础相对薄弱，地方政府自身的节能激励不充分。

一言以蔽之，在政策不干预情况下，节能努力或者说配置到节能上的资源与最优水平存在差距。中国的节能事务更多由地方政府实际承担。以节能的公共财政支出为例，2008—2011 年，全国公共财政用于能源节约利用和可再生能源的支出分别为 225.4 亿元、256.0 亿元、519.8 亿元、581.0 亿元，其中，地方政府支出占总支出的比重分别为

76.5%、96.2%、93.8%和95.5%。[1] 在节能市场激励不充分、地方政府节能激励扭曲和激励不足的背景下，节能公共政策的制定、以地方政府为主体的有效实施机制对落实国家节能战略、完成总体节能目标至关重要。下一章将重点讨论中国节能政策及其实施机制、节能目标责任制、节能指标存在的问题，以此为基础，提出地方政府节能指标的评估框架。

---

[1] 参见财政部官方网站历年全国、中央本级、地方财政支出决算报告（表）。

第3章　地方政府节能指标的评估框架

"十一五"是中国节能政策出台最密集的时期，地方政府在节能政策的执行中发挥着重要作用，是政策执行的重要一环。尤其是节能目标责任制的引入，通过制度激励，将地方政府与节能政策的执行更紧密地联系起来。与此同时，在"十一五"节能实践中，以万元 GDP 能耗下降率为主的节能评价指标，暴露出难以控制能源消费总量、不利于可再生能源的开发利用、地方与中央节能数据衔接不上、能源消费统计未与地方政府节能激励相结合、以技术节能为导向的考核体系难以有效激励结构节能和管理节能等一系列问题。本章在评述节能政策/绩效评估已有研究的基础上，基于多目标委托代理理论、节能市场失灵理论，着重从与节能内涵的匹配性、与节能统计的衔接性、是否引导地方政府节能资源的优化配置三个视角，提出节能评价指标的评估框架。

3.1　中国的节能政策与执行机制

3.1.1　中国的节能政策

在中国多政府层级的治理框架下，各层级政府都可能是节能政策的制定者。省级政府或城市政府为了完成节能目标，根据特定的节能形势可能出台针对自身能耗特点的地方层面的节能政策。例如，"十一五"期间，山西省将纳入国家千家企业节能计划中的 200 家省域企业扩展为 1 000 家，并进一步将"限制类"高耗能行业电价加价由 0.05 元/千瓦时提高到 0.1 元/千瓦时，"淘汰类"则由 0.2 元/千瓦时提高到 0.3 元/千瓦时等。[1] 但地方节能政策仅仅是中央节能政策的延续或扩展，毋庸置疑的是，绝大多数节能政策源自中央政府，是由中央政府制定的。[2] 鉴于此，本章对节能政策的分析仅限于中央层面的政策。

"十一五"时期是中国节能法律和节能政策密集出台的时期，形成了当前中国的节能政策体系，其主要目标是提高能源利用效率。研究表明，"十二五"时期大体上延续了"十一五"时期的节能政策框架，节能政策变化不大。[3] 由于太阳能、风能等属于可再生能源，蕴藏量十分丰富，发展可再生能源实现对化石能源的替代也是节能的重要内容。因此，本节所讨论的节能政策主要是"十一五"以来的节能政策体系中较重要的政策，将涵盖提高能效政策和可再生能源利用政策两方面内容。

（1）提高能效政策。

工业能源消费（终端能源消费和加工转化能源消费）一直是中国能源消费的主体。例如，2011 年工业终端能源消费量占能源消费总量的 69.6%。工业中能源加工转换部门的能源产品（如电力）除了供工业使用外，还是农业、建筑业、第三产业和生活部门能源的重要来源。因此，工业领域节能是当前中国节能政策作用的最主要领域。[4] "十一五"

---

① Zhang, D., Aunan, K., Martin Seip, H., Vennemo, H., 2011. The Energy Intensity Target in China's 11th Five-year Plan Period: Local Implementation and Achievements in Shanxi Province. *Energy Policy* 39, 4115-4124.

②③ Lo, K., Wang, M. Y., 2013. Energy Conservation in China's Twelfth Five-year Plan Period: Continuation or Paradigm Shift? *Renewable and Sustainable Energy Reviews* 18, 499-507.

④ 同①.

以来，政府主导的行政措施和激励手段对节能共同发挥了关键作用。[①]
工业领域则以行政措施为主，辅以财政激励政策，最具有代表性的政策
包括千家（万家）企业节能、淘汰落后产能、十大重点节能工程等。[②]
本节在讨论提高能效政策时，以工业领域政策为主，兼顾建筑节能、交
通节能、节能市场服务等领域的政策措施。

　　第一，千家（万家）企业节能。2006 年 4 月，国家发改委等五部
门出台了《千家企业节能行动实施方案》，提出 2010 年实现节能 1 亿吨
标准煤的目标。根据 2004 年综合能源消费量数据，千家企业能耗占全
国能耗的 33%，占工业能耗的 47%。千家企业指的是钢铁、有色、煤
炭、电力、石油石化、化工、建材、纺织、造纸 9 个重点耗能行业规模
以上独立核算企业，2004 年企业综合能源消费量达到 18 万吨标准煤以
上，共 1 008 家。2011 年 12 月，国家发改委等 12 部门联合发布《关于
印发万家企业节能低碳行动实施方案的通知》将千家企业扩展为万家企
业。万家企业指的是年综合能源消费量 1 万吨标准煤以上及有关部门指定
的年综合能源消费量 5 000 吨标准煤以上的重点用能单位。2010 年全国共
有 17 000 家左右，占全国能源消费总量的 60% 以上。"十二五"时期下达
节能量目标的万家企业共计 16 078 家，"十二五"节能量目标为 2.5 亿吨
标准煤。与"十一五"千家企业仅局限于工业企业不同，"十二五"期间，
万家企业将范围扩展为工业、交通运输业、宾馆饭店、商贸企业、学校
等单位。

　　千家（万家）企业节能的核心是通过明确企业节能责任、加强企业
节能管理、建立企业内部节能管理制度实现企业节能量目标。"十一五"
以来，国家对千家（万家）企业实施的节能措施包括：1）建立企业层

---

　　① Lo，K.，Wang，M. Y.，2013. Energy Conservation in China's Twelfth Five-year
Plan Period：Continuation or Paradigm Shift? *Renewable and Sustainable Energy Reviews* 18，
499−507.

　　② Lo，K.，Wang，M. Y.，2013. Energy Conservation in China's Twelfth Five-year
Plan Period：Continuation or Paradigm Shift? *Renewable and Sustainable Energy Reviews* 18，
499−507. Zhao，X.，Li，H.，Wu，L.，Qi，Y.，2014. Implementation of Energy-saving
Policies in China：How Local Governments Assisted Industrial Enterprises in Achieving Energy-
saving Targets. *Energy Policy* 66，170−184.

面的节能领导和节能管理机构，并将节能目标分解到车间、班组，一级抓一级，建立节能考评制度；2）建立健全企业节能计量、节能统计制度，实行能源审计，编制节能规划；3）实行能效对标活动，开展节能宣传与培训；4）进行节能技术改造，淘汰落后用能设备和生产工艺。[①]为了促进企业的节能行动，2006年，千家企业中的14家中央企业直接与国家发改委签订节能目标责任书，国家发改委分别与31个省级政府签订了辖区内千家企业节能目标责任书，按照属地化管理的要求，各省级政府而后与辖区内的相关企业签订了节能目标责任书。省级政府则进一步将节能企业的监督管理责任下放到相关省区市。例如，四川省人民政府与39户高耗能企业及其15个市（州）政府共同签订了"十一五"期间的"千家企业节能目标责任书"[②]。

截至2010年底，由于兼并、破产、关停和恢复生产等因素，最终纳入考核的千家企业共881家。"十一五"期间，纳入考核的881家企业共实现节能量16 549万吨标准煤，完成了预定目标的165.49%。其中，完成节能目标的企业共866家，占98.3%，未完成节能目标的企业共15家，占1.7%。[③]"十一五"期间，万元GDP能耗实际下降19.06%，折算的节能量为6.3亿吨标准煤，千家企业节能量约占总节能量的26%。[④]

"十二五"时期，国家发改委于2013年发布了2012年度万家企业

① 实际上，千家（万家）企业节能措施中的淘汰落后产能，包含于以重点工业行业为目标的淘汰落后产能计划；千家（万家）企业节能措施中的节能技术改造项目，包含于十大重点节能工程中的燃煤工业锅炉（窑炉）改造工程、区域热电联产工程、余热余压利用工程、节约和替代石油工程、电机系统节能工程、能量系统优化工程。详情请参见后文的淘汰落后产能和十大重点节能工程部分。

② 四川省经济和信息化委员会：《省政府举行"千家企业节能目标责任书"签字仪式》，见 http://www.scjm.gov.cn:8080/gov/page/show.jsp?class＝环境资源处_工作信息&N_ID＝41&t=0。

③ 参见国家发改委：《"十一五"期间千家企业节能目标完成情况表》，见 http://www.sdpc.gov.cn/zcfb/zcfbgg/201112/t20111227_452721.html，2011-12-27。

④ Lo, K., Wang, M. Y., 2013. Energy Conservation in China's Twelfth Five-year Plan Period: Continuation or Paradigm Shift? *Renewable and Sustainable Energy Reviews* 18, 499–507.

节能考核结果。由于企业重组、关停、搬迁、淘汰等原因，2012年实际参加考核的企业14 542家。其中，超额完成节能量目标的3 760家，占25.9%；完成节能目标的7 327家，占50.4%；基本完成等级企业2 078家，占14.3%；未完成等级企业1 377家，占9.5%。参加考核的中央企业和单位共1 338家，未完成等级中央企业和单位为115家，占8.6%。2011—2012年，万家企业累计实现节能量1.7亿吨标准煤，完成"十二五"万家企业节能量目标的近70%。①

第二，淘汰落后产能。2007年1月，国务院批准国家发改委、能源办颁布的《关于加快关停小火电机组的若干意见》，正式实行关停小火电计划，并与省级人民政府和国有大型电力公司签订关停小火电责任书。2007年6月，国务院颁布《节能减排综合性工作方案》，将淘汰落后产能作为完成"十一五"节能目标的重要措施。"十一五"期间，计划实施电力行业"上大压小"，关停小火电机组5 000万千瓦，关停300立方米以下炼铁高炉10 000万吨，关停年产20万吨及以下的炼钢小转炉、小电炉5 500万吨，关停电解铝小型预焙槽65万吨，关停6 300千伏安以下铁矿热炉400万吨，关停6 300千伏安以下炉型电石产能200万吨，关停焦炭炭化室高度4.3米以下的小机焦8 000万吨，等量替代机立窑水泥熟料生产能力25 000万吨，淘汰落后平板玻璃生产能力3 000万重量箱等。②"十二五"期间，延续了2007年以来的淘汰落后产能计划。2011年，工业和信息化部公布了"十二五"分行业淘汰落后产能目标，除涵盖"十一五"相关行业外，还纳入了铜冶炼（80万吨）、铅冶炼（130万吨）、锌冶炼（65万吨）等高耗能行业；淘汰落后产能任务降低的行业包括小火电（2 000万吨）、炼铁（4 800万吨）、炼钢（4 800万吨）、焦炭（420万吨）；淘汰落后产能任务增加的行业包括电解铝（90万吨）、铁合金（740万吨）、电石（380万吨）、水泥

① 参见国家发改委：《2012年万家企业节能目标责任考核结果公告》，见 http://www.ndrc.gov.cn/zcfb/zcfbgg/201401/t20140103_574473.html，2014-01-03。
② 除此之外，"十一五"淘汰落后产能还包造纸、酒精、味精和柠檬酸四个行业，其主要目的是污染物减排，故本章未列出。同理，"十二五"淘汰落后产能中造纸、酒精、味精、柠檬酸、制革、印染、化纤、铅蓄电池等未列出。

（30 000 万吨）、平板玻璃（9 000 万重量箱）。[①]

　　淘汰落后产能行动主要是通过行政措施实施，对能耗水平过高的企业和不符合产业政策的产能，采取强制拆除和停产，并辅以经济激励措施。每年，中央将淘汰落后产能任务分配到省区市，各地区进一步分配到市、县、具体企业，明确了企业的主体责任、地方政府的组织督促责任；按期淘汰落后产能的，符合财政奖励门槛要求的项目，财政部将予以财政奖励，专项用于淘汰落后产能企业职工安置、企业转产、化解债务等相关支出；未按期完成淘汰任务的，将可能面临吊销排污许可证、限制项目和土地审批、吊销工商登记，甚至停止供电等惩罚措施，对于不按期淘汰落后产能的地区，实行项目区域限批制度。除此之外，2006年以来，明确了对高耗能行业取消电价优惠、实行电价加价并提高差别电价标准、实行惩罚性电价等措施，增大了高耗能企业的生产成本，对淘汰落后产能具有一定的促进作用。

　　"十一五"期间，淘汰落后产能任务全面完成。5 年累计关停小火电机组 7 200 万千瓦，淘汰炼铁 12 000 万吨、炼钢 7 200 万吨、焦炭 10 700万吨、水泥 37 000 万吨，分别完成预定目标的 144%、120%、131%、134%、148%。[②] 保守估算，淘汰落后产能完成了"十一五"期间节能1.18 亿吨标准煤的预定目标，占"十一五"期间总节能量的 18.7%。[③]"十二五"前期，淘汰落后产能进展顺利，2012 年电力、煤炭、炼铁、炼钢等 21 个行业均完成了淘汰落后产能目标任务。[④]

　　第三，十大重点节能工程。十大重点节能工程是由国家发改委

---

　　① 参见工业和信息化部：《"十二五"期间工业领域重点行业淘汰落后产能目标任务》，见 http://www.miit.gov.cn/n11293472/n11295023/n11297848/14410223.html；"十二五"关停小火电目标参见《节能减排"十二五"规划》。

　　② 参见工业和信息化部：《工业节能"十二五"规划》；国家发改委：《"十一五"节能减排回顾：淘汰落后产能成效显著》。

　　③ Lo, K., Wang, M.Y., 2013. Energy Conservation in China's Twelfth Five-year Plan Period: Continuation or Paradigm Shift? *Renewable and Sustainable Energy Reviews* 18, 499-507.

　　④ 参见工业和信息化部：《2012 年全国淘汰落后产能目标任务完成情况》，见 http://www.nea.gov.cn/2013-12/09/c_132953315.htm, 2013-12-09。

2004 年发布的《节能中长期专项规划》首次提出的，包括燃煤工业锅炉（窑炉）改造工程、区域热电联产工程、余热余压利用工程、节约和替代石油工程、电机系统节能工程、能量系统优化工程、建筑节能工程、绿色照明工程、政府机构节能工程、节能监测和技术服务体系建设工程。根据 2006 年国家发改委等印发的《"十一五"十大重点节能工程实施意见》，"十一五"十大重点节能工程的节能目标为 2.4 亿吨标准煤。十大重点节能工程中工业节能工程是主体，"十二五"延续了"十一五"的工业节能工程，并将其作为实现"十二五"节能目标的重要措施。

十大重点节能工程的实质是通过政府资金扶持和奖励，激励企业实行节能技术改造，培养企业在节能减排领域的能力。2007 年，财政部等印发《节能技术改造财政奖励资金管理暂行办法》，采取"以奖代补"方式对十大重点节能工程给予奖励。对节能量在 1 万吨标准煤以上的燃煤工业锅炉（窑炉）改造、余热余压利用、节约和替代石油、电机系统节能和能量系统优化等节能技术改造项目，东部地区按 200 元/吨标准煤奖励，中西部地区奖励标准为 250 元/吨标准煤。随着大多数低成本的节能技术被采用，工业节能成本显著提高，由"十一五"时期的 2 500 元/吨标准煤提高为"十二五"时期的 4 000 元/吨标准煤。[①] 2011 年，财政部等印发《节能技术改造财政奖励资金管理办法》，一方面将节能技改门槛降低为节能 5 000 吨标准煤，另一方面提高了补贴标准：东部地区 240 元/吨标准煤，中西部地区 300 元/吨标准煤。

除工业外，十大重点节能工程还包括建筑节能工程和政府机构节能工程。针对新建居住建筑和公共建筑，全面执行 50％节能标准，4 个直辖市，北方严寒、寒冷地区新建建筑执行 65％节能标准；2010 年，新建建筑中施工阶段执行强制性节能标准的比例为 95.4％。针对

[①] Zhao, X., Li, H., Wu, L., Qi, Y., 2014. Implementation of Energy-saving Policies in China: How Local Governments Assisted Industrial Enterprises in Achieving Energy-saving Targets. *Energy Policy* 66，170-184.

既有居住建筑，2006 年建设部印发《关于推进供热计量的实施意见》，为实行供热计量进而按照供热量计量收费奠定了基础；2007 年财政部印发《北方采暖区既有居住建筑供热计量及节能改造奖励资金管理暂行办法》，对严寒地区的既有建筑节能改造补贴 55 元/平方米，寒冷地区补贴 45 元/平方米，补贴范围为建筑围护结构改造、供热计量、热源管网改造等；针对国家机关办公建筑和大型公共建筑设立了节能专项资金，用于能耗监测、统计、节能改造贴息等支出。针对夏热冬冷地区（长江中下游及周边地区），财政部于 2012 年印发了《夏热冬冷地区既有居住建筑节能改造补助资金管理暂行办法》，补助标准为东部地区 15 元/平方米，中部地区为 20 元/平方米，西部地区为 25 元/平方米。"十一五"期间，北方供暖区既有建筑节能改造目标为 1.5 亿平方米，实现节能 1 300 万吨标准煤。截至 2010 年底，北方采暖区 15 省区市共完成节能改造建筑 1.82 亿平方米。到 2015 年，既有建筑节能改造目标为累计超过 4 亿平方米，"十二五"期间改造超过 2.18 亿平方米。①

节能监测和技术服务体系建设工程中，合同能源管理成为市场节能的重要内容。2010 年 4 月，国务院办公厅转发国家发改委等部门的《关于加快推行合同能源管理促进节能服务产业发展意见》，明确了加大财政、税收、金融等方面的支持力度。随后，财政部颁布实施了《合同能源管理项目财政奖励资金管理暂行办法》，规定对节能服务公司投资 70% 以上的工业、建筑、交通等领域以及公共机构节能改造项目，且单个项目年节能量在 10 000 吨标准煤以下、100 吨标准煤以上（含），其中工业项目年节能量在 500 吨标准煤以上（含）的节能改造项目，中央财政奖励标准为 240 元/吨标准煤，省级财政奖励标准不低于 60 元/吨标准煤，已享受国家其他相关补助政策的合同能源管理项目，不纳入本办法支持范围。2010 年，节能服务公司从 2005 年的 80 多家增加到 800 多家，节能服务产业规模从 47 亿元增加到 840 亿元，合同能源管理项目投资从 13 亿元增加到 290 亿元，形成年节能能力从 60 多万吨标准煤

---

① 参见住房和城乡建设部：《关于印发"十二五"建筑节能专项规划的通知》，见 ht-tp://www.gov.cn/zwgk/2012-05/31/content_2149889.htm，2012-05-31。

增加到 1 300 多万吨标准煤。①

　　绿色照明工程包含在节能产品惠民工程之中，是通过财政补贴的形式推广节能型家电的应用，以实现居民生活和建筑能耗的降低。自2007 年以来，陆续驱动了高效照明产品、高效节能空调、平板电视、电脑，以及电机、风机、水泵、汽车等产品的补贴推广工作。2007 年，中央财政对节能灯大宗用户按照中标价格的 30%、城乡居民按照中标协议供货价格的 50% 予以补贴。截至 2012 年，已安排资金 41.57 亿元，支持了 6.55 亿只高效照明产品，年节电 185 亿千瓦时；2009 年 6 月至2011 年 5 月，对能效 2 级及以上的高效节能空调每台补贴 150～250 元，共安排资金 146.43 亿元，推广 5 000 多万台，实现年节能量 100 亿千瓦时；2012 年 6 月至 2012 年底，对空调、平板电视、电冰箱、洗衣机、热水器、台式计算机、单元式空调和冷水机组实行补贴，中央财政共投入 76.16 亿元，支持各类家电 3 273 万台、节能家电 2 600 万台，每年可节电 30 多亿千瓦时；2010 年 6 月起实施了为期一年的节能汽车补贴，对消费者购买 1.6 升及以下的节能乘用车，中央财政每辆车补贴3 000 元，2011 年 10 月 1 日起，补贴门槛由百公里油耗从 6.9 升变为6.3 升，截至 2013 年，中央财政已安排 166 亿元，支持推广节能汽车超过 584 万辆；2010 年 6 月起，对高效电机实行财政补贴，中央财政累计拨付资金 5.43 亿元。②

　　十大重点节能工程对中国的节能发挥了重要作用，贡献了"十一五"总节能量的一半以上。"十一五"期间，中央和省级地方财政都设立了节能专项资金，对节能改造实行投资补助和财政奖励，推动了十大重点节能工程的实施，共实现节能 3.4 亿吨标准煤③，完成预定目标的

---

① 参见国家发改委：《节能服务产业快速发展——"十一五"节能减排回顾之五》，见http://www. ndrc. gov. cn/xwzx/xwfb/201110/t20111008_437225. html，2011-10-08。

② 参见财政部经济建设司：《"节能产品惠民工程"取得显著成效》，见 http://jjs. mof. gov. cn/zhengwuxinxi/diaochayanjiu/201307/t20130711_960347. html，2013-07-11。

③ 参见国家发改委：《十大重点节能工程取得积极进展——"十一五"节能减排回顾之三》，见 http://www. sdpc. gov. cn/xwzx/xwfb/201109/t20110929_436216. html，2011-09-29。

142％，对"十一五"总节能量贡献率为 54.0％。①

第四，其他提高能效政策。除了千家（万家）企业节能、淘汰落后产能、十大重点节能工程外，提高能效政策还包括：1）能耗或能效标准。与《节约能源法》相配套，国家标准委制定和修订了 46 项国家标准，大部分于 2008 年 6 月 1 日起实施，包括 22 项高耗能产品单位产品能耗限额标准，5 项交通工具燃料经济性标准，11 项终端用能产品能源效率标准，8 项能源计量、能耗计算、经济运行等节能基础标准。② 2）税费政策。包括降低进口关税、提高高耗能产品出口关税、取消高耗能产品出口退税等。例如，2007 年 7 月 1 日起取消 553 项高耗能、高污染资源性产品出口退税。3）信息政策。2005 年 3 月 1 日，中国实行《能源效率标识管理办法》，截至 2013 年 1 月 31 日，已有家用电冰箱等 10 批次 28 种家电进入实行能源效率标识的产品目录。中国自 1991 年以来每年举办全国性的节能宣传周活动，2004 年以来由之前的每年 11 月改为每年 6 月，旨在增强居民的资源意识和节能意识，2014 年全国节能宣传周的主题是"携手节能低碳，共建碧水蓝天"。

（2）可再生能源利用政策。

2005 年全国人大常委会通过《可再生能源法》，该法于 2006 年 1 月 1 日起正式实施。2009 年，全国人大常委会修订了《可再生能源法》，为可再生能源发展政策制定奠定了基础，吹响了发展可再生能源的号角。2005 年，中国可再生能源开发利用总量（不包括传统方式利用的生物质能）约 1.66 亿吨标准煤，占当年一次能源消费量的 7.5％。2007 年颁布的《可再生能源中长期发展规划》提出 2010 年可再生能源应用量占能源消费量 10％、2020 年达到 15％的目标。尽管"十一五"期间可再生能源利用量年均增长 11.5％，2010 年可利用量达到 2.86 亿吨标准煤，但可再生能源所占比重仅为 8.9％，未达到预期目标。根据

---

① Lo, K., Wang, M. Y., 2013. Energy Conservation in China's Twelfth Five-year Plan Period: Continuation or Paradigm Shift? *Renewable and Sustainable Energy Reviews* 18, 499-507.

② 参见齐晔：《中国低碳发展报告（2011—2012）——回顾"十一五"展望"十二五"》，北京，社会科学文献出版社，2011。

《可再生能源发展"十二五"规划》，中国可再生能源发展目标是 2015 年达到 4.78 亿吨标准煤，非化石能源占能源消费总量的比重 2015 年达到 11.4%。

中国的可再生能源主要包括水力发电、风力发电、太阳能光伏发电、生物质能利用（发电、制沼气等）、太阳能热利用等。水电是我国当前利用量最大的可再生能源。2010 年，水电装机容量 2.16 亿千瓦，发电量 6 867 亿千瓦时，占全国总发电量的 16.2%，折合标准煤 2.3 亿吨，占当年可再生能源利用量的 80.4%。除此之外，2010 年风力发电 500 亿千瓦时，折合标准煤 1 600 万吨，占当年可再生能源利用量的 5.6%；太阳能热水器集热面积 1.68 亿平方米，年节能量 2 000 万吨标准煤，占当年可再生能源利用量的 7.0%；生物质发电、沼气、成型燃料、生物乙醇燃料、生物柴油利用量共计 2 000 万吨标准煤，占可再生能源量的 7.0%；包括光伏发电、地热能、海洋能在内的其他可再生能源利用量很小。大多数可再生能源开发利用的成本高于传统能源，且太阳能、风能具有间歇性，这增大了电网成本，可再生能源发展政策对于可再生能源的应用具有重要意义。

第一，可再生能源发展基金政策。成立可再生能源发展基金是解决可再生能源应用具有较高成本问题的重要措施。2006 年财政部颁布《可再生能源发展专项资金管理暂行办法》，国家财政公共预算列支可再生能源发展专项资金，对可再生能源技术研发、示范、农村和偏远地区的可再生能源利用、设备本土化生产等予以支持。继 2009 年修订的《可再生能源法》之后，2011 年财政部等部门颁发《可再生能源发展基金征收使用管理暂行办法》，成立可再生能源发展基金，资金来源包括中央财政年度预算的专项资金和向电力用户征收的可再生能源电价附加收入。后者主要用于补偿电网企业收购和配送可再生能源发电而带来的增量成本，包括可再生能源上网标杆电价超出常规能源发电标杆电价部分、公共可再生能源独立电力系统的运行和管理费用超出销售电价的部分、电网企业接网费用以及其他合理的相关费用不能通过销售电价回收的部分。2008—2012 年，全国公共财政中用于可再生能源的支出分别为 85.0 亿元、59.0 亿元、117.9 亿元、141.6 亿元、147.6 亿元，呈增加趋势。[①] 近年来，可再生能源发展资金逐年增加，2012 年达到 167 亿元[②]，为可再生能源的研发和利用提供了资金保障。可再生能源发展专项资金促进可再生能源应用的领域包括金太阳示范工程、农村地区可再生能源建筑应用、可再生能源建筑应用城市示范等。

第二，可再生能源发电全额保障性收购政策。2007 年国家电监会颁布《电网企业全额收购可再生能源电量监管办法》，明确了电力监管机构对电网企业建设可再生能源发电项目接入工程、电网并网、提供上网服务、优先调度、电网安全运行、全额收购、电费结算、记载和保存相关资料等的监督。全额保障性收购确保了可再生能源发电项目运行期间的预期收益，对鼓励可再生能源发电项目建设具有较大促进作用。但由于电网企业的垄断特征，可再生能源发电企业在与电网企业博弈中处于劣势。根据国家电监会发布的《可再生能源电量收购和电价政策执行情况监管报告》对 2006 年 1 月至 2008 年 8 月可再生能源发电收购情况的检查发现，存在电网企业要求可再生能源发电企业建设入网工程、未及时改造可再生能源发电送出电网设施、压低发电企业上网电量和上网电价、不按期或不足额支付电费等问题；部分地区可再生能源发电存在与电网规划衔接不足、工程项目存在布局不合理和无序建设等问题，一方面造成上网困难，另一方面对电网稳定性构成潜在威胁。因此，统筹规划、加强对电网企业政策执行情况的监管、通过技术创新和管理优化提升电网对可再生能源发电的适应性、规范可再生能源发电企业信息披露将有利于可再生能源发电全额保障性收购政策的有效实施。

第三，可再生能源发电标杆上网电价政策。可再生能源上网标杆电

---

① 参见历年《全国公共财政支出决算表》。
② 参见全国人民代表大会常务委员会执法检查组：《关于检查〈中华人民共和国可再生能源法〉实施情况的报告》，见 http://www.npc.gov.cn/npc/xinwen/2013-08/27/content_1804270.htm，2013-08-27。

价政策是刺激可再生能源，尤其是风电快速发展的主要政策。2009 年，国家发改委发布《关于完善风力发电上网电价政策的通知》，将陆上风电标杆上网电价按照四类风能资源区划分为四个等级，Ⅰ～Ⅳ类资源区的标杆上网电价分别为 0.51 元/千瓦时、0.54 元/千瓦时、0.58 元/千瓦时和 0.61 元/千瓦时。2010 年，国家发改委发布《关于完善农林生物质发电价格政策的通知》，2010 年 7 月 1 日起，未采用招标确定投资人的新建农林生物质发电项目执行统一的 0.75 元/千瓦时的标杆上网电价。2011 年，国家发改委发布《关于完善太阳能光伏发电上网电价政策的通知》，将新建光伏发电上网电价统一确定为 1.15 元/千瓦时。由于该政策未考虑太阳能资源的差异性，2013 年国家发改委进一步出台《关于发挥价格杠杆作用促进光伏产业健康发展的通知》，将全国划分为三类太阳能资源区，Ⅰ、Ⅱ、Ⅲ类资源区新建光伏发电项目标杆上网电价分别为 0.90 元/千瓦时、0.95 元/千瓦时和 1.0 元/千瓦时，对分布式光伏发电全额上网，实行 0.42 元/千瓦时的补贴，自用有余上网电量按当地燃煤机组标杆上网电价收购。水电技术成熟、成本较低，采用的是政府定价的上网电价办法。2014 年，国家发改委印发的《关于完善水电上网电价形成机制的通知》规定，跨省跨区域交易价格由供需双方协商确定，省内上网电价实行标杆电价制度，水电价格市场化迈出重要步伐。

可再生能源发电上网电价超出当地燃煤机组标杆上网电价的部分，通过电网企业按规定向电力用户征收可再生能源附加进行补偿。根据 2011 年财政部颁布的《可再生能源发展基金征收使用管理暂行办法》，可再生能源附加为 0.8 分/千瓦时。2013 年国家发改委调整了可再生能源附加费标准，将向除居民生活和农业生产以外的其他用电征收的可再生能源电价附加标准提高至 1.5 分/千瓦时。可再生能源附加费标准根据可再生能源发电上网电价补贴额等相关支出的变化而相应调整。

第四，非商品化可再生能源利用政策。2003 年农业部颁布的《农村沼气建设国债项目管理办法（试行）》对农村沼气池和改圈、改厕、改厨"一池三改"实行补贴，补贴标准为西北、东北地区每户 1 200 元，西南地区每户 1 000 元，其他地区每户 800 元；对农村太阳能热水器，2009 年 2 月纳入"家电下乡"补贴范围，补贴率为价格的 13%，"家电下乡"政策执行期为 4 年，由于开始年份不同，各地区农村地区太阳能热水器补贴的结束年份不同。由于"家电下乡"政策并不是针对太阳能热水器的专项补贴，电热水器、燃气热水器等替代产品也享受补贴，且补贴率偏低、补贴程序烦琐，"家电下乡"政策对农村太阳能热水器的促进作用不大。[①]

3.1.2 地方政府节能政策的执行机制

成功的政策推动不仅需要良好的政策，更需要对这些政策的有效执行。"十一五"末期有些地方出现的极端节能行为、对高耗能产业的电价补贴屡禁不止、"十二五"初期部分地区能源消费强度不降反升等现象表明，节能政策在地方政府层面的执行机制尤其重要。

与计划经济下依靠中央职能部门自上而下条条为主的节能政策执行机制不同，加入世贸组织，尤其是"十一五"以来，中国的节能政策执行转变为"条块结合，以块为主"的模式，地方政府在节能政策执行中发挥的作用越来越重要。按照属地化管理的原则，地方政府承担了辖区内节能政策执行的监管责任，督促、推动辖区内能源消费者落实节能政策、实现节能目标。对于企业而言，能源价格是节能的直接激励，而中国大宗能源价格未完全市场化，且化石能源消费普遍存在补贴，节能的直接激励不足，加之节能具有缓解资源耗减的代际外部性、减少污染物排放的空间外部性，这进一步削弱了企业节能激励。也就是说，单纯的市场激励不足以激励企业实行社会最优的节能行动，即便是在当前经济刺激型节能政策的干预下，企业的节能激励仍然不足。例如，"十二五"期间，工业节能成本约为 4 000 元/吨标

---

① Ma, B., Song, G., Smardon, R.C., Chen, J., 2014a. Diffusion of Solar Water Heaters in Regional China: Economic Feasibility and Policy Effectiveness Evaluation. *Energy Policy* 72, 23-34.

准煤①，而工业技术改造补贴率仅为东部地区 240 元/吨标准煤、中西部地区 300 元/吨标准煤。

"十一五"以来，中国的节能政策以行政措施提高工业能源利用效率为主，主要包括千家（万家）企业节能、淘汰落后产能和十大重点节能工程等，财政补助或奖励仅起到辅助作用。"十二五"期间，地方政府与辖区内的重点能耗企业（除国家发改委直接负责的中央企业外）签订了节能目标责任书。然而，明确了企业的节能责任并不等于企业会不折不扣地开展节能行动、实现节能目标。在市场化经营、追求利润最大化的条件下，企业的节能行动必然要求地方政府以某种形式对其进行补偿。事实上，仅仅依靠中央政府提供的正式激励（工业节能技改补贴等）和节能政策中的原则性规定，地方官员难以完成中央政府下达的节能目标。② 鉴于此，地方政府为了完成节能目标，在负责、监管、推动节能政策执行过程中，与辖区内企业展开持续的、形式多样的博弈行为和利益交换。

Kostka 和 Hobbs③ 以山西为例，通过深入的案例分析，较系统地总结了地方政府在督促企业开展节能行动上采取的策略。地方官员使用的一个策略是"利益绑定"（interest-bundling），即地方官员通过向重点企业管理者传达节能政策的重要性，增强企业对国家节能补助的信心，提出地方政府可以额外提供的补偿措施，如不干扰企业商业活动的承诺、优先获得土地和资金支持等，将官员个人利益与大型企业的利益相衔接。地方官员对企业的利益补偿承诺通常是国家节能补助和奖励政策之外的非常规性补偿。正如上一章讨论的，中国的地方政府实际上控制着项目审批、产业政策、税收优惠、城市土地、矿产资源、金融等重要的经济资源，这为地方官员采用非正式的方式补偿企业的节能行为奠

---

① Zhao, X., Li, H., Wu, L., Qi, Y., 2014. Implementation of Energy-saving Policies in China: How Local Governments Assisted Industrial Enterprises in Achieving Energy-saving Targets. *Energy Policy* 66, 170−184.

②③ Kostka, G., Hobbs, W., 2012. Local Energy Efficiency Policy Implementation in China: Bridging the Gap between National Priorities and Local Interests. *The China Quarterly* 211, 765−785.

定了基础。"利益绑定"策略实施过程中，国有企业和民营企业的正式和非正式激励的收益不同。在中国，国有企业并不是纯粹的经济组织，同时是中国多级行政发包制度下的"准行政"基层组织。[①] 对于国有企业的经理人，如果完不成节能目标将受到政治绩效评估的惩罚，取消年终奖评奖资格，甚至受到行政处罚，部分国有企业管理者还将节能绩效作为获得政治竞争优势的亮点，因此节能激励更容易实现。对于民营企业，不存在行政级别，与地方政府无上下级关系，补偿性收益或者其他的隐性收益对激励民营企业节能更为重要。以利润最大化为目的，民营企业对不能带来净收益的节能项目缺乏动力，地方官员往往通过优先提供贷款担保、优先扩大企业生产、企业增效和生产能力增加带来的市场份额提高等措施推动节能。如果"利益绑定"失效，地方官员可能通过断电，甚至关停等强制性措施对完不成节能目标的企业施加压力。

地方官员采用的另一个策略是"政策绑定"（policy-bundling），即地方政府将节能政策纳入更大范围的运动之中，将节能政策与区域性的、更具紧迫性的地区政策相结合，例如，城市空气污染政策、安全生产政策等，甚至与公众更关注的、官员更重视的与节能不相关的政策相结合；将改善城市空气质量与关停落后产能相结合，获得公众支持；利用国内外媒体对矿难的报道，将安全生产与节能政策执行相结合；等等。地方官员使用的第三个策略是造势（framing），即地方官员将执行节能政策包装成能集中体现某个利益群体或公众利益的行为，以获得政策执行的同盟。例如，地方官员将淘汰落后产能描述为产业结构升级项目，它可以为地方经济长期发展提供后劲，或者可以为当地居民提供更多的就业机会、更安全的工作条件等。

与工业节能形成鲜明对比的是，"十一五"期间中国快速发展的风电。2010年并网风电装机容量目标为1 000万千瓦，实际则达到3 100万千瓦，是预期目标的3.1倍，这与风电上网标杆电价政策和以电力企

[①] 参见齐晔：《中国低碳发展报告（2013）——政策执行与制度创新》，北京，社会科学文献出版社，2013。

业为核心的政策实施机制息息相关。风电机组超常规增长，甚至超过了电网发展速度，致使风电机组利用率低下，2005—2010 年利用系数（capacity factor）仅为 16.3％[1]，这反映出地方政府通过投资、培育可再生能源产业推高地方经济增长的行为取向。以太阳能热水器为例，Li 等[2]的调查发现山东德州城区普及率高达 75.4％，对该地区推广可再生能源成功经验的分析表明，地方政府对太阳能热水器应用予以政策支持，主要出于发展地方经济、扩大就业、做大做强以皇明太阳能为代表的太阳能热水器产业等目的，并认为这种区域性的成功不能在其他地区复制。可见，地方政府推动地区经济发展的激励与发展可再生能源产业的结合，客观上对可再生能源的应用起到了一定的促进作用，但地方政府缺少可再生能源利用的激励。2010 年，中国可再生能源应用量比重仅为 8.9％，未能实现 10％的预定目标。

地方政府采取的节能策略，尤其是国有企业的准行政性质、民营企业对地方政府的依附使节能政策在企业层面得以执行，凸显出地方政府在节能政策实施中的核心作用。[3] 然而，相互竞争的地方官员通过最大化财政收入和最大化晋升收益实现其权力最大化，将地方政府塑造成了增长型政府，在推动中国经济高增长中发挥了重要作用。对地方政府而言，节能具有的代际外部性、跨行政区甚至跨国际的外部性决定了其内在的节能激励不足；经济增长强激励又进一步扭曲和弱化了地方政府的节能激励；能源价格不完全市场化、化石能源普遍存在补贴致使地方政府节能的微观基础薄弱、节能政策执行需耗费大量资

---

[1]　Yang, M., Patiño-Echeverri, D., Yang, F., 2012. Wind Power Generation in China: Understanding the Mismatch between Capacity and Generation. *Renewable Energy* 41, 145–151.

[2]　Li, W., Song, G. J., Beresford, M., Ma, B., 2011. China's Transition to Green Energy Systems: The Economics of Home Solar Water Heaters and Their Popularization in Dezhou City. *Energy Policy* 39, 5909–5919.

[3]　Kostka, G., Hobbs, W., 2012. Local Energy Efficiency Policy Implementation in China: Bridging the Gap between National Priorities and Local Interests. *The China Quarterly* 211, 765–785. Zhao, X., Li, H., Wu, L., Qi, Y., 2014. Implementation of Energy-saving Policies in China: How Local Governments Assisted Industrial Enterprises in Achieving Energy-saving Targets. *Energy Policy* 66, 170–184.

源。与此同时，地方政府间正为经济增长展开激烈竞争，节能政策的执行客观上对当地的经济发展、就业和税收带来负面影响。这一系列的制度背景意味着在节能政策执行中，除了地方政府与企业之间的博弈外，如何将中央层面的节能目标转化为地方政府的节能动力，通过什么样的机制实现节能激励在不同层级政府间的层层传递，对中国节能政策的执行尤为重要。"十一五"期间建立起来的节能目标责任制实现了节能压力自上而下在不同政府层级间的传递，是下一节讨论的重点内容。

3.2　节能目标责任制与节能指标问题概述

3.2.1　目标管理责任制

本节中的目标管理责任制，指的是将上级党政组织所确立的总目标进行分解和细化，并以书面形式签订"目标责任状"，以此为各级党政组织考评、奖惩的依据的制度。[①] 中国党政机关中的目标管理责任制始于 20 世纪 80 年代中期[②]，经过不断探索，到 90 年代末，全国已有 65％的省级机关、90％的地市以下机关建立了目标管理责任制[③]，目前它已经广泛存在于各地党政管理实践之中。

岗位责任制是目标管理责任制的基础。岗位责任制的内涵是规定各部门、各单位及每个工作人员的职责、任务、权限，然后对履行情况进行考核和奖惩。[④] 1978 年，邓小平指出，在管理制度上，当前要特别注

---

① 参见王汉生、王一鸽：《目标管理责任制：农村基层政权的实践逻辑》，载《社会学研究》，2009（2）。

② O'Brien, K. J., Li, L., 1999. Selective Policy Implementation in Rural China. *Comparative Politics*, 167—186. 蓝志勇、胡税根：《中国政府绩效评估：理论与实践》，载《政治学研究》，2009（2）。王汉生、王一鸽：《目标管理责任制：农村基层政权的实践逻辑》，载《社会学研究》，2009（2）。

③④ 参见韩天：《领导干部考察考核实用全书》，北京，中国人事出版社，1999。

意加强责任制。我国《宪法》第 27 条规定，一切国家机关要"实行工作责任制"。随后，在辽宁省抚顺市的一些单位率先建立了机关岗位责任制。到 1982 年，吉林、山西、安徽、黑龙江、湖南、陕西等绝大多数单位建立了岗位责任制。1984 年，中央组织部、劳动人事部召开全国党政机关实行岗位责任制座谈会，有力地促进了岗位责任制在全国的推广。

目标管理理论是目标管理责任制的依据。目标管理最早产生于 20 世纪 50 年代的美国，从 1980 年以后，目标管理在我国一些大中型企业试行并逐步推广至党政机关的管理之中。在管理方式上，目标管理实现了从"命令型"向"信任型"行政管理的过渡，有利于提高工作人员工作的积极性和创造性，同时为机关的考核和奖惩工作提供了可靠的依据。[①] 目标管理是以目标为导向，指标选择与目标制定是目标管理的基础和前提，也是目标管理责任制的核心。按照指标量化与否，将指标分为量化的指标和非量化的指标，量化的指标在目标责任制中处于主导地位。

按照指标的重要性，目标责任书的指标通常包括"软指标"、"硬指标"和具有"一票否决"权的优先指标。[②] "软指标"也称为一般性指标，是指量化较为困难，或在考核中权重较小，或难以同竞争者拉开档次的指标，主要指一些事关长远的经济、政治、社会指标，或者民生指标，例如，社会治安、基层党建、党风廉政、社会评价、居民收入等类型的指标。[③] 由于它们不能决定干部考核的成败，地方党政干部对这些指标往往不够重视。"硬指标"指地方官员必须完成的、决定官员是否

① 参见韩天：《领导干部考察考核实用全书》，北京，中国人事出版社，1999。

② Edin，M.，2003. State Capacity and Local Agent Control in China：CCP Cadre Management from A Township Perspective. *The China Quarterly* 173，35－52. Edin，M.，2005. Remaking the Communist Party-State：The Cadre Responsibility System at the Local Level in China. *China：An International Journal* 1，1－15. Whiting，S. H.，2001. *Power and Wealth in Rural China：the Political Economy of Institutional Change*. Cambridge University Press，New York.

③ 参见李克军：《官话实说：对若干时政问题的议论与探索》，哈尔滨，黑龙江人民出版社，2010。

能够脱颖而出的指标，GDP 增长、工业产值、招商引资、税收收入等经济发展指标是最常见的"硬指标"。① 优先指标通常是上级下达的具有"一票否决"性质的指标，完成优先指标是获得奖金或晋升的基础，如果被"一票否决"，其他指标的成绩均无效。优先指标通常包括社会稳定以及近年来实行的节能减排等。

考核和奖惩制度为目标的实现提供有效的激励和约束。由于不同岗位、不同考核对象的责任不同，考核的内容不能千篇一律。随着 1984 年"下管一级"干部管理制度的实施，针对地方党政"一把手"的考核由上级组织部门负责，对工作部门领导干部的考核则由相同政府层级的党政领导负责。目标管理责任制是主要针对下级政府、以党政主要领导为考核对象的考核制度②，地方党政"一把手"将目标分解到下辖的行政区和各工作部门，以期在考核中脱颖而出。与对工作部门的考核不同，通过考核相对名次（而不是绝对成效），对地方主要党政领导的考核能够形成所辖地区之间相互竞争的局面。考核结果与干部个人的奖金、薪级、晋升等息息相关③，一般而言，一般指标（或"软指标"）仅与干部的薪金挂钩，而"硬指标"和优先指标不仅影响干部薪金，还影响人事任命。④ 由此，目标管理责任制通过与干部个人薪金和仕途发展相结合的强力激励（high-powered incentive）模式，对领导干部的行为产生直接影响。

---

① ② Edin，M.，2003. State Capacity and Local Agent Control in China：CCP Cadre Management from A Township Perspective. *The China Quarterly* 173，35—52.

③ Edin，M.，2003. State Capacity and Local Agent Control in China：CCP Cadre Management from A Township Perspective. *The China Quarterly* 173，35—52. Edin，M.，2005. Remaking the Communist Party-State：The Cadre Responsibility System at the Local Level in China. *China：An International Journal* 1，1—15. O'Brien，K. J.，Li，L.，1999. Selective Policy Implementation in Rural China. *Comparative Politics*，167－186. Whiting，S. H.，2001. *Power and Wealth in Rural China：the Political Economy of Institutional Change*. Cambridge University Press，New York.

④ Edin，M.，2005. Remaking the Communist Party-State：The Cadre Responsibility System at the Local Level in China. *China：An International Journal* 1，1—15.

3.2.2　节能目标责任制

随着中央计划经济向市场经济的过渡，国企改制、私营企业快速成长，企业属地化管理不断深化，20 世纪 80—90 年代以中央职能部门条条为主的节能体制已不能适应节能政策执行的新形势。节能政策执行机制的弱化是导致 2002—2004 年中国万元 GDP 能耗出现 1980 年以来首次反弹的重要原因。[①] 为适应节能政策执行机制从"以条为主"到"条块结合、以块为主"的转变，扭转能耗强度上升的趋势，节能目标责任制应运而生。

2006 年 8 月，国务院颁布《关于加强节能工作的决定》，首次明确了建立节能目标责任制和评价考核体系，节能目标按照行政层级逐级分解，将能耗指标完成情况作为干部年度考核和任期考核的重要内容，实行节能工作问责制。同年 9 月，《国务院关于"十一五"期间各地区单位生产总值能源消耗降低指标计划的批复》以国务院文件的形式确定了各地区 2006—2010 年的总体节能目标，要求各地区将单位 GDP 能耗指标纳入社会发展综合评价、绩效考核和政绩考核。在 2006 年节能目标未能实现的情况下，2007 年 6 月，国务院发布《节能减排综合性工作方案》，进一步明确政府主要领导是节能工作第一责任人，实行节能指标"一票否决"制。2007 年 10 月，全国人大常委会通过修订后的《节约能源法》，将节能目标责任制写入法律。同年 11 月，《国务院批转节能减排统计监测及考核实施方案和办法的通知》明确了单位 GDP 能耗统计、监测和考核体系，标志着节能目标责任制的正式确立。2011 年 8 月，《国务院关于印发"十二五"节能减排综合性工作方案的通知》，在考虑地区差异基础上，将节能目标分解到了各省区市，明确了"十二五"时期继续实行节能目标责任制，对未完成节能目标的地区实行问责制和"一票否决"制。

按照签订节能目标责任书的对象差异，节能目标责任制可分为上级

---

① 参见齐晔：《中国低碳发展报告（2013）——政策执行与制度创新》，北京，社会科学文献出版社，2013。

政府与下级政府主要领导间的目标责任制、地方政府主要领导与同级节能相关部门间的目标责任制，以及各级政府与辖区内重点企业之间的目标责任制。第一，各级政府与辖区企业签订目标责任书，赋予了地方政府监督管理企业节能的责任。由于节能的微观基础薄弱，企业难以自主实现节能目标，地方政府为完成企业节能任务不得不采取多种形式的与企业的博弈和利益交换。[①] 企业节能目标的实现需要地方政府投入大量行政资源，节能激励主要来自上级政府的节能考核。因此，上级政府与下级政府主要领导间的目标责任制更为基本，是落实政府与企业间的目标责任制的保障。第二，地方政府工作部门在行政上受同级政府领导，政府首脑控制着各部门的人事任命权和主要的财政拨付权；与地方政府下辖的行政区间以相对绩效（名次）为依据的竞争机制不同，地方政府各业务部门间是一种分工和协作的关系，部门业绩的专业化较强。地方政府节能业务部门（如发改委、经贸委、建委、交通局等）倾向于不折不扣落实政府首脑下达的节能任务，其工作积极性和强度取决于政府首脑对节能工作的重视程度和激励强度。更重要的是，节能具有跨代际、跨区域的正外部性，普遍的能源价格补贴等决定了节能的微观基础薄弱，地方政府缺少节能的内生激励；经济增长的强激励进一步扭曲了地方政府的节能激励。作为节能政策的执行机制，节能目标责任制的首要功能是实现节能压力从中央到地方的传递、形成节能激励。因此，本章分析的节能目标责任制仅指上级政府与下级政府主要领导间以"节能目标责任书"形式确定的节能目标责任制。

尽管针对地方政府的节能目标考核体系由若干项指标构成，例如，"十一五"期间针对省级人民政府节能目标责任评价考核中，万元GDP能耗下降率占40%，节能工作组织和领导情况、节能目标分解和落实情况、调整和优化产业结构情况等9项节能措施占60%，然而，在上

① Kostka, G., Hobbs, W., 2012. Local Energy Efficiency Policy Implementation in China: Bridging the Gap between National Priorities and Local Interests. *The China Quarterly* 211, 765−785.

级对下级政府实行的节能目标责任考核中，仅万元 GDP 能耗在节能考核中被实际赋予"一票否决"功能，其下降率是最核心的节能评价指标，也是建构地方政府节能激励、影响地方政府节能行为的最主要指标。因此，本章在分析地方政府节能评价指标现状时，围绕节能目标责任制中起核心作用的单位 GDP 能耗及其下降率展开。

3.2.3 节能指标的问题概述

以万元 GDP 能耗下降率为核心的节能考评体系，在一定程度上，实现了与以经济增长为中心的地方政府政绩评价体系的兼容，促使地方政府重视低能耗产业发展、落实节能政策，从而在确保经济高增长的前提下，实现单位 GDP 能耗下降率目标。再者，对地方政府单位 GDP 能耗下降率的考核，对以提高能源效率为主的节能政策的执行起到了提纲挈领的作用。"十一五"以来，中国的节能政策以提高能源效率为主要目的，包括千家（万家）企业节能、淘汰落后产能、十大重点节能工程等；作为宏观层面反映能源总体利用效率的指标，单位 GDP 能耗下降率的考核为地方政府执行能源效率导向的节能政策提供了激励，为扭转"十五"时期单位 GDP 能耗上扬的趋势起到了至关重要的作用。

尽管如此，直观上，以单位 GDP 能耗（及其下降率）为核心的节能评价体系存在诸多问题和明显缺陷，主要表现为：

第一，难以控制能源消费总量。以国家统计局公布的能源消费总量（电力等价值折算）数据为准，1991—2004 年，能源消费总量年均增加 5.66%，节能目标责任制实施后，2006—2012 年年均增加达 6.29%。2012 年，中国能源消费总量达到 36.17 亿吨标准煤，其中，煤炭占 66.6%，石油占 18.8%，天然气占 5.2%，水电、核电、风电等清洁能源占 9.4%。能源消费总量的增长只要慢于 GDP 增长，单位 GDP 能耗就会下降，就有望实现节能目标，因此，考核的是能源消费相对于 GDP 的增长，难以控制中国的能源消费总量，尤其是难以控制煤炭、石油等化石能源消费量的快速增加，对资源耗减、能源安全、空气污染构成了持续性、高强度压力。

第二，不利于可再生能源的开发利用。能源消费总量未区分化石能源与可再生能源，商品化的可再生能源，如水电、风电、光伏发电等不存在资源耗减外部性、能源安全外部性、空气污染外部性、气候变化外部性，是应当鼓励的能源利用形式。在单位 GDP 能耗下降率考核机制下，地方政府并不会产生发展可再生能源的激励。近年来，地方政府积极发展可再生能源产业，包括风电、光伏设备制造、太阳能热水器制造等等。相关研究表明，地方政府的经济增长取向促使地方可再生能源设备制造业的发展[1]，但风电装机容量的超预期发展并未带来风电发电量的预期增长[2]。2010 年，包括非商品能源在内的可再生能源利用总量仅占能源消费总量的 8.9%，未实现 10% 的预期目标。

第三，地方节能统计与国家统计数据衔接不上。以单位 GDP 能耗下降率为考核指标，节能统计涉及 GDP 和能源消费总量，这两个指标均存在地方加总数据明显大于国家数据的现象。例如，各省区市 GDP 加总数据超过国家 GDP 数据的比例从 1997 年的 2.9%，增加到 2004 年的 19.3%，2011 年为 10.3%[3]；2005—2011 年，各省区市能源消费总量加总数据超过国家能源消费总量的比例分别为 16.8%、17.4%、19.3%、15.9%、16.5%、19.9% 和 21.4%[4]。各省区市节能数据与国家数据衔接不上，国家的节能压力难以有效传递到地方。[5] 2012 年，根

① Li, W., Song, G. J., Beresford, M., Ma, B., 2011. China's Transition to Green Energy Systems: The Economics of Home Solar Water Heaters and Their Popularization in Dezhou City. *Energy Policy* 39, 5909−5919.

② Yang, M., Patiño-Echeverri, D., Yang, F., 2012. Wind Power Generation in China: Understanding the Mismatch between Capacity and Generation. *Renewable Energy* 41, 145−151.

③ Holz, C. A., 2014. The Quality of China's GDP Statistics. *China Economic Review* 30, 309−338.

④ Ma, B., Song, G., Zhang, L., Sonnenfeld, D. A., 2014b. Explaining Sectoral Discrepancies between National and Provincial Statistics in China. *China Economic Review* 30, 353−369.

⑤ 参见《国务院关于节能减排工作情况的报告》。

据各省区市加总数据核算的单位 GDP 能耗比 2010 年下降 7.61%，而国家层面核算的数据为下降了 5.43%，即可能陷入各省区市完成节能目标而国家节能目标未完成的窘境。

第四，以技术节能为导向的考评体系难以有效激励结构节能和管理节能。"十一五"以来，中国的节能政策以技术措施节能为主[1]，以工业生产环节节能为核心，主要政策包括千家（万家）企业节能、淘汰落后产能、十大重点节能工程。由于低成本节能技术已被采用，工业节能成本由"十一五"时期的 2 500 元/吨标准煤提高为"十二五"的 4 000 元/吨标准煤[2]，工业技术节能的潜力在下降。随着单位产品能耗已经达到或接近世界先进水平，结构节能促进能源消费强度的下降具有越来越大的潜力[3]；随着居民建筑能耗、交通能耗的比重上升，社会领域节能越来越重要，从能源消费端入手，促进居民能源消费行为转变、培养环境友好的生活方式等管理节能更为重要。[4] 然而，在单位 GDP 能耗下降率考核体系下，地方政府在结构节能尤其是管理节能方面缺少有效激励，致使其节能资源和节能努力配置扭曲。

综上，以单位 GDP 能耗下降率为核心的评价体系，与我国节能面

---

① Lo，K.，Wang，M.Y.，2013. Energy Conservation in China's Twelfth Five-year Plan Period：Continuation or Paradigm Shift? *Renewable and Sustainable Energy Reviews* 18，499-507.

② Zhao，X.，Li，H.，Wu，L.，Qi，Y.，2014. Implementation of Energy-saving Policies in China：How Local Governments Assisted Industrial Enterprises in Achieving Energy-saving Targets. *Energy Policy* 66，170-184.

③ Ke，J.，Price，L.，Ohshita，S.，Fridley，D.，Khanna，N.Z.，Zhou，N.，Levine，M.，2012. China's Industrial Energy Consumption Trends and Impacts of the Top-1000 Enterprises Energy-saving Program and the Ten Key Energy-saving Projects. *Energy Policy* 50，562-569.

④ Yuan，J.，Kang，J.，Yu，C.，Hu，Z.，2011. Energy Conservation and Emissions Reduction in China：Progress and Prospective. *Renewable and Sustainable Energy Reviews* 15，4334-4347. Zhang，D.，Aunan，K.，Martin Seip，H.，Vennemo，H.，2011. The Energy Intensity Target in China's 11th Five-year Plan Period：Local Implementation and Achievements in Shanxi Province. *Energy Policy* 39，4115-4124.

临的能源消费总量过快增长、可再生能源开发利用滞后等突出问题不相适应；地方节能统计数据与国家数据的冲突弱化了地方政府节能约束，不利于地方政府真实节能；以技术节能为导向的评价难以有效激励结构节能和管理节能。因此，以单位 GDP 能耗下降率为主体的节能评价指标需要系统的评估与改进。

3.3 节能评价指标的评估框架

3.3.1 相关研究评述

与本研究相关的、针对中国节能效果/绩效评估的研究主要集中在以下三个方面：

第一，节能数据质量评估。当上级部门把评价或提升下级政府经济管理者同某些政绩或指标联系起来时，政府各层级乃至社会公众都会对这些政绩或指标格外关注。关注形成强烈的压力，对上级和下级都具有激励和刺激作用，容易形成对绩效或指标的瞒虚报，出现"压力—瞒虚报"现象。[①] 节能效果考评的"压力—考核"特征决定了对节能信息质量进行评估的必要性。

随着节能目标责任制的确立，万元 GDP 能耗数据质量备受关注。例如，Wang[②]在国家层面，评估了中国万元 GDP 能耗数据质量。2009年 12 月完成了第二次经济普查（基准年为 2008 年），随后对 2005 年以来的 GDP 和能源消费量数据进行了调整，这就意味着先前发布的2005—2008 年万元 GDP 能耗需要重新计算。Wang 通过 2011 年发布的中国 2005—2010 年单位 GDP 能耗数据与基于《中国统计年鉴》计算的单位 GDP 能耗数据进行对比，发现两者是一致的，由此判断中国节能

---

① 参见刘瑞：《政府经济管理行为分析》，北京，新华出版社，1999。

② Wang, X., 2011. On China's Energy Intensity Statistics: Toward A Comprehensive and Transparent Indicator. *Energy Policy* 39, 7284—7289.

公报的数据是可靠的。宋国君、马本①对 2005—2009 年中国城市单位GDP 能耗数据质量进行了初步评估。利用 2005—2009 年城市单位 GDP能耗数据，发现各年份数据具有正态分布特征，离群点个数逐年减少；利用省级单位 GDP 能耗折算出的能源消费量加总是全国能源消费总量的 112%～117%；利用同样的算法，河北、山西、山东、河南、广东、福建、陕西下辖各城市利用单位 GDP 能耗折算的能源消费总量加总是各地区能源消费总量的 94%～118%，处于合理区间。由此说明，城市单位 GDP 能耗数据质量与省级行政区数据质量基本相当。

在自上而下节能考评、"一票否决"的制度下，地方政府对自身节能统计负责，统计不独立对节能数据质量的影响是制度上的且具有根本性。尽管已有研究对节能数据质量在技术层面做了初步评估，但尚未针对节能统计中的激励约束机制进行深入探析，并未将节能统计上升为上级政府约束下级政府节能行为的有效手段，节能统计在监测、监督地方政府节能政策的执行方面的重要性未得到重视。

第二，能源消费强度地区差异的影响因素。随着中国的能源消费总量和碳排放量位居世界前列，2000 年以来，学术界对中国能源效率②越来越关注，尤其是 2005 年至今，针对中国万元 GDP 能耗影响因素的研究大量涌现。从节能效果角度看，影响因素研究是探究节能效果地区差异的原因、如何加快实现能源消费强度下降的重要途径。

按研究方法不同，对中国能源消费强度地区差异原因的探析分为两类：指数分解法和计量经济分析法。指数分解法通过恒等变形，主

---

① 参见宋国君、马本：《中国城市能源效率评估研究》，北京，化学工业出版社，2013。

② 按照能源效率不同的表征方法，宏观层面的能源效率包括单要素能源效率和全要素能源效率。其中，单要素能源效率通常用能源消费强度（单位 GDP 能耗）或能源生产率（单位能源消耗所产生的 GDP）表征；全要素能源效率通常是将资本、劳动和能源等生产要素作为投入，GDP 为产出，通过参数估计法（如随机前沿分析法）或非参数法（如数据包络分析法）计算。

要关注产业结构和生产技术对能源消费强度变化的贡献。该类研究较一致地认为中国能源消费强度下降的主要原因是工业生产技术进步，产业结构并不是导致中国能源消费强度下降的主要因素。① 例如，Song 和 Zheng② 认为生产技术效率的改进对 1995—2009 年中国能源消费强度下降的贡献率达 90%；产业结构变化对能源消费强度的影响随着时间区间、产业结构划分精细度的差异而有所不同。又如，Zhao 等③认为高耗能工业的扩张、重工业化是导致 1998—2006 年中国能源消费强度上升的重要因素。结构因素对能源消费强度下降贡献较小，其原因在于中国的快速工业化和城镇化决定了重工业、高耗能工业的比重不可能在短期内大幅下降。指数分解法的不足在于能源消费强度影响因素选择上的局限性、难以进一步探究导致生产技术进步的原因。

计量经济分析法被广泛应用于能源消费强度影响因素的实证研究中。受到序列长度的限制，对能源消费强度影响因素的研究，时间序列分析法的应用较少，在省区市层面更是如此。面板数据同时纳入了时间和截面两个维度，能够改善样本量小的制约，在能源消费强度影响因素

① Fisher-Vanden, K., Jefferson, G. H., Liu, H., Tao, Q., 2004. What is Driving China's Decline in Energy Intensity? *Resource and Energy Economics* 26, 77-97. Liao, H., Fan, Y., Wei, Y.-M., 2007. What Induced China's Energy Intensity to Fluctuate: 1997—2006? *Energy Policy* 35, 4640-4649. Ma, C., Stern, D. I., 2008. China's Changing Energy Intensity Trend: A Decomposition Analysis. *Energy Economics* 30, 1037-1053. Song, F., Zheng, X., 2012. What Drives the Change in China's Energy Intensity: Combining Decomposition Analysis and Econometric Analysis at the Provincial Level. *Energy Policy* 51, 445-453. Wu, Y., 2012. Energy Intensity and Its Determinants in China's Regional Economies. *Energy Policy* 41, 703-711. Zhao, X., Ma, C., Hong, D., 2010. Why did China's Energy Intensity Increase during 1998—2006: Decomposition and Policy Analysis. *Energy Policy* 38, 1379-1388.

② Song, F., Zheng, X., 2012. What Drives the Change in China's Energy Intensity: Combining Decomposition Analysis and Econometric Analysis at the Provincial Level. *Energy Policy* 51, 445-453.

③ Zhao, X., Ma, C., Hong, D., 2010. Why did China's Energy Intensity Increase during 1998—2006: Decomposition and Policy Analysis. *Energy Policy* 38, 1379-1388.

的研究中得到广泛应用。代表性的研究成果包括 Fisher-Vanden 等[①]、Karl 和 Chen[②]、Yu[③]、Song 和 Zheng[④]、Herrerias 等学者的研究[⑤]。例如，Fisher-Vanden 等[⑥]利用中国 2 500 个大中型能源密集型工业企业 1997—1999 年的微观面板数据，得出了煤炭、石油、电力价格对各自能源品种的能源消费强度具有负影响，能源价格对企业能源消费强度下降的贡献率为 54.4% 的结论。又如，Herrerias 等[⑦]利用 1985—2008 年 28 省区市面板数据，按照固定资产投资的投资主体类型，引入工业比重、进口比重和能源价格作为控制变量，分析了外资、内资、国有投资、非国有投资对中国能源利用技术进步的影响，进而分析了对能源消费强度的影响。

尽管针对单位 GDP 能耗影响因素的研究，从模型构建、实证方法、指标量化等角度，为从节能手段视角评估节能评价指标奠定了基础，但这些研究探讨的是造成能源消费强度地区差异的原因，并未从节能指标评估与改进角度模拟不同指标对地方政府节能激励方向、行为取向和节能手段选择的影响，并未将节能评价指标视为节能评价制度及其形塑的地方政府节能努力方向和节能资源优化配置的核心。

第三，节能效果/绩效评估。对中国政府节能政策效果评估的研究大多在宏观的层面展开。例如，胡鞍钢等[⑧]通过分析五年规划（计划）

---

① Fisher-Vanden, K., Jefferson, G. H., Liu, H., Tao, Q., 2004. What is Driving China's Decline in Energy Intensity? *Resource and Energy Economics* 26, 77-97.

② Karl, Y., Chen, Z., 2010. Government Expenditure and Energy Intensity in China. *Energy Policy* 38, 691-694.

③ Yu, H., 2012. The Influential Factors of China's Regional Energy Intensity and Its Spatial Linkages: 1988—2007. *Energy Policy* 45, 583-593.

④ Song, F., Zheng, X., 2012. What Drives the Change in China's Energy Intensity: Combining Decomposition Analysis and Econometric Analysis at the Provincial Level. *Energy Policy* 51, 445-453.

⑤ Herrerias, M. J., Cuadros, A., Orts, V., 2013a. Energy Intensity and Investment Ownership across Chinese Provinces. *Energy Economics* 36, 286-298.

⑥ 同①。

⑦ 同⑤。

⑧ 参见胡鞍钢、鄢一龙、刘生龙：《市场经济条件下的"计划之手"——基于能源强度的检验》，载《中国工业经济》，2010（7）。

中是否加入节能指标对单位 GDP 能耗的影响表明，在市场经济体制下，政府干预这只"看得见的手"仍然不可或缺，通过制定规划的方式干预节能具有显著的单位 GDP 能耗下降效应；Song 和 Zheng 通过面板数据模型，引入节能目标责任制政策虚拟变量，也证明了"十一五"期间的节能政策显著促进了单位 GDP 能耗的下降。

对中国各项节能政策的梳理和评估是政府节能绩效评估的重点之一。这方面比较有代表性的研究包括 Zhou 等[1]、Price 等[2]、Zhang 等[3]、Yuan 等[4]和 Ke 等[5]学者的研究成果。这些研究对中国"十一五"期间主要的节能政策进行了梳理和介绍，对这些政策的执行情况、取得的效果进行了评估。例如，Price 等[6]对中国"十一五"前三年（2006—2008 年）重点节能政策实施情况进行了评估，包括十大重点节能工程、建筑节能、千家企业节能、淘汰落后产能等，认为中国的节能政策取得了显著进步，有望实现"十一五"节能目标。随后，Li 和 Wang[7]分析了"十二五"规划节能范式的变化，指出了未来五年

---

① Zhou, N., Levine, M.D., Price, L., 2010. Overview of Current Energy-efficiency Policies in China. *Energy Policy* 38, 6439-6452.

② Price, L., Levine, M.D., Zhou, N., Fridley, D., Aden, N., Lu, H., McNeil, M., Zheng, N., Qin, Y., Yowargana, P., 2011. Assessment of China's Energy-saving and Emission-reduction Accomplishments and Opportunities during the 11th Five Year Plan. *Energy Policy* 39, 2165-2178.

③ Zhang, D., Aunan, K., Martin Seip, H., Vennemo, H., 2011. The Energy Intensity Target in China's 11th Five-year Plan Period: Local Implementation and Achievements in Shanxi Province. *Energy Policy* 39, 4115-4124.

④ Yuan, J., Kang, J., Yu, C., Hu, Z., 2011. Energy Conservation and Emissions Reduction in China: Progress and Prospective. *Renewable and Sustainable Energy Reviews* 15, 4334-4347.

⑤ Ke, J., Price, L., Ohshita, S., Fridley, D., Khanna, N.Z., Zhou, N., Levine, M., 2012. China's Industrial Energy Consumption Trends and Impacts of the Top-1000 Enterprises Energy-saving Program and the Ten Key Energy-saving Projects. *Energy Policy* 50, 562-569.

⑥ 同②.

⑦ Li, J., Wang, X., 2012. Energy and Climate Policy in China's Twelfth Five-year Plan: A Paradigm Shift. *Energy Policy* 41, 519-528.

节能面临的挑战和困难；Lo 和 Wang① 则对比了"十一五"和"十二五"节能政策的变化，发现中国的节能政策总体上延续了"十一五"的政策框架，是"十一五"节能政策的深化，但面临经济结构转型等困难。

除了对节能政策的评估外，齐晔②还对"十一五"期间低碳相关技术、产业结构和低碳发展制度创新进行了深入分析，估算了"十一五"期间中央政府、地方政府的低碳资金投入和社会资金投入。特别要指出的是，齐晔③从制度创新视角分析了节能目标责任制出现的社会经济背景，并从实施路径、绩效、作用机制三个方面对节能目标责任制进行了较系统的评估，有助于对节能目标责任制理解的深化。马丽等④通过对比节能目标责任制和节能自愿协议，从节能手段多元化视角，认为节能自愿协议对节能目标责任制是有益的补充；马丽等⑤将研究视角放在中央和省级政府节能目标制定的博弈过程，讨论了节能目标责任制制度创新博弈，对节能政策执行的动力机制提出了初步解释。

对节能效果的评估主要集中在节能政策的宏观效果、节能政策评估和节能目标责任制实施机制分析方面，所形成的成果对于客观认识"十一五"以来中国节能政策的进展、成效以及节能制度创新具有重要参考价值。然而，这些成果侧重于政策（或政策体系）效果的评估，对节能政策执行机制和节能目标责任制的分析较为具体，未上升到对节能评价指标的合理性的分析。实际上，节能指标是节能目标

---

① Lo, K., Wang, M. Y., 2013. Energy Conservation in China's Twelfth Five-year Plan Period: Continuation or Paradigm Shift? *Renewable and Sustainable Energy Reviews* 18, 499-507.

② 参见齐晔：《中国低碳发展报告（2011—2012）——回顾"十一五"展望"十二五"》，北京，社会科学文献出版社，2011。

③ 参见齐晔：《中国低碳发展报告（2013）——政策执行与制度创新》，北京，社会科学文献出版社，2013。

④ 参见马丽、李惠民、齐晔：《节能的目标责任制与自愿协议》，载《中国人口·资源与环境》，2011（6）。

⑤ 参见马丽、李惠民、齐晔：《中央—地方互动与"十一五"节能目标责任考核政策的制定过程分析》，载《公共管理学报》，2012（1）。

责任制的核心，决定着地方政府节能激励的内容和方向，对地方政府节能政策的执行具有牵一发而动全身的关键作用。当前节能指标存在的诸多问题（详见3.2.3节），意味着节能评价指标存在较大改进空间。

3.3.2 一个评估框架

随着财政支出的地方分权化进程，地方政府实际上承担了包括经济增长、社会发展（科教文卫等）、节能减排在内的大部分政府事权。同时，中央政府加强了对地方主要领导干部的人事控制，通过建立地方主要领导干部政绩考评体系，激励地方政府官员执行中央政策。财政激励和晋升激励将地方政府塑造成了增长型政府。一个公认的事实是：地方政府在推动中国经济快速增长、缔造经济奇迹中发挥了重要作用。[①] 无疑，经济增长在地方诸多行政事务中占据最核心的位置：其一，"经济发展是硬道理""以经济建设为中心"等政治意愿为建立促进经济增长的制度安排奠定了基础；其二，以相对经济绩效（排名）为特征的考核模式引致的地区间激烈竞争，将地方领导干部的个人收入、政治前途与经济绩效挂钩等强力激励形式塑造了地方政府推动经济增长的强劲动力。

对于节能而言，时间和空间维度的外部性，决定了中央政府是节能的主要责任主体和节能的动力源泉。中国大宗能源定价机制市场化不充分，化石能源普遍存在价格补贴，能源价格对能源消费者节能刺激作用不足；化石能源消费具有显著的外部成本，包括资源耗减的代际外部成本、环境污染的跨区域外部成本（酸雨、PM2.5等）、能源安全的国际外部成本、气候变化的全球外部成本等，节能具有的诸多正外部成本决定了微观节能激励的基础薄弱。[②] 节能收益的跨区域、

---

① 参见陶然、陆曦、苏福兵、汪晖：《地区竞争格局演变下的中国转轨：财政激励和发展模式反思》，载《经济研究》，2009（7）。

② 关于节能市场失灵的来源及其对地方政府节能激励微观基础的影响，详细论述参见2.2节。

跨代际特征意味着地方政府缺少节能的内在激励，按照环境管理责任机制将外部性内部化的原则[①]，中央政府应当承担节能的主要责任且是节能的动力源泉。

本质上，节能目标责任制是节能压力的传递机制，将中央政府节能需求转化为地方政府节能压力，并将节能目标提升为优先指标，赋予其"一票否决"功能。在多目标委托代理模型中，中央政府作为委托方，将包括节能、经济发展、社会进步等诸多行政事务以目标责任书（契约）的形式发包给地方政府（代理方）。与经济增长激励相比，节能目标是绝对目标，缺少地区间竞争。节能激励是负向的（完不成目标，"一票否决"），不具备持续改进激励，激励强度较弱。并且节能激励与地方政府追求地方财政最大化目标和经济增长取向相冲突[②]，经济增长强力激励必然对地方政府节能激励造成扭曲。当作为委托人的中央政府对地方政府监督不力时，地方政府节能行为可能出现道德风险，即为完成节能目标，采取机会主义行为，从而损害代理人利益。例如：通过各种途径做大分母实现单位 GDP 能耗下降率目标；能源消费数据省区市和国家衔接不上[③]，削弱了政策执行的基础；2010 年多地区出现的"极端节能""休眠管理"现象[④]，通过节能政策低质量的执行，追求立竿见影的效果，忽视长远节能方案[⑤]；等等。

[①] 参见宋国君、金书秦、傅毅明：《基于外部性理论的中国环境管理体制设计》，载《中国人口·资源与环境》，2008（2）。

[②] Matland，R. E.，1995. Synthesizing the Implementation Literature：The Ambiguity-conflict Model of Policy Implementation. *Journal of Public Administration Research and Theory* 5，145-174. 宋雅琴、古德丹：《"十一五规划"开局节能、减排指标"失灵"的制度分析》，载《中国软科学》，2007（9）。陶然、陆曦、苏福兵、汪晖：《地区竞争格局演变下的中国转轨：财政激励和发展模式反思》，载《经济研究》，2009（7）。张万宽、焦燕：《地方政府绩效考核研究——多任务委托代理的视角》，载《东岳论丛》，2010（5）。

[③] Holz，C. A.，2014. The Quality of China's GDP Statistics. *China Economic Review* 30，309-338.

[④] Kostka，G.，Hobbs，W.，2012. Local Energy Efficiency Policy Implementation in China：Bridging the Gap between National Priorities and Local Interests. *The China Quarterly* 211，765-785. Li，J.，Wang，X.，2012. Energy and Climate Policy in China's Twelfth Five-year Plan：A Paradigm Shift. *Energy Policy* 41，519-528.

[⑤] Eaton，S.，Kostka，G.，2014. Authoritarian Environmentalism Undermined? Local Leaders' Time Horizons and Environmental Policy Implementation in China. *The China Quarterly* 218，359-380.

在节能激励容易被扭曲、节能自身激励天然不足的条件下，评估节能指标、讨论节能指标的改进，对于激励地方政府真正节能、强化中央对地方的节能监测、优化地方政府节能资源配置具有重要意义。基本的逻辑是：当经济增长与节能激励冲突、节能内在激励不足时，只有强化节能监测、形成有效的约束机制，才能纠正节能激励的扭曲、提高节能激励的有效性，确保节能政策得到应有重视和切实执行。地方政府节能指标的评估以节能目标责任制为制度载体，以多目标委托代理和节能市场失灵为理论基础，从节能内涵、节能统计和节能资源配置，即节能激励内容、节能激励强度和节能激励方向三个视角，对以单位 GDP 能耗下降率为主体的节能指标进行评估（见图 3-1），不仅评估当前实行的指标，还适当地涉及（化石）能源消费量及其增长率等潜在的指标，通过对比分析，提出指标改进的思路。

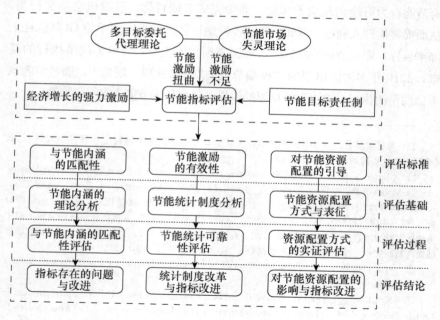

图 3-1　地方政府节能指标的评估框架

（1）与节能内涵的匹配性。

节能评价指标必须与节能的内涵相一致，这是形塑地方政府节能的激励结构、激励地方政府真正节能的前提。能源有比较复杂的内涵，明确能源的含义、分类及其包含的品种是定义节能的基础；不同能源品种的不同特征，如化石能源与非化石能源，与不同能源品种消费的外部效应大小直接相关，决定着节能的对象；辨析节能与提高能源效率的关系，为指标现状评估提供理论支持；在中国能源消费结构和趋势的背景下，需要根据节能的现实需求改进节能指标评价的内容，形成与当前节能形势相匹配的节能激励结构。

从实证角度，评估单位 GDP 能耗（下降率）与节能内涵的匹配性，及其与中国当前节能形势的一致性。从节能内涵角度，评估单位 GDP 能耗下降率指标对地方政府节能的激励效果，识别当前指标在刻画节能内涵方面存在的问题。分析其他潜在指标（能源消费总量、能源消费的 GDP 弹性等）与节能内涵的一致性，采用比较研究法，从节能内涵视角对当前节能评价指标提出改进思路。

（2）节能激励的有效性。

由于疆域辽阔、地域差异较大，中央政府对各地区信息的了解和掌握不如当地政府，存在较严重的信息不对称问题。克服科层体制下的信息不对称，是决定节能目标责任制有效性、形塑地方领导干部节能激励和节能行为的重要环节。[1] 在完善节能激励结构、促使地方政府真正节能的基础上，考虑到节能具有"自上而下"的压力传导属性，建立有效的统计体系、确保统计数据的可靠性是形成对地方政府节能约束机制[2]的重要因素。

中央政府与地方政府节能统计的一致性影响压力传递的有效性，在分析节能统计制度的基础上，构建制度经济分析框架，引入地方政府扭曲节能统计数据的激励和约束机制，解释中央政府和省级政府 GDP 和能源数据不一致的现象，从节能压力传递有效性角度评估节能指标。之

① Tsui, K.-y., Wang, Y., 2004. Between Separate Stoves and A Single Menu: Fiscal Decentralization in China. *The China Quarterly* 177，71-90.

② Moe, T. M., 1984. The New Economics of Organization. *American Journal of Political Science* 28，739-777.

后，从能源消费统计入手，重点考察了电力等二次能源跨区域统计、电力的当量和等价值折算、可再生能源统计、普查后对数据的调整等问题，评估了节能统计方式对特定节能指标下地方政府节能激励有效性的影响。

在完善能源消费量统计的基础上，进一步从节能指标与当前统计体系的衔接性角度，对比分析不同节能评价指标的优缺点，提出节能指标改进的思路；所涉及的统计制度的评估，以指标评估为导向，以节能指标的改进为落脚点。

（3）对节能资源配置的引导。

地方政府要实现节能，需要相应的资源投入，节能激励结构和节能约束机制决定的是地方政府在节能上投入的资源总量；节能激励方向决定的是在特定的节能资源投入条件下，节能资源在不同领域的合理配置。通过节能驱动因素与节能资源配置方式的衔接，识别出技术节能、结构节能和管理节能三个资源配置领域。

通过文献综述，识别出各个节能评价指标的驱动因素，包括城镇化、工业化、经济发展和人口规模等。通过建立面板数据计量经济模型，采用考虑截面依赖性的有效估计方法（组均值估计），实证分析各驱动因素对各个指标影响的方向、大小和显著性，估计短期和长期弹性。

通过对比不同驱动因素对各个节能评价指标影响的差异，结合中国技术节能的潜力下降、结构节能和管理节能的潜力上升的趋势，分析不同指标在引导节能激励方向，进而决定节能资源和节能努力配置方面具有的优势和不足，评估和改进节能指标。

第4章 基于节能内涵视角的节能指标评估

能源有着丰富的内涵，弄清楚能源的定义和分类，是分析节能内涵的重要基础。同时，节能内涵的分析需要与中国的能源消费特点和趋势相结合。在理论上，资源耗竭的代际外部性、空气污染的外部性、气候变化的全球影响、能源安全的考量为节能提供了理论依据，辨析节能与增加能源消费的关系、界定宏观节能的主要内容是评估当前节能评价指标的重要基础。之后，以万元 GDP 能耗下降率为主，分析当前的节能评价指标与节能内涵的匹配性，实证分析万元 GDP 能耗下降率激励机制和激励效果。以能源消费的收入弹性、能源消费总量为潜在指标，分析其节能激励机制，从节能内涵的视角对当前节能评价指标进行改进。

4.1 能源的类型与中国的能源消费

4.1.1 能源的定义与类型

能源是能提供能量的自然资源，是用于产生热、光、动力等期望能源服务的一种投入。能源的使用过程发生化学变化，以未经改变的物理形态为产品或产出组成的能源，不是本章讨论的对象。

按照是否直接从自然界获取、是否经过加工转换，能源分为一次能源和二次能源。其中，一次能源是可直接利用的自然界的能源，包括原煤、原油等；二次能源是对自然界提供的直接资源进行加工以后得到的能源，如电力等。一次能源可进一步分为可再生能源和非可再生能源。其中，可再生能源指不需要人工方法就能够重复取得的能源，如风力、水力发电等。非可再生能源有两重含义：一是指消耗后短期内不能再生的能源，如煤炭、石油和天然气等；二是指除非用人工方法再生，否则消耗后也不能再生的能源，如原子能。①

按照是否进行市场交换，能源可以分为商品能源和非商品能源②，商品能源是拥有价格的能源，具有市场交易特征，而非商品能源则不能或不具备市场交易的条件。商品能源与非商品能源没有严格的界限，例如，农林生物质能通常是非商品能源，但随着生物质发电的兴起，其部分转化为商品能源。除了原子能外，非可再生能源都是化石能源，化石能源构成了当前中国乃至世界能源消费的主体，核电占发电量比重很小。③ 因此本章在对不同能源品种进行讨论时，采用化石能源和非化石能源的分类，其中，可再生能源是非化石能源的主要成分。能源分类和能源种类见表 4-1。

表 4-1   **能源分类和能源种类**

分类依据	能源种类		能源品种
是否直接从自然界获取	一次能源	可再生能源	太阳能、风能、水能、生物质能、海洋能、地热能、潮汐能等
		非可再生能源	煤炭、石油、天然气、油页岩、原子能等
	二次能源		电力、焦煤、煤气、沼气、汽油、柴油、煤油、液化气等

---

① 参见林伯强、魏巍贤、任力：《现代能源经济学》，北京，中国财政经济出版社，2007。

② 在操作层面，中国的能源消费总量统计将非商品能源排除在外，化石能源构成了中国商品能源的主体。按照是否进行市场交换的能源分类，可以与当前中国的能源统计体系相对应。

③ 2011 年，中国核电发电量为 872 亿千瓦时，仅占发电总量的 1.84%。

续前表

分类依据	能源种类	能源品种
是否进行市场交换	商品能源	煤炭、石油、天然气、电力、汽油、柴油等
	非商品能源	太阳能热利用（太阳能热水器、太阳灶、太阳房）、农村户用生物质能直燃、户用沼气、地热能等

资料来源：林伯强、魏巍贤、任力：《现代能源经济学》，北京，中国财政经济出版社，2007。本表在林伯强等人的研究基础上做了扩展。

一次能源中可再生能源包括太阳能、风能、水能、生物质能、海洋能、地热能、潮汐能等；非可再生能源包括煤炭、石油、天然气、油页岩等化石能源和原子能。二次能源包括电力、焦煤、煤气、沼气、汽油、柴油、煤油、液化气等。大宗型能源都属于商品能源，如煤炭、石油、天然气、电力、汽油、柴油等。非商品能源包括太阳能热利用、农村户用生物质能直燃、户用沼气池、地热能等。

4.1.2　中国能源消费的特点

与商品化了的能源消费相对应，尤其是在广大的农村地区，存在数量可观的非商品能源的消费。这些非商品能源消费主要包括固态一次生物质能、太阳能热利用（太阳能热水器、太阳灶等）、户用沼气等，还包括农作物秸秆、树木等农林生物质能（含木炭）、用作燃料的家畜粪便、工业生产过程中产生的木屑燃料等，该类能源的消费是非商品能源消费的主体。图 4-1 展示了中国 1990 年至 2012 年商品能源消费量与非商品能源消费量（以固态一次生物燃料为代表）的结构演变。1990 年，在我国总体能源消费中，农林生物质能等固态一次生物燃料占比高达 51.1%，逐年下降至 2012 年的 21.3%。固态一次生物燃料的绝对量从 1990 年的 10.3 亿吨标准煤小幅下降为 2012 年的 9.8 亿吨标准煤，由此可见，生物质能利用比例的下降主要是由于商品能源快速增长。现代经济的增长对高热值、集约化的商品能源的依赖远远高于对低热值的传统生物质能的依赖。人口密度的提高、燃料储存空间的限制、农林生物质能运输距离制约等因素，也是导致能源转型的重要因素。

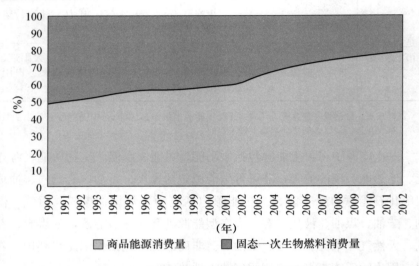

图 4-1　商品能源与非商品能源比重的演变

注：由于数据不足以追溯到 1990 年，太阳能热水器、太阳灶、户用沼气等未包含其中；固态一次生物燃料包括农林生物质能，用作燃料的家畜粪便，工业生产过程中产生的木屑、木炭等。

资料来源：《中国能源统计年鉴 2013》。

中国商品化的一次能源消费量持续增长。图 4-2 展示出中国的煤炭、石油、天然气和水电、核电、风电等商品能源的消费增长趋势。中国的煤炭消费是能源消费的主体，由 1990 年的 76.2％缓慢下降为 2012 年的 66.6％，同期，石油的比重由 16.6％上升为 18.8％，天然气比重由 2.1％增加到 5.2％；非化石能源主要包括水电、核电和风电，比重由 1990 年的 5.1％上升到 2012 年的 9.4％，其中水力发电是绝对主力。商品能源的消费从 2003 年起呈现加速增长态势，能源消费量从 2003 年的 18.38 亿吨标准煤增加到 2012 年的 36.17 亿吨标准煤，年均增长率为 7.81％，大大快于 1990—2002 年 4.77％的平均增长率，中国能源消费进入快速增长轨道。

从另一个角度看，化石燃料的燃烧伴随着污染物的排放，尤其是中国以煤炭为主的化石能源结构，产生了包括 SO_2、NO_x、PM2.5 和 CO_2

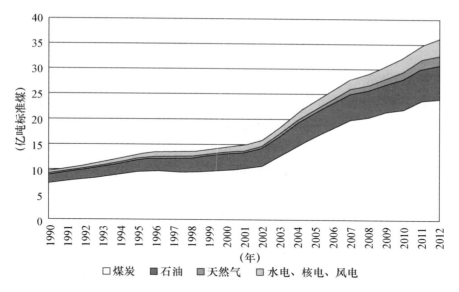

图 4 - 2　中国商品化的一次能源消费量及其变化趋势

注：水电、核电、风电采用当年中国火力发电平均煤耗，即采用发电煤耗法折算标准煤。若采用电热当量法折算，水电、核电、风电的比重将大幅下降。

资料来源：《新中国六十年统计资料汇编（1949—2008）》《中国能源统计年鉴 2013》。

等在内的大量空气污染物和温室气体的排放。而发展可再生能源可以有效缓解空气污染和气候变化问题，是能源发展的重要方向。中国水力发电由来已久，1953 年水力发电折合标准煤 97 万吨，占当年能源消费总量的 1.8%，该比重逐渐提高到 2012 年的 7.6%，按照发电煤耗法计算，2012 年水力发电折合 2.75 亿吨标准煤。除此之外，2005 年以来，中国的核电、太阳能热水器，尤其是风力发电快速增长。图 4 - 3 展示了水电、核电、风电和太阳能热水器 2006 年和 2012 年的利用份额。其中，2006 年，水力发电 4 147.7 亿千瓦时，风力发电仅 28.4 亿千瓦时，核电则为 548 亿千瓦时，太阳能热水器保有量集热面积为 0.9 亿平方米。至 2012 年，水力发电 8 556 亿千瓦时，增长了 1.06 倍；风力发电量爆炸式增长为 1 030 亿千瓦时，增长了 35.3 倍；核电 983 亿千瓦时，增加了 79%；太阳能热水器保有量集热面积 2.58 亿平方米，增长了 1.87 倍。尽管"十一五"以来，风力发电取得了超常规的发展，但由于

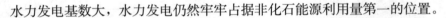

水力发电基数大，水力发电仍然牢牢占据非化石能源利用量第一的位置。

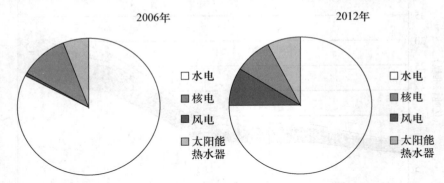

图 4-3　2006 年和 2012 年水电、核电、风电、太阳能热水器利用份额

注：未包括户用沼气和太阳灶、地热能等。

资料来源：水电、核电、风电数据来自《中国电力年鉴》，太阳能热水器保有量数据来自《中国新能源与可再生能源年鉴 2009》和《关于检查〈中华人民共和国可再生能源法〉实施情况的报告》。

不考虑能源转化效率低下的固态一次生物燃料，针对集约化的商品能源和非商品能源，2010 年可再生能源总利用量为 2.86 亿吨标准煤，在能源消费总量（包含太阳能热水器、户用沼气等）中的比重约为 8.9%[1]，未实现《可再生能源中长期发展规划》规定的 2010 年可再生能源利用量占能源消费总量 10% 的目标。

尽管中国可再生能源发电总量位于世界第一，但考虑到中国火力发电规模大，可再生能源发电在发电总量中的份额仍然较低。2012 年中国的可再生能源发电比例仅为 19.2%，同期，巴西达到 82.7%，加拿大达到 62.5%，挪威为 98.0%，等等。[2] 不论是从中国看还是从世界范围看，在风电、太阳能发电、生物质能发电、水电和地热能发电等可再生能源发电中，水电仍然占据绝对的比重。由于受到水力资源总量和生态环境的制约，风电、太阳能发电、生物质能发电，尤其是分布式可再生能源利用是未来能源清洁化发展的重点领域。

---

① 参见《可再生能源发展"十二五"规划》。

② 参见 http://www.energies-renouvelables.org/observ-er/html/inventaire/pdf/15e-in-ventaire-Chap03-3.1-Intro.pdf。

4.2　节能内涵的理论分析

4.2.1　节能的定义

根据我国 2007 年修订的《节约能源法》，节能是指加强用能管理，采取技术上可行、经济上合理以及环境和社会可以承受的措施，从能源生产到消费的各个环节，降低消耗、减少损失和污染物排放、制止浪费，有效、合理地利用能源。可见，节能既具有技术属性、经济属性，也具有环境和社会属性。换句话说，节能就是指加强能源管理，采取各种措施，减少各个环节中的损失和浪费、减少污染物排放，从而更加合理、有效地使用能源。1979 年世界能源委员会将节能（energy conservation）定义为：采取技术上可行、经济上合理、环境和社会可接受的一切措施，提高能源资源的利用效率。关于能源效率（energy efficiency），1995 年世界能源委员会将其定义为：减少提供同等能源服务的能源投入。由于 1973 年石油危机，节能概念被提出，强调的是通过节约和缩减来应付能源危机，而后则更强调通过技术进步提高能源效率，以增加能源使用效益、保护环境。

与此同时，文献中对节能的定义则强调能源消费量的降低，例如，Gillingham 等[1]将节能定义为能源消费总量的减少。加拿大自然资源部将节能与能源效率区分开来，认为节能意味着使用更少的能源，通常需要能源消费者的行为改变，例如随手关灯、适度调高夏季空调控制温度等。而能源效率意味着更有效地使用能源，通常由技术进步引起。[2] 因此，节能的概念不是一成不变的，在不同时期、不同国家，节能的定义会随着理论和现实情况的不同而发生变化。

---

[1]　Gillingham，K.，Newell，R.G.，Palmer，K.，2009. Energy Efficiency Economics and Policy. *Annual Review of Resource Economics* 1，597-619.

[2]　参见加拿大自然资源部网站。

节能必须建立在一定的理论依据之上，不能为了节能而节能。资源耗竭的代际外部性、空气污染的外部性、气候变化的全球影响、能源安全的考量等构成节能的理论基础。化石能源的大量消耗产生了资源耗竭的代际影响，也是中国大气污染日益严重、温室气体排放快速增长的主要诱因，对能源安全构成了威胁。中国的大气环境污染以煤烟型为主，主要污染物是颗粒物和SO_2，部分大城市如北京、上海、广州等，属于煤烟型与机动车尾气污染并重类型。[①] 2013 年 1 月，华北大部出现了持续时间长、污染程度严重的大范围强雾霾天气，中科院等相关研究认为大气污染是产生该次雾霾的主要原因，其中工业和燃煤排放、汽车尾气等是主要污染源。[②] 与此同时，中国燃料消费的碳排放总量也位居世界第一，2010 年中国燃料消费 CO_2 排放总量为 72.171 亿吨，占当年世界排放总量的 23.84%[③]，2011 年该比例上升为 26.38%[④]，中国面临越来越大的温室气体减排的国际压力。自 1993 年中国成为石油净进口国以来，2011 年中国石油消费的对外依赖度达到 57.7%，中国的能源安全受到国际石油供应和国际石油价格波动的影响程度加大，为确保能源安全国家必须付出更多的外交、军事、跨国能源运输基础设施投资等成本。

　　由于不同类型能源、不同能源品种的资源消耗、环境污染、能源安全的影响有明显差异，因此对于节能而言，不能一概而论，应当根据不同能源品种的属性予以区分。本节认为节能的主要对象是煤炭、石油等化石能源。非化石能源，尤其是可再生能源的开发利用，是对化石能源的替代，可以缓解或消除化石能源消耗的外部不经济性，同样是节能。

　　另外，自 2003 年以来，中国商品能源消费总量增长进入快车道。

---

　　① 参见郝吉明、马广大、王书肖：《大气污染控制工程（第三版）》，北京，高等教育出版社，2010。

　　② 参见王炬鹏：《中科院专项研究强雾霾天气原因——污染排放为主因》，载《中国青年报》，2013-02-16。

　　③ IEA, 2012. IEA Statistics CO_2 Emission from Fuel Combustion: Highlights (2012 Edition). International Energy Agency, Paris.

　　④ BP, 2011. BP Statistical Review of World Energy June 2010. British Petroleum, London.

2005 年以来，中国引入了节能目标责任制，将万元 GDP 能耗下降率作为地方政府节能考评的主要指标，基本上实现了至 2010 年万元 GDP 能耗下降 20％的预定目标（实际下降 19.1％），随后制定了"十二五"万元 GDP 能耗下降 16％的目标。尽管万元 GDP 能耗持续下降，但能源消费总量持续快速上涨的势头难以得到有效遏制。图 4-4 展示了 1986 年以来，商品能源消费量增长的加速趋势。除了空气污染、气候变化等民生关切外，中国煤炭开采过程中的死亡人数和死亡率远远超过美国、日本、德国，甚至远超印度和南非等发展中国家，例如 2008 年中国煤矿事故死亡 3 210 人，同期美国仅为 30 人①，这增大了中国以煤炭为主体的化石能源大量消耗的代价。因此，在中国，节能不仅仅意味着能源利用效率的提高、能源消费强度的下降，遏制煤炭等化石能源的过快增长、大力发展可再生能源、实现对化石能源的替代等都是节能的重要内涵。

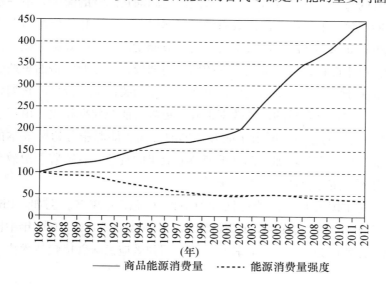

图 4-4　中国商品能源消费量与能源消费强度变化趋势

注：令 1986 年的数据为 100。

资料来源：《中国统计年鉴 2013》。

---

①　参见聂辉华、蒋敏杰：《政企合谋与矿难：来自中国省级面板数据的证据》，载《经济研究》，2011（6）。

综上，本节将节能定义为在能源的生产、运输、转化和消费过程中，减少浪费、提高利用率和使用效率，以尽可能少的能源消耗提供能源服务，同时，促进高热值能源对低热值能源的替代、清洁能源对高污染能源的替代、可再生能源对非可再生能源的替代，最终实现化石能源消费量的减少和能源结构的高效化、清洁化、绿色化。在中国，节能是以实现高热值能源替代传统生物质能的低效利用为基础，以遏制化石能源尤其是煤炭消费的过快增长为核心，推动非化石能源尤其是可再生能源对化石能源的替代为重要途径的能源利用的高效化、清洁化、绿色化过程。

4.2.2 节能与能源效率

节能是绝对量的概念，指能源消费总量的减少。由于节能并未对能源服务的数量和质量进行限定，节能或能源消费总量的减少并不一定意味着能源效率的提高，能源效率的提高同样不一定意味着能源消费总量的减少；如果不伴随能源效率的提高，节能就意味着能源服务或产出的减少。由于能耗设备、节能投资的周转周期较长，能源价格的短期弹性主要取决于能源消费量的减少，更多与节能相关；能源价格的长期弹性则更多包含设备存量的能源效率提升，更多与能源效率相关。由于能源"回弹效应"的存在，即由于能源效率的提高、能源服务边际成本的降低，能源服务有所增加、部分抵消节能效果的现象，意味着能源效率的提高并不一定总会产生节能效果。[1]

针对中国宏观层面能源回弹效应的实证研究较多。例如，Lin 和 Liu[2] 估算了中国宏观经济的能源回弹效应，发现 1981—2009 年中国的能源回弹效应为 53.2%[3]，较高的能源回弹效应意味着依赖技术措施的

---

[1] Gillingham, K., Newell, R. G., Palmer, K., 2009. Energy Efficiency Economics and Policy. *Annual Review of Resource Economics* 1, 597–619.

[2] Lin, B., Liu, X., 2012. Dilemma between Economic Development and Energy Conservation: Energy Rebound Effect in China. *Energy* 45, 867–873.

[3] 根据 Saunders, H. D., 2008. Fuel Conserving (and Using) Production Functions. *Energy Economics* 30, 2184–2235，宏观层面的回弹效应被定义为 $RE = 1 + \eta$，其中 $\eta = \mathrm{d}\ln E / \mathrm{d}\ln\tau = (\tau \times \mathrm{d}E)/(E \times \mathrm{d}\tau)$（$E$ 为能源消费量，τ 为能源效率）表示能源消费量对能源效率的弹性。

节能效果将大打折扣。邵帅等[1]将能源技术进步作为内生变量，估计了中国宏观经济层面的能源回弹效应。改革开放期间，短期和长期能源回弹效应均值分别为 27.39% 和 81.2%，能源效率的改进短期内能够较大幅度实现节能效果，但长期而言，由于我国高速经济增长对能源需求的拉动，技术层面的节能效应被新一轮的资本追加和产出增长效应蚕食。进一步地，邵帅等[2]估算的中国改革开放至 2010 年的能源回弹效应为 37.32%，即能源效率提高 1%，只能导致能源消费量降低 0.626 8%，由于能源服务成本的降低，能源服务的反弹将抵消 0.373 2% 的节能效果。

根据以上实证研究对中国能源回弹效应的估计，中国"十一五"以来以提高能源效率为主的节能政策仅能部分实现预期的节能效果。随着中国单位产品能耗已经达到或接近世界先进水平，工业技术节能的潜力在下降，结构节能促进能源消费强度的下降的潜力越来越大。[3] 随着居民建筑能耗、交通能耗的比重上升，社会领域节能的重要性凸显，从能源消费端入手，通过能源需求侧管理，促进居民能源消费行为转变、培养环境友好的生活方式等管理节能越来越重要[4]。

4.2.3　宏观节能的主要内容

节能具有不同的层次。在微观层面，企业的节能通常用单位产品能

[1]　参见邵帅、杨莉莉、黄涛：《能源回弹效应的理论模型与中国经验》，载《经济研究》，2013 (2)。

[2]　Shao, S., Huang, T., Yang, L., 2014. Using Latent Variable Approach to Estimate China's Economy-wide Energy Rebound Effect over 1954—2010. *Energy Policy* 72，235−248.

[3]　Ke, J., Price, L., Ohshita, S., Fridley, D., Khanna, N.Z., Zhou, N., Levine, M., 2012. China's Industrial Energy Consumption Trends and Impacts of the Top-1000 Enterprises Energy-saving Program and the Ten Key Energy-saving Projects. *Energy Policy* 50，562−569.

[4]　Yuan, J., Kang, J., Yu, C., Hu, Z., 2011. Energy Conservation and Emissions Reduction in China：Progress and Prospective. *Renewable and Sustainable Energy Reviews* 15，4334−4347. Zhang, D., Aunan, K., Martin Seip, H., Vennemo, H., 2011. The Energy Intensity Target in China's 11th Five-year Plan Period：Local Implementation and Achievements in Shanxi Province. *Energy Policy* 39，4115−4124.

耗下降率表达，属于技术节能指标，同时，企业为降低能耗采取的管理措施有利于降低单位产品能耗；单位产品能耗的横向对比揭示出技术水平的差距和技术可行的总节能潜力。服务业和建筑能耗（含居民生活）则通常用人均生活能耗或单位建筑面积能耗表达，随着居民收入水平和生活质量的提高，该类能耗的需求也会发生变化，人均生活能耗和单位建筑面积能耗的影响因素很多，因此指标的横向可比性较差。在微观层面，一方面，商品能源的价格能够促进个体能源消费者的节能行为，节能意味着成本的节约；另一方面，化石能源价格的普遍补贴、节能具有的正外部效益使得能源消费者节能动力不足。地方政府作为节能政策执行的推动者和监督者，其节能激励的强度对能源消费者的节能行为具有重要影响，如何将中央政府的节能动力内化为地方政府的节能压力显得至关重要。

将一个地区的经济活动作为整体，节能评价指标就具有了宏观属性。地方政府作为上级政府节能目标的承担者，对辖区内能源消费者的节能行动负监督管理责任。由于能源价格市场化不充分、化石能源价格存在补贴、节能具有的跨行政区和跨代际外部性，地方政府节能激励不足，加之地方政府为经济增长展开激烈的地区间竞争对节能激励产生的弱化和扭曲，在宏观层面上设定的地方政府节能评价指标应当作为上级政府评价下级政府节能效果的抓手，是实现节能压力层层传递的途径，是督促地方政府执行节能政策的关键一环。

在能源的生产环节，大力开发非化石能源，实现对化石能源的替代，是节能的重要内容。太阳能、风能等可再生能源在可预见的将来，取之不尽，用之不竭，其资源蕴藏量十分丰富。[①] 理论上，可再生能源可以完全替代化石能源。对于可再生能源而言，市场力量也会最终实现其对化石能源的完全替代。可再生能源市场不是完全失灵的市

---

① Archer, C. L., Jacobson, M. Z., 2005. Evaluation of Global Wind Power. *Journal of Geophysical Research*: *Atmospheres* 110, D12110. DA Rosa, A., 2012. *Fundamentals of Renewable Energy Processes* (Third Edition). Elsevier Academic Press, Amsterdam, Netherlands.

场，分析市场失灵的来源和程度，才能制定有针对性的、最合适的政策纠正市场失灵。但问题在于市场力量是否以合适的速度和合适的可再生能源利用量实现对化石能源的替代，这里的"合适"即实现经济效率。①

在中国，大力开发应用可再生能源是应对持续严重的空气污染、缓解气候变化压力的根本途径。可再生能源发电主要包括水力发电、风力发电、太阳能光伏发电、生物质能发电等，随着分布式光伏发电、光伏发电照明系统等分布式能源方兴未艾，可再生能源发电从生产端向消费和生产相结合的形式转变。非商品化的可再生能源的开发利用，同样可以实现对化石能源的替代，该类能源利用形式大多属消费端，例如，太阳能热水器（热水系统）、户用沼气、地热能开发利用等。在技术经济分析的基础上，优先开发利用成本低廉的可再生能源，更符合节能过程中低成本化的内在要求。在上述可再生能源利用形式中，水力发电、太阳能热水器、户用沼气等技术最为成熟②，开发利用成本低，应当优先规模化开发利用。

在能源的消费环节，节能意味着遏制化石能源消费量的过快增长，提高能源利用效率，降低经济活动对能源资源的依赖程度。在我国农村地区，秸秆、薪柴等传统生物质能是农村能源消费的主体，居民家庭炊事和冬季采暖多为生物质能直燃为主，对非商品化的生物质能的利用在我国农村地区将长期持续。③ 生物质能直燃的能源利用效率低下，造成了能源浪费和空气污染。农村地区的节能主要是通过集约化的利用方式提高能源利用效率，如沼气，或使用煤炭、电力、液化石油气等集约化能源，由于能源利用效率的提高，提供同样服务的能源消费量减少，具有节能效果。

---

① Gillingham，K.，Sweeney，J.，2010. Market Failure and the Structure of Externalities. Padilla，A. J.，Schmalensee，R. *Harnessing Renewable Energy*. RFF Press.

② 参见《可再生能源发展"十二五"规划》。

③ 参见陈艳、朱雅丽：《中国农村居民可再生能源生活消费的碳排放评估》，载《中国人口·资源与环境》，2011（9）。

对于工业生产，节能的主要途径是通过节能技术改造或技术升级，降低单位产品能耗。包括千家（万家）企业节能、淘汰落后产能及十大重点节能工程中的燃煤工业锅炉（窑炉）改造工程、区域热电联产工程、余热余压利用工程、节约和替代石油工程、电机系统节能工程、能量系统优化工程等多数属于采用技术手段降低能源损耗、提高能源使用效率的节能措施。随着技术水平的提高，为了取得更好的节能效果，需要抑制能源回弹效应。除此之外，伴随着需求结构的变化，降低高能耗产业比重，增加低能耗产业尤其是服务业比重，通过结构优化也可以实现节能。

与居民生活息息相关的建筑和交通节能通常既涉及技术措施，如建筑节能改造、节能家电、节能型汽车等，又涉及居民节能意识的提高、消费行为的绿色转型等行为节能和管理节能的内容。居民生活相关能耗的需求侧管理，通过加强节能宣传、建立能效标识制度等，管理和优化能源需求，起到节能效果。从宏观管理角度，采用更严格的节能建筑标准，建筑在设计、施工阶段考虑太阳能热水器等节能措施，城市交通规划时优先采用高效、便捷的轨道交通，优化公交线路，设置自行车专用线路等，均具有能耗降低效应。除此之外，通过管理体制和机制的改变，也能起到节能效果。例如，全部或部分使用国家财政性资金的政府机关、事业单位、团体组织，通过在内部建立节能责任管理制度，利用奖励和惩罚机制，刺激组织成员的节能行动等。

4.3 现行节能指标与节能内涵的匹配性评估

4.3.1 万元 GDP 能耗下降率

万元 GDP 能耗，也称能源消费强度、能源密集度或者单位产值能耗，即创造单位增加值所消费的能源量，反映了经济活动对能源资源的依赖程度。该指标包含了国民经济体系中能源利用的所有环节，可以反映能源利用的经济效益和变化趋向。该指标既可以指一个国家、地区的能源依赖度，也可以反映一个部门、行业的能源依赖度。对于一个国家或地区而言，通常采用万元GDP能耗反映经济活动的能源密集度。考虑到影响万元GDP能耗的因素很多，既包括气温、资源禀赋等自然资源因素，也包括经济发展、产业结构、能源价格等社会经济因素和节能政策等政策因素，万元GDP能耗呈现出明显的区域差异特征。[1]

当前，在中国的节能目标责任制框架下，针对地方政府节能效果的评价采用单位GDP能耗及其下降率指标。例如，"十一五"期间，全国万元GDP能耗下降率目标为20%，即实现2010年万元GDP能耗在2005年基础上下降20%。同时明确了各省区市万元GDP能耗下降率目标，其中北京、天津等21个地区万元GDP能耗下降率与国家的目标保持一致，均为20%。[2]

在"十一五"的基础上，"十二五"延续以单位GDP能耗下降率为主的节能评价制度，明确了2010—2015年单位GDP能耗下降16%的总体目标。"十一五"期间各地区节能目标呈现明显"一刀切"特点，未充分考虑各地区经济发展、产业结构、技术、资金等方面的差异，"十二五"在分解节能减碳目标时，综合考虑经济发展水平、产业结构、节能潜力及国家产业布局等因素，将节能目标按照5个大区进行划分，体现了目标分解的科学性（见表4-2）。

表4-2 "十一五"和"十二五"各省级单位GDP能耗下降率目标 （%）

地区	"十一五"目标	"十二五"目标	地区	"十一五"目标	"十二五"目标
全国	20	16	河南	20	16
北京	20	17	湖北	20	16
天津	20	18	湖南	20	16

[1] 参见宋国君、马本：《中国城市能源效率评估研究》，北京，化学工业出版社，2013。
[2] 参见《国务院关于"十一五"期间各地区单位生产总值能源消耗降低指标计划的批复》。

续前表

地区	"十一五"目标	"十二五"目标	地区	"十一五"目标	"十二五"目标
河北	20	17	广东	16	18
山西	22	16	广西	15	15
内蒙古	22	15	海南	12	10
辽宁	20	17	重庆	20	16
吉林	22	16	四川	20	16
黑龙江	20	16	贵州	20	15
上海	20	18	云南	17	15
江苏	20	18	西藏	12	10
浙江	20	18	陕西	20	16
安徽	20	16	甘肃	20	15
福建	16	16	青海	17	10
江西	20	16	宁夏	20	15
山东	22	17	新疆	20	10

注：山西、内蒙古和吉林三地区采用的是调整后的"十一五"节能目标。

资料来源：《关于"十一五"期间各地区单位生产总值能源消耗降低指标计划的批复》《国务院关于印发"十二五"节能减排综合性工作方案的通知》。

以万元 GDP 能耗下降率为核心的节能评价体系，属于典型的负向激励，即完不成节能指标则面临"一票否决"。负向激励的一个特点是：追求目标的完成，不具有持续改进性激励。除此之外，万元 GDP 能耗下降率指标还具有以下几个特点：

第一，指标中涉及 GDP，而 GDP 本身存在财政激励和晋升激励的强激励。财政激励和晋升激励使地方政府为发展辖区经济展开激烈竞争，为实现财政创收、增加政治晋升机会，地方官员产生了发展 GDP 的内在激励，这是一种强有力的正向激励模式。尤其是在政治晋升中，关注的是相对绩效，即与竞争对手间的绩效排名[1]，这对地方政府发展

---

[1] Xu, C., 2011. The Fundamental Institutions of China's Reforms and Development. *Journal of Economic Literature* 49, 1076-1151. 周黎安：《中国地方官员的晋升锦标赛模式研究》，载《经济研究》，2007 (7)。

GDP 形成强有力的持续性激励。因此,万元 GDP 能耗下降率指标除了以节能为主要目的外,还与经济增长激励机制相互耦合。由于节能激励自 2006 年引入,可以认为节能激励是地方政府经济增长强激励的一个约束性条件,以万元 GDP 下降率为核心的节能激励机制对地方政府行为的影响不局限于节能领域,即不一定能激励地方政府真正节能。

第二,能源消费总量仅包括商品能源,且商品化的可再生能源与化石能源未区别对待。当前的能源消费量统计体系尽管包含了水力发电、风力发电、核电等商品化的非化石能源,但未将传统生物质能、太阳能等非商品能源纳入其中。由于传统生物质能直燃的能源利用方式效率低下,且农林生物质能等固态一次生物燃料的消费量非常可观,仅包含商品能源的能源消费总量难以准确刻画中国能源消费特点。更重要的是,可再生能源与化石能源未加区别,这与节约化石能源为主体的节能内涵不一致。

第三,该指标关注的不是万元 GDP 能耗的原始值,而是其下降率,规避了横向不可比性,确保了纵向可比性。由于影响万元 GDP 能耗的因素很多,既包括区位、气候等自然因素,也包括经济发展、产业结构、投资等社会经济因素,各地区万元 GDP 能耗存在众多不可比的因素。采用万元 GDP 能耗下降率作为主要指标,能够在一定程度上排除横向不可比的问题,同时在纵向上具有较大可比性。

第四,万元 GDP 能耗的下降既有经济结构演变、技术进步的贡献,也有宏观节能政策和节能管理的贡献,总体效果是两者的和,且难以分离。从国际角度看,随着经济发展,能源消费强度自然地呈下降趋势,在中国亦是如此。[①] 技术进步被证明是中国能源消费强度下降

---

① Markandya, A., Pedroso-Galinato, S., Streimikiene, D., 2006. Energy Intensity in Transition Economies: Is There Convergence towards the EU Average? *Energy Economics* 28, 121–145. Sadorsky, P., 2013. Do Urbanization and Industrialization Affect Energy Intensity in Developing Countries? *Energy Economics* 37, 52–59.

的主要原因。[①] 即便不实行节能政策，万元 GDP 能耗也会呈下降趋势，因此，在分析政府节能政策效果时应当慎重，不宜夸大政府在降低万元 GDP 能耗中的作用。

4.3.2 万元 GDP 能耗下降率激励机制分析

由于 GDP 与能源消费量相互耦合，GDP 增长存在强有力的财政激励和晋升激励，万元 GDP 能耗下降率目标对地方政府的激励不局限于节能领域，因此，本节讨论的激励机制还涵盖了万元 GDP 能耗下降率对节能领域之外的激励。

第一，万元 GDP 能耗下降率目标会进一步激励经济增长，这种激励与节能的内涵并不相关。采用微分的形式，万元 GDP 能耗下降率等于能源消费增长率减去 GDP 增长率，表达式为

$$\frac{(E/Y)\,\mathrm{d}t}{E/Y} = \left(\frac{E\mathrm{d}t}{Y} - \frac{EY\mathrm{d}t}{Y^2}\right) \times \frac{Y}{E} = \frac{E\mathrm{d}t}{E} - \frac{Y\mathrm{d}t}{Y} \tag{1}$$

式中，E 为能源消费总量，Y 为 GDP，t 为时间，变量对时间求导表示该变量随时间的增量。

上述变形意味着，地方政府可以通过提高 GDP 增长率来实现万元 GDP 能耗下降的目标。然而，由于经济增长对能源的依赖性，做大 GDP 的同时必然引致新的能源消费扩张，设能源消费的收入弹性为 θ，则有

[①] Fisher-Vanden, K., Jefferson, G. H., Liu, H., Tao, Q., 2004. What is Driving China's Decline in Energy Intensity? *Resource and Energy Economics* 26, 77－97. Liao, H., Fan, Y., Wei, Y.-M., 2007. What Induced China's Energy Intensity to Fluctuate: 1997—2006? *Energy Policy* 35, 4640－4649. Ma, C., Stern, D. I., 2008. China's Changing Energy Intensity Trend: A Decomposition Analysis. *Energy Economics* 30, 1037－1053. Song, F., Zheng, X., 2012. What Drives the Change in China's Energy Intensity: Combining Decomposition Analysis and Econometric Analysis at the Provincial Level. *Energy Policy* 51, 445－453. Zhang, Z., 2003. Why did the Energy Intensity Fall in China's Industrial Sector in the 1990s? The Relative Importance of Structural Change and Intensity Change. *Energy Economics* 25, 625－638.

$$\theta = \frac{E\mathrm{d}t/E}{Y\mathrm{d}t/Y} = \frac{E\mathrm{d}t}{Y\mathrm{d}t} \cdot \frac{Y}{E} \tag{2}$$

那么，

$$\frac{(E/Y)\mathrm{d}t}{E/Y} = (\theta - 1)\frac{Y\mathrm{d}t}{Y} \tag{3}$$

受到技术水平、产业结构、经济发展惯性等影响，短期内一个地区能源消费的收入弹性 θ 不易出现大幅度波动而较为固定。对于一个地区而言，θ 越小，即经济增长对能源的依赖度越低、经济增长率越快，越有利于能源消费强度的下降。例如，2005—2010 年，北京的年均能源收入弹性为 0.41，低于全国 0.59 的平均水平，经济增长率为 10% 时，全国万元 GDP 能耗下降约 4.1%，而北京则可以下降 5.9%。这也是为何"十一五"期间北京万元 GDP 能耗下降 26.6%，远超过 19.1% 的全国平均水平的重要原因。与此相反，新疆 2005—2010 年年均能源收入弹性高达 0.81，经济增长 10%，能源消费强度仅能下降 1.9%，这也是导致"十一五"期间新疆万元 GDP 能耗仅下降 8.9%，未完成节能目标的主要原因。

进一步地，本节绘制了能源消费的收入弹性、经济增长率和万元 GDP 能耗下降率三者之间的关系图（见图 4 - 5）。当能源消费的收入弹性一定时，万元 GDP 能耗较快下降需要以经济的高增长为支撑。例如，当 $\theta = 0.8$ 时，万元 GDP 能耗下降 10% 对应的经济增长率为 50%，万元 GDP 能耗下降 20% 和 30% 分别对应经济增长率为 100% 和 150%。当能源消费的收入弹性较低时，实现同样的万元 GDP 能耗下降率，需要的经济增长率较低。例如，当 $\theta = 0.5$ 时，经济增长率达到 40% 就可以实现万元 GDP 能耗下降 20% 的目标，而当 $\theta = 0.8$ 时，对应的经济增长率需达到 100%。反过来说，实现特定的万元 GDP 能耗下降率（例如 20%），经济增长率高的地区，允许更高的能源消费的收入弹性，即随着经济增长率的提高，经济增长的能源约束变小。

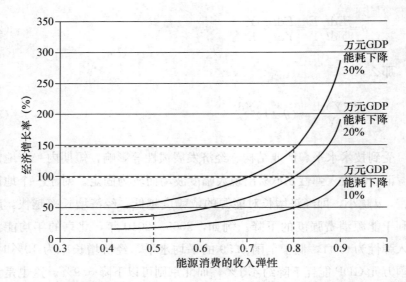

图 4-5 能源消费的收入弹性、经济增长率与万元 GDP 能耗下降率的关系

第二，为揭示万元 GDP 能耗下降率目标对不同产业或部门产生的影响，将式（1）进一步写成如下形式：

$$\frac{(E/Y)\,\mathrm{d}t}{E/Y} = \frac{E\,\mathrm{d}t}{E} - \frac{Y\,\mathrm{d}t}{Y} = \left(\frac{E_1\,\mathrm{d}t}{E} - \frac{Y_1\,\mathrm{d}t}{Y}\right)$$
$$+ \left(\frac{E_2\,\mathrm{d}t}{E} - \frac{Y_2\,\mathrm{d}t}{Y}\right) + \left(\frac{E_3\,\mathrm{d}t}{E} - \frac{Y_3\,\mathrm{d}t}{Y}\right)$$
$$+ \left(\frac{E_4\,\mathrm{d}t}{E} - \frac{Y_4\,\mathrm{d}t}{Y}\right) + \frac{E_5\,\mathrm{d}t}{E} \tag{4}$$

式中，E_1、E_2、E_3、E_4、E_5 分别为第一产业能耗、工业能耗、建筑业能耗、第三产业能耗和生活能耗，Y_1、Y_2、Y_3、Y_4 分别为第一产业增加值、工业增加值、建筑业增加值和第三产业增加值，由于生活部门不（直接）产生增加值，因此增加值的分解未包括生活部门。通过分解，可以计算不同行业和部门对万元 GDP 能耗下降率的贡献率。

考虑到微分的性质，本节选择相邻的两年，即 2009 年和 2010 年的数据实证不同行业和部门对万元 GDP 能耗下降率的贡献。2010 年，万元 GDP 能耗比 2009 年实际下降 4.1%，不同行业和部门对万元 GDP 能耗下降的贡献率见图 4-6。尽管"十一五"期间工业节能是节能政策的

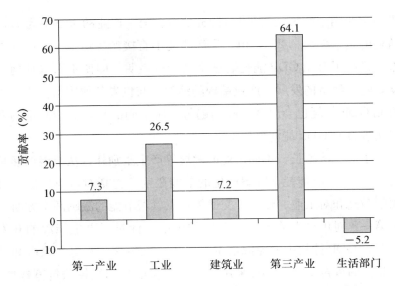

图 4-6　2010 年万元 GDP 能耗下降率的行业（部门）贡献率

注：原始数据来自《中国统计年鉴》，GDP 为 2005 年可比价格；根据式（4）计算，2010 年比 2009 年万元 GDP 能耗下降 4.1%，分行业和部门合计下降率为 4.5%，总误差率为 10.4%。

主要内容，中国的节能政策以工业能源利用效率提高为核心[1]，包括了千家（万家）企业节能、淘汰落后产能、十大重点节能工程等[2]，但是对于万元 GDP 能耗下降率的贡献，第三产业贡献率（64.1%）远远超过工业（26.5%），即有约 2/3 的贡献率来自能源密度较小[3]、增加值

---

① Zhang，D.，Aunan，K.，Martin Seip，H.，Vennemo，H.，2011. The Energy Intensity Target in China's 11th Five-year Plan Period：Local Implementation and Achievements in Shanxi Province. *Energy Policy* 39，4115-4124.

② Lo，K.，Wang，M. Y.，2013. Energy Conservation in China's Twelfth Five-year Plan Period：Continuation or Paradigm Shift? *Renewable and Sustainable Energy Reviews* 18，499-507. Zhao，X.，Li，H.，Wu，L.，Qi，Y.，2014. Implementation of Energy-saving Policies in China：How Local Governments Assisted Industrial Enterprises in Achieving Energy-saving Targets. *Energy Policy* 66，170-184.

③ 2010 年，第一产业、工业、建筑业、第三产业增加值能耗分别为 0.23 吨标准煤/万元、1.72 吨标准煤/万元、0.30 吨标准煤/万元和 0.35 吨标准煤/万元，工业能耗强度是第一产业的 7.5 倍，是建筑业的 5.7 倍，是第三产业的 4.9 倍。

比重与工业相当的第三产业①。除此之外，第一产业的贡献率为 7.3%，建筑业的贡献率为 7.2%，由于生活能耗不直接产生增加值，生活能耗的增加推高了万元 GDP 能耗。这个结论也表明：即使不采取任何节能行动，随着经济的发展、产业结构的演变，与世界其他国家一样，中国的万元 GDP 能耗也会出现下降的趋势。所不同的是，节能政策的介入可以实现万元 GDP 能耗更快下降。

除了对经济增长、不同产业的发展等产生激励外，从节能内涵角度出发，万元 GDP 能耗下降率产生的节能激励还包括对可再生能源开发利用的激励和对工业、建筑、交通等重点领域节能的激励两个方面。

第一，对可再生能源开发利用的激励。针对可再生能源的开发利用，万元 GDP 能耗中的能源消费总量指标仅包含了水电、风电和核电等商品化的可再生能源，且采用当年火力发电平均煤耗法折算标准煤。由于能源消费总量中，商品化的可再生能源的开发利用未与传统的化石能源消费加以区分，实际上，在万元 GDP 能耗下降率约束下，对地方政府开发利用商品化的可再生能源没有激励作用。

非商品化的可再生能源，诸如农村传统生物质能直燃、户用沼气、太阳能热水系统、地热能利用，以及分布式光伏照明系统等，被排除在当前的能源消费总量统计之外。其中，农村传统生物质能直燃利用量大（见图 4-1），1990 年其利用量与商品能源消费总量相当，至 2012 年，农林生物质能等固态一次生物燃料消费量约占商品能源和非商品能源消费总量的 21.3%。由于农村居民收入水平低、商品能源可达性差等，尽管农村传统生物质能的利用是对商品能源的替代，但由于生物质能直燃的能源利用效率低下，这种替代是低效率的替代。实证研究表明，城镇化过程中随着传统生物质能向化石能源的转型，可以降低包括非商品能源在内的能源消费总量②，尤其是降低人

---

① 2010 年，第一产业、工业、建筑业、第三产业增加值占 GDP 的比重分别为 10.1%、40.1%、6.66% 和 43.14%。

② Poumanyvong, P., Kaneko, S., 2010. Does Urbanization Lead to Less Energy Use and Lower CO₂ Emissions? A Cross-country Analysis. *Ecological Economics* 70, 434-444.

均生活能耗。由于能源消费总量统计中未包含传统生物质能，因此，万元 GDP 能耗下降率考核不能形成由传统生物质能向高效、化石能源转型的激励。

户用沼气、太阳能热水系统、地热能利用、分布式光伏照明系统等非商品化、高品质的可再生能源，同样未包含在当前的能源消费总量统计之中。由于这些非商品能源可以替代商品能源，以万元 GDP 能耗下降率为主的考核，在客观上能够形成对高品质、非商品化可再生能源利用的激励。根据测算，2009 年太阳能热水器、户用沼气、太阳灶的年节能量分别为 1 662 万吨标准煤、934 万吨标准煤和 34 万吨标准煤[①]，三项节能量合计为 2 630 万吨标准煤，仅占当年商品能源消费总量的 0.86%。尽管以万元 GDP 能耗下降率为主的考核，能够激励非商品化、高品质可再生能源的应用，但由于此类可再生能源相对应用量太小，激励作用十分微弱。

第二，对工业、建筑、交通等重点领域节能的激励。以万元 GDP 能耗下降率为核心的节能评价，能够形成提高工业能源效率的激励。2011 年，工业终端消费量占能源消费总量的 69.6%；2010 年，年综合能源消费量 1 万吨标准煤以上及有关部门指定的年综合能源消费量 5 000 吨标准煤以上的重点用能单位，即"万家企业"共计 17 000 个左右，占当年全国能源消费量的 60% 以上，涵盖了工业、交通运输业、宾馆饭店、商贸企业、学校等重点能耗单位。由于工业能耗占比大、大型工业企业能源消费集中、企业数量较少、管理难度较小等特点，万元 GDP 能耗下降率能够激励工业企业通过淘汰落后、技术改造等措施，降低单位产品或单位产值能耗，提高能源利用效率。

---

①　沼气、太阳灶的节能量通过应用量与单位节能量的乘积计算，其中，应用量数据来自《中国农村统计年鉴 2010》，单位节能量数据来自《可再生能源发展"十二五"规划工作方案》；太阳能热水器保有量数据来自《中国新能源与可再生能源年鉴 2009》，太阳能热水器单位集热面积年节电量来自 Ma, B., Song, G., Smardon, R.C., Chen, J., 2014a. Diffusion of Solar Water Heaters in Regional China: Economic Feasibility and Policy Effectiveness Evaluation. *Energy Policy* 72, 23-34。

建筑和交通等与居民生活相关的能源消耗涉及居民能源消费行为、生活方式、节能意识等，管理难度较大，节能效果具有滞后性，并且居民生活不直接创造产值，与财政激励和晋升激励下做大 GDP 的取向相关性小，因此，万元 GDP 能耗下降率难以激励地方政府将更多的节能努力配置在社会节能领域。

综上，万元 GDP 能耗下降率指标未涵盖数量可观的农村固态一次生物质能，缺少对传统生物质能向高热值能源转型的激励；水电、风电等商品化的可再生能源未与煤炭等化石能源分开，对商品化可再生能源的利用无激励；对太阳能、沼气、地热能等非商品化可再生能源有激励作用，但由于消费量较小，激励作用微弱；能够对工业能源利用效率的提高提供较强的激励，但是对建筑、交通等涉及居民生活能耗的领域激励作用较小。

4.3.3　万元 GDP 能耗下降率激励效果分析

2005 年以来，随着节能目标责任制的建立，万元 GDP 能耗下降率变为硬约束，并赋予了其"一票否决"的优先性。对万元 GDP 能耗下降率的激励效果的分析的最直接的对象就是万元 GDP 能耗的影响。2010 年，中国万元 GDP 能耗实现在 2005 年基础上降低 19.1%，基本完成下降 20% 的预定目标，扭转了"十五"期间万元 GDP 能耗的反弹趋势，万元 GDP 能耗变化及年度变化率见图 4-7。其中，2003 年、2004 年出现了强力反弹。

当然，万元 GDP 能耗的下降并不完全是节能政策和节能努力所致，基于此，Song 和 Zheng[①] 采用 1995—2009 年省级面板数据模型，引入节能目标责任制作为虚拟变量，在控制了能源价格、收入水平、投资、城镇化、资本劳动比率等因素后，政策变量仍然显著为负。可以认为，

---

①　Song, F., Zheng, X., 2012. What Drives the Change in China's Energy Intensity: Combining Decomposition Analysis and Econometric Analysis at the Provincial Level. *Energy Policy* 51, 445-453.

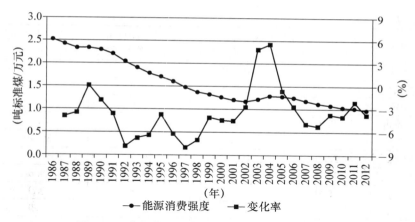

图 4-7 中国能源消费强度变化趋势与年度变化率

注：能源消费强度计算时的 GDP 采用 2005 年可比价格核算。
资料来源：历年《中国统计年鉴》《中国能源统计年鉴》。

"十一五"期间，以万元 GDP 能耗下降率为地方政府节能评价对象，促进了或者说加速了万元 GDP 能耗的下降。

在地方层面，"十一五"期间，除了新疆未完成目标之外，其他地区均完成了万元 GDP 能耗下降率目标。"十二五"初期，万元 GDP 能耗下降率指标完成情况出现了明显的分化，北京前两年已经完成"十二五"目标的 66.9%，上海完成了 70.9%，与此同时，海南、青海和新疆则出现了万元 GDP 能耗不降反升的情形。这种情形，一方面说明，与 GDP 强激励相互耦合的万元 GDP 能耗下降激励容易遭受扭曲；另一方面说明，由于不同地区经济增长模式的差异，它们对能源依赖程度差异较大，这导致经济增长过程中万元 GDP 能耗下降的难易程度不同。例如，北京、上海等地区，经济结构向服务业转型，能源消费的收入弹性较小，实现同样的经济增长幅度，比中西部地区能源消费的收入弹性大的地区更容易实现万元 GDP 能耗的降低（见表 4-3）。

表 4-3　各地区"十一五"和"十二五"初期万元 GDP 能耗下降率

地区	"十一五"实际下降（%）	完成"十一五"目标比例（%）	2011—2012 年实际下降率（%）	完成"十二五"目标比例（%）
全国	19.1	95.3	5.4	33.9
北京	26.6	133.0	11.4	66.9

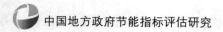

续前表

地区	"十一五"实际下降（%）	完成"十一五"目标比例（%）	2011—2012年实际下降率（%）	完成"十二五"目标比例（%）
天津	21.0	105.0	9.2	50.9
河北	20.1	100.6	9.9	58.5
山西	22.7	103.0	7.6	47.3
内蒙古	22.6	102.8	7.7	51.1
辽宁	20.0	100.1	8.6	50.7
吉林	22.0	100.2	10.7	66.8
黑龙江	20.8	104.0	8.1	50.5
上海	20.0	100.0	12.8	70.9
江苏	20.5	102.3	8.4	46.9
浙江	20.0	100.1	8.9	49.7
安徽	20.4	101.8	8.0	50.2
福建	16.5	102.8	8.9	55.5
江西	20.0	100.2	8.8	55.1
山东	22.1	100.4	8.2	48.2
河南	20.1	100.6	10.5	65.7
湖北	21.7	108.4	7.8	48.6
湖南	20.4	102.2	10.3	64.6
广东	16.4	102.6	9.0	49.8
广西	15.2	101.5	7.5	49.9
海南	12.1	101.2	−1.7	−16.6
重庆	21.0	104.8	10.6	66.5
四川	20.3	101.6	11.2	69.7
贵州	20.1	100.3	7.5	49.9
云南	17.4	102.4	6.3	42.3
西藏	12.0	100.0	—	—
陕西	20.3	101.3	6.9	43.3
甘肃	20.3	101.3	6.6	43.9
青海	17.0	100.2	−7.7	−77.0
宁夏	20.1	100.5	0.8	5.6
新疆	8.9	44.6	−13.8	−138.1

资料来源：《中国统计年鉴》《国务院关于"十一五"期间各地区单位生产总值能源消耗降低指标计划的批复》《国务院关于印发"十二五"节能减排综合性工作方案的通知》等。

与万元GDP能耗下降率相对应，"十一五"期间工业领域能源利用技术进步的速度加快。用单位产品能耗指标反映的技术节能效果显示，

2005—2010 年，火电供电煤耗、乙烯综合能耗、大型合成氨综合能耗、水泥综合能耗等均取得了比 2000—2005 年更快的下降速度（见表 4 - 4）。例如，2005—2010 年，火电供电煤耗下降 10.0%，由 370gce/kWh 降低为 333gce/kWh，而 2000—2005 年仅降低 5.6%。随着工业节能技术改造的完成，单位产品能耗的下降空间被压缩，体现为在制定 2015 年主要产品能耗下降率目标时，对于表 4 - 4 中所列的主要高耗能产品，"十二五"期间单位产品能耗降低率均明显小于"十一五"期间的实际下降率。例如，火电供电煤耗 2010—2015 年下降率目标仅为 2.4%。

表 4 - 4　　　　　　　　中国主要年份的单位产品能耗

指标	各年份数值				变化率（%）		
	2000 年	2005 年	2010 年	2015 年（目标）	2000—2005 年	2005—2010 年	2010—2015 年
火电供电煤耗（gce/kWh）	392	370	333	325	−5.6	−10.0	−2.4
吨钢综合能耗（kgce/t）	906	694	605	580	−23.4	−12.8	−4.1
电解铝交流电耗（kWh/t）	—	14 680	14 013	13 300	—	−4.5	−5.1
铜冶炼综合能耗（kgce/t）		780	350	300		−55.1	−14.3
乙烯综合能耗（kgce/t）	1 211	1 073	886	857	−11.4	−17.4	−3.3
大型合成氨综合能耗（kgce/t）	1 372	1 210	1 037	—	−11.8	−14.3	—
烧碱综合能耗（离子膜法）（kgce/t）		396	351	330		−11.4	−6.0
水泥综合能耗（kgce/t）	181	167	115	112	−7.7	−31.1	−2.6
平板玻璃综合能耗（kgce/重量箱）	30	22	17	15	−26.7	−22.7	−11.8

资料来源：2000 年数据来自国家发改委：《关于印发节能中长期专项规划的通知》，2005 年数据来自国家发改委：《关于印发可再生能源发展"十一五"规划的通知》，2010 年和 2015 年目标值数据来自国家工信部：《关于印发〈工业节能"十二五"规划〉的通知》。部分数据不可得。

2005 年以来，万元 GDP 能耗持续下降，与此同时，煤炭、石油和天然气等化石能源消费量逐年增加。如图 4 - 8 所示，2003—2012 年，除了 2008 年、2010 年和 2012 年外，中国煤炭消费每年的增量都在 1 亿吨标准煤以上，2003—2007 年，每年新增煤炭消费量均接近 2 亿吨标准煤，2011 年新增煤炭消费量达 1.71 亿吨标准煤。石油和天然气的消费量也呈现增加趋势，尤其是 2010 年石油新增消费量 0.68 亿吨标准煤。化石能源消费量的大幅度增加说明，万元 GDP 能耗下降率难以有效抑制化石能源消费量的增长，缺少减少化石能源消费量的激励。

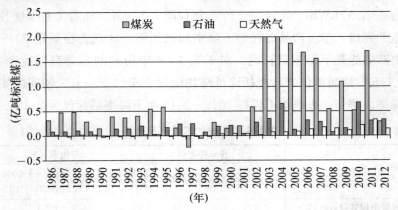

图 4 - 8　1986—2012 年中国主要化石能源消费量的增量

资料来源：《中国统计年鉴》。

值得注意的是，尽管万元 GDP 能耗下降率对水电、风电、核电等商品化的非化石能源没有激励效果，但"十一五"以来风力发电等可再生能源得到快速发展。如图 4 - 9 所示，水力发电在商品化可再生能源

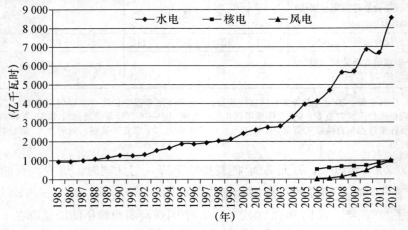

图 4 - 9　中国 1985—2012 年水电、风电和核电发电量

资料来源：《中国水力发电年鉴》《中国电力年鉴》。

中占据主要位置，风力发电在 2006—2012 年经历了十分迅速的增长，2012 年发电量为 1 030 亿千瓦时，超过了核电 983 亿千瓦时的发电量，是 2006 年风力发电量的 36 倍。事实上，在风电上网电价政策刺激下，风电机组超常规增长，更多反映出的是地方政府通过投资、培育可再生能源产业推高地方经济增长的行为取向，而不是万元 GDP 能耗下降率对地方政府发展风电等商品化的可再生能源的激励作用。

由于万元 GDP 能耗统计中，未包含太阳能热水器等非商品化的可再生能源利用方式，太阳能热水器的利用对电力、液化石油气等能源的替代，有利于万元 GDP 能耗的降低，所以万元 GDP 能耗下降率客观上对太阳能热水器的利用具有一定的激励作用。

太阳能热水器技术成熟、利用成本较低，是当前商品化的可再生能源利用形式。[1] 据此，通过构建技术经济模型，通过核算 27 个省会（首府）和直辖城市太阳能热水器单位供热水成本，并与具有较大发展潜力的太阳能光伏发电、生物质能发电、风力发电成本做了对比[2]，结果发现，太阳能热水器单位热水供应成本在 0.305～0.744 元/千瓦时，均值为 0.453 元/千瓦时。尽管成本存在较大的区域差异，但在当前的技术经济条件下，推广应用太阳能热水器比风力发电、生物质能发电、太阳能光伏发电具有成本优势（见图 4-10）。

"十一五"期间，对太阳能热水器的刺激政策见表 4-5。中国太阳能热水器政策以地方层次的强制推广政策和农村"家电下乡"政策为主。2009 年 2 月太阳能热水器进入"家电下乡"补贴目录，并在全国

---

① Han, J. Y., Arthur Mol, P. J., Lu, Y. L., 2010. Solar Water Heaters in China: A New Day Dawning. *Energy Policy* 38, 383-391. 赵丹宁、赵逸平：《太阳能热水器在住宅中的应用》，载《给水排水》，2009（5）。

② 考虑到相关文章已发表，太阳能热水器供热水成本的技术经济模型核算本节不再详述，具体内容可参见马本、宋国君、杜倩倩：《中国太阳能热水器成本分析方法与应用研究》，载《中国人口•资源与环境》，2012（11）；Ma, B., Song, G., Smardon, R. C., Chen, J., 2014a. Diffusion of Solar Water Heaters in Regional China: Economic Feasibility and Policy Effectiveness Evaluation. *Energy Policy* 72, 23-34。

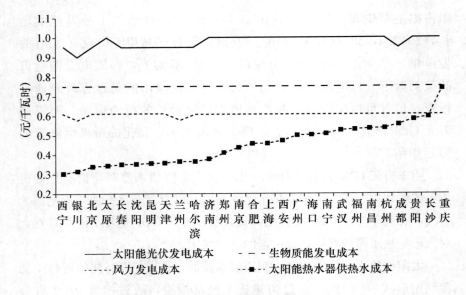

图 4-10　太阳能热水器供热水的成本有效性分析

注：太阳能光伏发电、生物质能发电、风力发电成本采用上网标杆电价近似，太阳能热水器成本核算模型、技术参数、数据来源等可参见 Ma，B.，Song，G.，Smardon，R. C.，Chen，J.，2014a. Diffusion of Solar Water Heaters in Regional China：Economic Feasibility and Policy Effectiveness Evaluation. *Energy Policy* 72，23-34.

实施，持续 4 年，补贴率为售价的 13%。尽管如此，该政策并不是针对可再生能源的专项政策，电热水器、燃气热水器等消耗传统能源的替代产品，也享受补贴，这削弱了该政策对可再生能源利用的支持。以江苏、上海、山东、深圳、昆明等为代表，中国多地出台了 12 层以下城区新建居住建筑太阳能热水器强制安装政策，这类政策具有长期性，是太阳能热水系统推广的主体政策。除此之外，赣州、新余、邢台等地级市对农民提供太阳能热水器安装定额补贴，烟台、邢台等分别对安装太阳能热水系统的单位按照投资额予以一定比例的补贴，烟台按照建筑面积对太阳能热水器一体化建筑进行补贴，邢台、长春等城市对太阳能热水器一体化建筑给予城市建设配套费减免。

表 4-5　　　"十一五"期间各地区太阳能热水器推广政策清单

政策形式	政策对象	政策层级	实施地区及标准
强制安装	12 层以下城区新建居住建筑开发商	省区市、地级市	江苏、上海、海南、山东、安徽、云南、河北、青海、湖北、浙江、宁夏、黑龙江等省区市，深圳、大连、沈阳、厦门、郑州、福州、长春等地级市
财政补贴	购买太阳能热水器的农村居民	中央政府	在全国实施（2009 年 2 月，历时 4 年）。中国农村地区，补贴售价的 13％
财政补贴	购买太阳能热水器的农村居民	地级市	赣州（补贴 600 元/台），新余（补贴 500 元/台），邢台（既有太阳能一体化建筑补贴 500 元/户，农村统一安装补贴 300～500 元/户）
财政补贴	安装太阳能热水系统的单位（学校、宾馆等）	省（直辖市）、地级市	北京（安装 100 平方米以上的住房、公共建筑、工业企业，补贴 200 元/平方米）；山东（基础教育学校补贴造价的 50％，其他学校和宾馆补贴造价的 30％），烟台（超过 1 万平方米建筑面积的宾馆、洗浴、医院、学校，补贴造价的 30％），邢台（补贴 10％）
财政补贴	太阳能热水器一体化建筑开发商	地级市	烟台（超过 5 万平方米的住宅建筑，按照建筑面积补贴，5 元/平方米）
税费减免	太阳能热水器一体化建筑开发商	地级市	邢台（太阳能一体化建筑给予城市建设配套费减免 50％的优惠），长春（太阳能一体化建筑减免城市配套费 20 元/平方米）

注：更新至 2010 年 12 月 31 日。
资料来源：各地相关政策文件。

　　尽管如此，太阳能资源丰富的天津、山西、陕西、甘肃、新疆等地区未出台规定。通过大规模应用太阳能热水系统，实现对化石能源的替代，具有进一步的节能空间。

　　综上，以万元 GDP 能耗下降率为核心的节能评价体系的激励效果体现在：扭转了"十五"期间万元 GDP 能耗反弹的趋势，加速了万元 GDP 能耗的下降；各地区万元 GDP 能耗下降难易程度不一，造成"十二五"初期万元 GDP 能耗变化趋势的明显分化；以技术节能为核心的激励体系在"十一五"期间显著促进了单位产品能耗的下降率；万元 GDP 能耗下降率难以形成抑制化石能源过快增长的激励，对商品化可再生能源的开发利用缺少激励效果，对非商品化可再生能源在建筑节能中的应用有一定的激励效果，但激励强度有待提高。

4.4　潜在指标评估与指标改进思路

依据节能的内涵，结合万元 GDP 能耗下降率激励机制和激励效果分析，本节进一步评估潜在的节能评价指标与节能内涵的一致性。

按照指标与 GDP 增长率的关联性，可以分为："减法关联"，即万元 GDP 能耗下降率；"除法关联"，即能源消费的收入弹性；"不关联"，即能源消费总量。进一步地，能源消费总量可以按照化石能源和非化石能源区分开来，化石能源主要是煤炭、石油和天然气，非化石能源包括了水力发电、风力发电、光伏发电等商品化的可再生能源，沼气（高品质能源）、农村生物质能直燃（低热值能源）等非商品化的可再生能源，以及核电等非可再生能源（见图 4 - 11）。

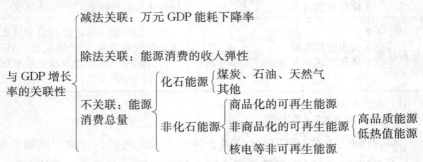

图 4 - 11　潜在的地方政府节能评价指标

4.4.1　潜在指标的节能激励机制

与万元 GDP 能耗下降率不同，能源消费的收入弹性则直接规定了经济增长率对能源增长率的依赖程度。能源消费的收入弹性指的是在经济增长 1% 的条件下，能源消费量增长的额度，用能源消费量增长率与经济增长率之间的比例表示：

$$\theta = \frac{\mathrm{d}E/E}{\mathrm{d}Y/Y} = \frac{\mathrm{d}E}{\mathrm{d}Y} \cdot \frac{Y}{E} \tag{5}$$

式中，θ 为能源消费的收入弹性，E 为前期能源消费量，$\mathrm{d}E$ 为本期能源消费增量；$\mathrm{d}Y$ 为本期国民生产总值的增量，Y 为前期国民生产总值。目前，国外普遍采用平均增长率的方法计算能源消费弹性[①]：

$$\theta = \frac{\alpha}{\beta} = \left\{ \left(\frac{E_t}{E_0}\right)^{\frac{1}{t-t_0}} - 1 \right\} \Big/ \left\{ \left(\frac{Y_t}{Y_0}\right)^{\frac{1}{t-t_0}} - 1 \right\} \tag{6}$$

式中，t 和 t_0 分别代表终期年和基期年，E_t 和 E_0 分别代表终期年能源消费量和基期年能源消费量，Y_t 和 Y_0 分别代表终期年国内生产总值和基期年国内生产总值。

如果限定了能源消费的收入弹性，那么对于经济发展实际上施加了比能源消费强度下降率目标更强的约束，即不论经济增长的快慢，经济增长对能源依赖性约束的强度具有一致性。与限定能源消费强度下降率相比，对能源消费的收入弹性做出规定，主要有两方面的优势：第一，不会存在随着经济增长率的提高，能源约束出现弱化的问题。随着地区经济增长率的提高，在实现特定的万元 GDP 能耗下降率目标时，允许更大的能源消费的收入弹性，即能源约束强度出现地区性差异。考虑到能源消费的收入弹性受到一个地区产业结构、技术水平等因素影响，短期内较为稳定，对能源消费的收入弹性的规定，将避免能源约束不一致问题的出现。第二，不同地区，经济发展模式不同，对能源消费的依赖度差异大。例如，2005—2010 年年均能源消费的收入弹性，北京为 0.41，新疆则高达 0.81，是北京的近两倍。东部地区的浙江和广东，能源弹性分别为 0.59 和 0.68，相差近 0.1，也就是说，两地区同时实现 50% 的经济增长，浙江的万元 GDP 能耗下降率高于广东将近 5%。因此，以能源消费的收入弹性及其变化率为节能评价指标具有优势（见图 4-12）。

[①] 参见林伯强、魏巍贤、任力：《现代能源经济学》，北京，中国财政经济出版社，2007。

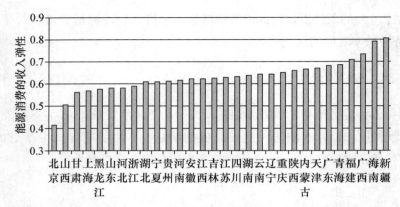

图 4 - 12 2005—2010 年中国各地区年均能源消费的收入弹性

资料来源:《中国统计年鉴》《中国能源统计年鉴》。

尽管如此,如果继续沿用当前能源消费总量的统计范围,则仍然不能够对抑制化石能源过快增长产生激励,也不能够激励可再生能源的开发利用;对能源消费收入弹性的规定仍涉及与地方政府 GDP 增长策略的互动,更关注经济增长过程中的能源消耗,对管理难度较大的建筑运行和交通节能难以形成有效激励。

进一步的节能指标改进则涉及能源消费总量指标自身的完善。与能源消费强度下降率、能源消费的收入弹性相比,能源消费总量是对经济活动的能源依赖度施加了更刚性的约束。对能源消费总量增长率/下降率的限定,将经济增长率作为外生变量。如果限定了能源消费总量的增长率,不论经济增长率如何,地方政府均将面临具有刚性的能源资源消费约束,这对于地方政策采取节能行动具有更强、更直接的激励。

根据图 4 - 11,将能源消费总量做进一步细分。第一,由于节能的对象是煤炭、石油和天然气等化石能源,所以,化石能源消费量比能源消费总量(含商品化的非化石能源)更具有节能意义。[①]

[①] 在中国,煤炭消费量占能源消费总量近 70%,节约煤炭是节能的最主要内容,因此有将煤炭消费量直接作为绩效评价指标的考量,但本节不深入探讨煤炭消费量及其增长率作为节能评价指标的合理性,部分原因是:这样做会导致石油、天然气等化石能源对煤炭的替代,从节能内涵的角度看,这种替代并不具有建设性。

第二，对化石能源消费量增长率①的规定，将对与生活能耗相关的建筑运行能耗、交通能耗产生直接的激励作用，尤其是随着城镇化的推进，建筑运行能耗和交通能耗占能源消费总量的比重处于上升阶段，该部分能耗增长率高于化石能源消费量增长率目标，会对总体节能目标的完成产生负面影响。

第三，非化石能源与化石能源分列，通过化石能源最高增长率/下降率，激励非化石能源对化石能源的替代。非化石能源的利用量地区差异很大，表 4-6 列示了 2010 年全国及各地区非化石能源利用量占商品能源消费总量的比重。在数据可得的 17 个省区市中，比例最低的为山西（0.9%），比例最高的为湖北（18%）；2015 年非化石能源发展目标，四川为 32%，云南为 30%，新疆和天津仅为 2%。考虑到资源的有限性、生态问题、开发阶段，尽管水力发电在我国可再生能源利用中占主体位置，但其进一步开发的潜力受到限制。安全性是核电开发过程中的重要考虑，其开发利用由国家主导。因此，在地方层面，太阳能利用（光伏、热利用等）、风能利用、生物质能高效利用是可再生能源发展的重点领域。随着非化石能源利用规模、开发限制、生态、安全性等因素的变化，将某种非化石能源并入化石能源序列，可以避免对该能源品种例如水力发电的过度开发。

表 4-6　全国及各地区 2010 年非化石能源利用量占能源消费总量的比例与 2015 年目标

地区	2010 年	2015 年目标（%）	地区	2010 年	2015 年目标（%）
全国	8.9*	11.4	河南	3.7	5.5
北京	3.2	5.5	湖北	18	15
天津	—	2	湖南	—	11.4
河北	—	4	广东	15	20
山西	0.9	3~5	广西	—	20

①　本研究中的能源消费量或化石能源消费量"增长率"是数学概念，既包括正的增长率，也包括负的增长率。

续前表

地区	2010 年	2015 年目标（%）	地区	2010 年	2015 年目标（%）
内蒙古	1.17	5	海南	6.5	12
辽宁	1	4.5	重庆	—	13
吉林	5.9	10	四川	—	32
黑龙江	—	—	贵州	9.8	11.6
上海	6*	12*	云南	—	30
江苏	6	7	西藏		
浙江	4.9*	4*	陕西	—	10
安徽	2.5	6	甘肃	—	18
福建	13.8	20	青海		
江西	4.7	10	宁夏	—	7.5
山东	—	—	新疆	4	2

* 根据可再生能源计算。其中，北京、河北、吉林和江苏为新能源和可再生能源。
资料来源：全国和各省区市"十二五"新能源与可再生能源发展规划、可再生能源发展规划、能源发展规划等。

第四，对于数量可观、利用效率低的传统生物质能直燃，则应当鼓励采用高效的方式加以利用。可以通过传统生物质能的高效利用，实现对化石能源的替代。从激励角度看，可将生物质能的高效利用作为可再生能源统计的内容，将传统生物质能直燃排除在可再生能源统计之外，通过设定可再生能源应用量或者占能源消费量的比重目标，来产生生物质能高效利用的激励。

4.4.2 节能内涵视角的指标改进思路

从节能内涵的视角看，万元 GDP 能耗下降率指标的不足表现为：1）经济增长率越高，能源约束越小，这进一步强化了地方政府已十分有力的经济增长激励，这种激励与节能无关；2）由于不同地区的经济增长对能源的依赖程度存在显著差异，"一刀切"或相近的下降率目标将造成能源约束强度不一、造成地区间不公平；3）万元 GDP 能耗有自然下降的趋势，地方政府节能努力的贡献难以分离，不利于客观评价地方节能效果；4）对水电、风电、核电等商品化非化石能源缺少激励，不能促进传统生物质能的高效利用；5）主要激励工业领域能源利用效率的改进，对建筑运行和交通等与生活密切相关领域的节能激励微弱。

从节能内涵角度看，采用能源消费的收入弹性具有优势，能够在如下方面做出改进：1）降低地方政府采用非节能措施的投机行为的可能性，不论经济增长率高低，地方政府将面临相同强度的能源约束；2）鉴于不同地区能源消费的收入弹性差异大，对能源消费收入弹性的不同限定，更能体现地区差异性，节能约束强度地区间更为一致，更能体现公平性；3）规定能源消费收入弹性的上限，经济增长不能越过能源消费收入弹性约束，更有利于经济结构的转型，实现结构节能。尽管如此，能源消费的收入弹性仍然直接与 GDP 增长率相关联，这增加了节能投机的空间，且不能形成对可再生能源发展的激励。

更根本的指标改进，是将能源消费总量按照能源消费的负外部效应进行划分，将化石能源作为节能评价的主要对象。引入化石能源增长率上限，可摆脱地方政府在节能指标与 GDP 增长率指标策略互动时通过做大 GDP 完成节能目标的投机风险，也可更充分尊重地区差异；更关键的是，可以形成对积极开发利用可再生能源的激励，有利于抑制化石能源消费量的增加，形成对建筑运行和交通等与生活密切相关领域的节能激励。当某种非化石能源（如水电、核电）由于资源限制、生态考量或安全性问题，不被鼓励进一步开发利用时，可以将该能源品种与化石能源合并，从而弱化对发展这种非化石能源替代化石能源的激励。

4.5　小结

本章从节能内涵视角对地方政府节能评价指标进行了评估。首先，对能源进行了定义和分类，扩展了对商品能源消费量的分析，将非商品能源纳入其中，描述了中国能源消费的特点和变化趋势。其中，以农林生物质能为主的非商品能源消费量的比重持续降低，但消费量仍非常可观；煤炭、石油等化石能源持续快速增长；近年来水电、风电、太阳能热水器等可再生能源利用快速增长，但占能源利用总量（不包括农林生物质能直燃）的比例不足 10％；水力发电是非化石能源利用的主体。

其次，对节能的内涵进行了理论分析。本章认为节能的定义不是一成不变的，是随不同国家、不同时期、不同背景而发生变化的，节能的理论基础是资源耗竭的代际外部性、空气污染的外部性、气候变化的全球影响、能源安全的考量。因此，节能因不同的能源品种而异。由于中国宏观经济层面存在较明显的能源回弹效应，能源效率不能与节能画等号。基于此，本章提出了节能的定义，并在宏观层面分析了节能的主要内容。

最后，采取理论和实证分析相结合的方法，评估了万元 GDP 能耗下降率作为地方政府节能评价指标存在的缺陷，并基于节能的内涵提出了地方政府节能评价指标的改进思路：采用能源消费的收入弹性能够克服部分不足，而节能评价指标体系应当最终引入化石能源消费量增长率指标。

值得指出的是，针对地方政府节能指标的评估和改进，并不是忽视能源价格改革、税费改革的重要性，两者应当是相辅相成的。在中国，地方政府承担了经济增长、节能减排等多重任务，地方官员的激励机制塑造了地方政府的行为取向，而节能政策的执行很大程度上依赖地方官员节能激励的有效性。只有将真正的节能激励从中央政府传导至地方政府，在地方政府层面，形成真实节能的激励，才能形成能源价格改革和税费改革倒逼机制，最终加以推进。

除了评价指标与节能的内涵相一致、激励真正节能外，节能统计体系的有效性直接关系着节能激励传导的有效性。由于节能的原动力主要来自中央政府，地方节能实际上是一种压力，是负向的激励，所以，有效的节能统计是形成自上而下监督制衡机制的保障。从节能指标统计客观性视角对地方政府节能评价指标的评估是下一章分析的主要内容。

第5章 基于节能统计视角的节能指标评估

　　与经济增长的内生激励不同，地方政府节能通常是缘于上级政府的压力。这就意味着，建立有效的节能监测机制对地方政府真实节能尤为重要。在节能领域，中央和地方存在委托代理关系，由于信息不对称问题的存在、中央和地方节能行为取向的差异，地方政府在节能上存在机会主义动机[①]，而忽视长远节能措施[②]。

　　由节能统计决定的约束机制的有效性直接影响节能激励的强度。鉴于此，本章着重从如何避免节能指标统计数据失真的角度，以统计数据可靠性为评估标准，对节能指标进行评估。出发点是尽量避免节能道德风险的出现，有效激励下级政府真实节能。主要内容包括：介绍了中国的节能统计制度背景，探讨了中央与省区市节能数据衔接不上、节能压力传递部分失灵的原因，以及跨地区电力统计、可再生能源统计、数据调整和发布对地方政府节能激励有效性的影响，等等。需要特别指出的

---

　　① Kostka，G.，Hobbs，W.，2012. Local Energy Efficiency Policy Implementation in China：Bridging the Gap between National Priorities and Local Interests. *The China Quarterly* 211，765-785. Li，J.，Wang，X.，2012. Energy and Climate Policy in China's Twelfth Five-year Plan：A Paradigm Shift. *Energy Policy* 41，519-528.

　　② Eaton，S.，Kostka，G.，2014. Authoritarian Environmentalism Undermined？ Local Leaders' Time Horizons and Environmental Policy Implementation in China. *The China Quarterly* 218，359-380.

是，不论指标如何改进，能源消费统计数据都不可或缺。本章的评估也发现，中国的能源消费量统计有待改善。鉴于此，服务于节能指标评估与改进，本章适当地将内容延伸到能源消费的统计制度层面。以节能目标责任制万元 GDP 能耗为评估起点，结合从节能内涵视角的指标改进思路，从如何提高节能统计的可靠性、形成有效的节能激励角度提出了指标改进的思路。

5.1　节能统计的制度背景

5.1.1　中国的节能统计体制

在中国，中央政府（国务院）直接管辖下属各部委和所有的省级政府。类似地，每一级地方政府管辖下属各职能部门和辖区内的下一级政府。中国的统计机构包含在各级政府机构之中，由三个纵向的体系和一些横向的关系构成。作为中央政府的直属部门，国家统计局是全国统计工作的组织、领导和协调机构。每一级地方政府均设有相应级别的统计局，行政上由各自所隶属的地方政府领导，业务上受到上一层级统计局的领导。① 除此之外，由国家统计局授权，国务院其他职能部门内部也设立统计处室，负责与所管辖事务相关的统计职能。国务院其他部委的统计机构，其统计资料的采集依赖于下级政府内部的相对应的职能机构。2005 年以来，国家统计局在各地派驻调查总队。调查总队受国家统计局领导，相对独立地承担抽样调查职能，从制度上防止地方政府和地方统计局对抽样调查统计数据的干扰。②

以中央和省级统计机构为例，各机构之间的关系如图 5－1 所示。在统计机构之间，存在三种关系：行政领导关系、业务领导关系和业务

---

① 乡镇级政府内部未设立统计局或统计处室，却指定了统计专员向县级统计局报告统计数据。（Xue, S., 2004. China's Statistical System and Resources. *Journal of Government Information* 30，87-109.）

② 参见《国务院办公厅关于印发国家统计局直属调查队管理体制改革方案的通知》。

指导关系。之所以区分这三种关系，是因为它们决定着省级人民政府和国家的相关机构对于省级统计机构统计工作的影响程度。行政领导关系的影响最大，行政上的领导意味着上级部门可以通过出台有约束力的命令、对主要领导人事权的控制，以及提供大部分预算等途径实现对下级部门的强有力的领导。其中，国家统计局与各调查总队之间是行政领导关系，而省级人民政府是省级统计局的行政领导。同时，国家统计局是省级统计局的业务领导，业务领导关系意味着省级统计局在统计业务上必须执行国家统计局出台的相关政策。尽管国家统计局对省级统计局的人事任命具有推荐候选人的权力并且对省级统计局提供部分专项经费，但业务领导关系比行政领导关系的影响弱很多。在国家特定部委的统计机构与省级对应部门的统计机构之间，也存在类似的业务领导关系。业务指导关系的影响最小，这种关系存在于同级政府的统计局与其他涉及统计业务的职能部门之间，业务指导的内容主要是统计合作、报表的设计等，统计局在人事控制和经费上对业务指导部门没有影响。①

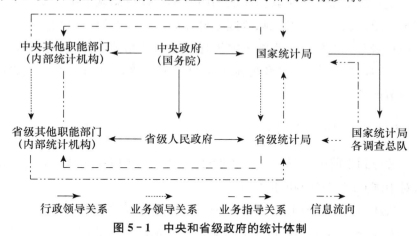

图 5-1 中央和省级政府的统计体制

资料来源：王琦：《新编统计工作实务全书》，北京，中国统计出版社，2000；Holz, C. A.，2005. OECD-China Governance Project：the Institutional Arrangements for the Production of Statistics. OECD Statistics Working Papers 2005/1，OECD Publishing，Paris.

① Holz，C. A.，2005. OECD-China Governance Project：the Institutional Arrangements for the Production of Statistics. OECD Statistics Working Papers 2005/1，OECD Publishing，Paris. 王琦：《新编统计工作实务全书》，北京，中国统计出版社，2000。

除了三种关系之外，图 5-1 还标出了统计信息的流向。一般而言，中国的统计数据从较低层级的统计机构向更高级别的统计机构层层上报。同时，行政级别较高的统计机构可以通过下级统计机构或者直接从基层统计单元采集以获得原始统计资料。在省级层面，省级统计局、国家统计局各调查总队、省级其他职能部门（内部统计机构）分别依据统计法律法规开展相应的统计工作。由于当前实施的是以万元 GDP 能耗下降率为核心的节能评价体系，节能统计体制主要涉及 GDP 和能源消费总量的统计。GDP 和能源消费总量均实行分级核算制度，即省级统计局相对独立地核算地区的 GDP 和能源消费总量，市级统计局负责核算各自辖区内的 GDP 和能源消费总量，诸如此类。省级统计局核算 GDP 和能源消费总量，依赖四个信息获得途径：下级统计机构上报、省级其他职能部门共享、调查总队的数据、直接从基层统计单元获取。类似地，国家统计局也有四个信息获得的途径：省级统计局上报、中央其他职能部门共享、调查总队上报、直接从基层统计单元获取。这就意味着国家统计局和各地方统计局相对独立地利用自身掌握的资料，根据国家统计局颁布的相关统计技术指南，分别负责对应辖区内 GDP 和能源消费总量的核算，进而计算出地方政府的节能效果。

5.1.2　GDP 统计制度

考虑到当前中国节能评价以万元 GDP 能耗下降率为核心指标，本节对中国 GDP 统计制度进行简单介绍。

从新中国成立到 1984 年，中国一直沿用苏联的物质产品平衡表体系（System of Material Product Balances，MPS）核算国民收入。该核算体系仅能反映物质生产部门的国民收入，包括农业、工业、建筑业、运输邮电业、商业饮食业的生产活动成果，不能够反映非物质生产行业，如金融保险业、房地产业、教育事业等的生产活动成果。改革开放以来，服务业得到迅速发展，以物质生产为核算对象的国民经济核算体系难以与之相适应。1985 年，中国开始引入国民账户体系（System of

National Accounts，SNA）核算 GDP，1993 年取消了物质产品平衡表体系，这标志着以 GDP 为核心的国民经济核算体系最终确立。从 1985 年开始，中国各省级行政区与全国同步开展了 GDP 核算，省级统计局负责地区 GDP 的核算，省级 GDP 核算制度也逐步建立起来。① 尽管如此，中国的 GDP 统计仍处于不断发展与变化之中，在总结经验的基础上，1997 年国家统计局编纂了《中国年度国内生产总值计算方法》，2001 年又出版了《中国国内生产总值核算手册》等，以规范和改进国家和地方的 GDP 核算。

名义 GDP 的核算方法包括生产法、收入法和支出法。分部门的 GDP 核算以生产法和收入法为主，对于基础资料不健全的行业，则采用相关指标推算的方法。农林牧渔业采用生产法核算增加值，其他行业均采用收入法核算增加值，其中工业从 2009 年开始由之前的生产法核算变为收入法核算。分行业的名义 GDP 核算统计报表制度主要包括：农林牧渔业产值统计报表制度、工业统计报表制度、建筑业统计报表制度、运输邮电业统计报表制度、批发和零售业及住宿和餐饮业统计报表制度、房地产开发统计报表制度、部分服务业抽样调查统计报表制度、服务业财务状况报表制度等。

由于 GDP 是价值量，涉及价格的变动，即不同年份名义 GDP 不具有可比性，需要将名义价格折算为可比价格后，计算 GDP 实际增长率。可比价格 GDP 通常采用单缩法，在名义 GDP 基础上扣除价格因素的变化，例如，工业可比价格 GDP 采用工业出厂产品价格指数对名义 GDP 进行缩减。交通运输、仓储和邮电通信业不变价增加值采用物量外推法计算，采用的指数分别为运输周转量指数和邮电通信业务总量指数。② 与价格相关的统计调查制度包括：农产品价格统计调查制度（由省级统计局和国家统计局各调查总队负责）、流通和消费价格统计报表制度（由省级统计局负责）、工业生产者价格（包括工业生产者出厂价格和购进价格）统计报表制度（由国家统计局各调查总队负责）、房

---

① ②　参见许宪春：《中国国民经济核算体系的建立、改革和发展》，载《中国社会科学》，2009（6）。

地产价格统计报表制度（由国家统计局各调查总队和相应城市调查队负责）等。

除此之外，国家实行每四年一次的经济普查，普查对象为第二产业和第三产业。例如，第三次经济普查的时间点为 2012 年 12 月 31 日，普查年度为 2012 年。根据经济普查结果，通常会对之前若干年份的年度例行统计数据进行调整。

5.1.3　能源消费统计制度

与 GDP 统计体制类似，各层级统计局分别负责各自辖区内能源消费总量的核算。然而，相对于增加值核算，能源消费总量的核算不仅涉及国民经济的各个部门，还涵盖数量众多的能源品种，不仅涉及一次能源消费，还涉及二次能源消费，统计比较复杂。

除了最终负责中国能源消费总量核算外，国家统计局还负责如下能源统计事项：第一，能源生产统计报表制度（由工业统计司负责）；第二，规模以上工业能源消费统计报表制度（由能源统计司负责）；第三，国内成品油批发零售统计报表制度（由贸易外经统计司负责）；第四，规模以下工业企业抽样调查、农业重点调查、建筑业调查、餐饮业重点调查、居民生活能耗抽样调查等（由国家统计局各调查总队负责）。

除此之外，根据国家统计局网站"部门调查项目目录"，相关国民经济职能部门也负责部分能源统计事项：交通运输部负责交通运输能耗统计监测报表制度，住房和城乡建设部负责民用建筑能耗和节能信息统计报表制度，农业部负责全国农村可再生能源建设统计报表制度，国家机关事务管理局负责公共机构能源资源消耗统计制度，海关总署负责能源进出口统计制度，等等。

按照能源品种分，除了国家统计局负责国内成品油批发零售统计外，中国煤炭工业协会负责煤炭工业统计报表制度，中国电力企业联合会负责电力行业统计报表制度，国家能源局则负责电力监管统计报表制度（见表 5-1）。

表 5 - 1   中国能源相关统计制度

分类	统计对象	负责机构	统计制度
能源生产	各种能源的生产	国家统计局工业统计司	能源生产统计报表制度
	煤炭生产	中国煤炭工业协会	煤炭工业统计报表制度
	能源进出口	海关总署	能源进出口统计报表制度
分行业能源消费	农业	国家统计局各调查总队	对农业生产单位的重点调查
	规模以上工业	国家统计局能源统计司	规模以上工业能源消费统计报表制度
	规模以下工业	国家统计局各调查总队	规模以下工业企业抽样调查制度
	建筑业	国家统计局各调查总队	五年一次的调查制度
	规模以上批发零售业	国家统计局贸易外经统计司	批发零售业统计报表制度
	规模以下批发零售业	国家统计局各调查总队	规模以下批发零售业抽样调查制度
	规模以上住宿餐饮业	国家统计局贸易外经统计司	住宿餐饮业统计报表制度
	规模以下住宿餐饮业	国家统计局各调查总队	规模以下住宿餐饮业抽样调查制度
	交通运输	交通运输部	交通运输能耗统计监测报表制度
	民用建筑运行	住房和城乡建设部	民用建筑能耗和节能信息统计报表制度
	公共机构	国家机关事务管理局	公共机构能源资源消耗统计制度
	居民生活	国家统计局各调查总队	居民生活能耗抽样调查制度
分能源品种消费	成品油批发零售	国家统计局贸易外经统计司	国内成品油批发零售统计报表制度
	电力消费	中国电力企业联合会	电力行业统计报表制度
	农村可再生能源	农业部	全国农村可再生能源建设统计报表制度

资料来源：国家统计局网站及统计相关资料。

由于煤炭等一次能源和以燃煤发电为主的二次能源同时存在，在核算能源消费总量时需要剔除重复部分，避免重复核算。尤其是，在核算电力消费引致的燃煤消耗量过程中，存在按照电热当量折算标准煤（电热当量法）和按照发电煤耗折算标准煤（发电煤耗法）两种方法。对于一个封闭的、不涉及可再生能源发电的经济体，这两种方法核算的能源消费总量并无差异，仅涉及能源消费总量在不同行业间的分配问题；如果涉及电力的输入和输出，这两种方法核算的结果就会有明显差异。当前，在核算全国和地方能源消费总量时，官方的方法是采用当地的发电煤耗核算电力所对应的煤炭消耗。

不同能源品种采用不同计量单位，即便计量单位相同，单位热值也不同，因此在核算能源消费总量时，需要将不同能源品种折算为能源消费当量。在中国，采用的是煤当量，即每千克标准煤的热值取 7 000 千卡。《中国能源统计年鉴》中列出了常见能源品种的折算系数。

《中国能源统计年鉴》是中国和各省区市能源消费量数据公布的最权威和最重要的载体。每年出版一次，主要公布上一年度能源生产和消费数据。全国和各省区市的能源平衡表是能源生产和消费量数据最集中的呈现。与 GDP 统计类似，经济普查后，在对 GDP 数据进行调整的同时，会对能源消费总量数据进行调整。

5.2　节能压力传递有效性视角的指标评估[①]

万元 GDP 能耗下降率包含 GDP 和能源消费量两个指标，而这两个指标均存在中央数据与省级加总数据"打架"的现象。数据衔接不上的问题，极大地削弱了节能压力传递的有效性，可能出现地方完成节能目标，而中央节能目标没有完成的尴尬局面。例如，根据各省级统计局提

---

① 5.1.1节和5.2节内容摘自作者在 *China Economic Review* 发表的文章 Explaining Sectoral Discrepancies between National and Provincial Statistics in China，并做了适当调整。限于篇幅，本节舍弃了对统计范围、统计方法、重复统计等技术问题为何不能解释数据不一致性的讨论，感兴趣的读者可以参阅作者发表的文章。

供的各省区市数据，加总后计算中国单位 GDP 能耗，2011 年、2012 年分别下降 2.97% 和 4.79%，两年累计完成"十二五"节能目标的 47.6%，节能进度超前完成 7.6%。然而，根据国家统计局提供的数据，2011 年、2012 年全国单位 GDP 能耗分别下降 2.02% 和 3.49%，两年累计仅完成"十二五"节能目标的 33.9%，节能进度滞后 6.1%。本节探讨的是造成中央和省级加总数据冲突的根源和传导机制、分析不同能源品种统计数据质量，进而评估不同节能指标节能压力传递过程的有效性。

5.2.1　问题的提出与研究进展

随着中国经济的快速发展，中国经济统计的官方数据的质量也受到国内外的广泛关注。尤其是当中国的经济总量居世界第二，碳排放总量居世界第一之后[1]，中国经济数据的质量引起了更多的关注甚至批评。就 GDP 和能源消费总量而言，长期以来，省级加总数据与国家总体数据存在明显的不一致问题。如图 5-2 所示，2011 年省级 GDP 加总数据超过全国数据 10.27%，超出部分达到 4.86 万亿元，大约是北京当年 GDP 的三倍，相当于韩国当年 GDP 的 2/3。与此同时，2011 年中国省级能源消费量加总数据超出全国能源消费量 7.43 亿吨标准煤，是能源消费量最大的广东省消费量的两倍。经过大众媒体的广泛报道，数据的不一致性成为众所周知的统计问题，损害了公众对中国统计数据分析的信任基础。[2] 再者，中央政府对地方政府节能减碳绩效的考核主要依赖省级的统计数据。因此，有必要对省级数据和国家数据的冲突进行深入研究，揭示产生该问题的根本原因，以实现国家节能减碳任务的真正落实、为公共决策提供可靠基础、增进公众对中国官方统计数据的信任。

---

[1]　BP, 2011. BP Statistical Review of World Energy June 2010. British Petroleum, London. IEA, 2012. IEA Statistics CO_2 Emission from Fuel Combustion: Highlights (2012 Edition). International Energy Agency, Paris.

[2]　参见潘振文、安玉理：《一万亿的差距从何而来——对国家级、省级核算数据差距的思考》，载《中国统计》，2003 (11)。

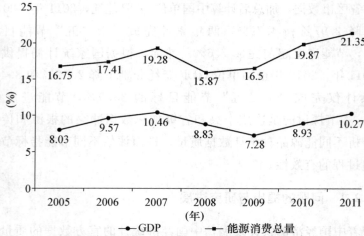

图 5 - 2　省级加总数据超过全国总体数据的比例

注：根据"初步核实数"计算。
资料来源：《中国统计年鉴》《中国能源统计年鉴》。

　　目前，已有的相关研究主要集中在中国 GDP 的数据质量方面[①]，仅有少数研究主要关注能源消费量的数据质量[②]。在数据质量的分析中，经济普查后修订的数据常被当作基准数据，背后的逻辑是由于普查数据具有更全面的统计覆盖面，因而普查数据通常比年度例行统计更为可信。[③] 分析者常把中国 GDP 数据行政层级间的冲突当作质疑中国增

　　① Holz，C. A.，2004a. Deconstructing China's GDP Statistics. *China Economic Review* 15，164 - 202. Koch-Weser，I. N.，2013. The Reliability of China's Economic Data：An Analysis of National Output. The U. S.-China Economic and Security Review Commission，New York. Mehrotra，A.，Pääkkönen，J.，2011. Comparing China's GDP Statistics with Coincident Indicators. *Journal of Comparative Economics* 39，406 - 411. Rawski，T. G.，2001. What is Happening to China's GDP Statistics? *China Economic Review* 12，347 - 354. Wang，X.，Meng，L.，2001. A Reevaluation of China's Economic Growth. *China Economic Review* 12，338 - 346.

　　② Sinton，J. E.，2001. Accuracy and Reliability of China's Energy Statistics. *China Economic Review* 12，373 - 383. 宋国君、马本：《中国城市能源效率评估研究》，北京，化学工业出版社，2013。

　　③ Holz，C. A.，2008. China's 2004 Economic Census and 2006 Benchmark Revision of GDP Statistics：More Questions Than Answers? *The China Quarterly* 193，150 - 163. Wang，Y.，Chandler，W.，2011. Understanding Energy Intensity Data in China. Carnegie Endowment for International Peace.

加值数据质量的证据（例如，Holz[①] 和 Koch-Weser[②]）。尽管已有文献揭示了总体 GDP 数据的不一致性，甚至有个别研究延伸到了部门层面，然而，GDP 数据的总体不一致性尚未按照部门进行分解、尚未与能源消费量数据进行交叉查证。仅个别研究报告了能源消费量的不一致性[③]，上述研究均未将总体的不一致性按照能源品种和部门进一步分解。因此，各部门对总体能源消费和 GDP 不一致性的贡献率仍然未知。随着统计改革的深入以及中国经济结构和能源结构的调整，数据不一致性的部门贡献率必然随时间而不断变化。采用最新的数据，将总体的数据差异性按照部门进行分解，是探讨数据不一致性原因的必要一环。

　　一般而言，造成中国省级数据与国家数据不一致的直接原因是中国的分级核算的统计制度，即不同层级的政府统计部门按照各自的数据来源相对独立地核算辖区的 GDP 和能源消费量。[④] 在中国的分权化改革浪潮中，分级核算的统计制度一度被认为是一项进步的改革。[⑤] 然而，分级核算自身，或者说统计的系统误差难以解释长期存在的数据不一致问题[⑥]，尤其是近几年来数据冲突问题呈现加剧趋势。为揭示其背后的

---

① Holz，C. A. ，2004b. China's Statistical System in Transition：Challenges，Data Problems，and Institutional Innovations. *Review of Income and Wealth* 50，381−409.

② Koch-Weser，I. N. ，2013. The Reliability of China's Economic Data：An Analysis of National Output. The U. S. -China Economic and Security Review Commission，New York.

③ Wang，Y. ，Chandler，W. ，2011. Understanding Energy Intensity Data in China. Carnegie Endowment for International Peace. Zhang，Z. ，2010. Copenhagen and Beyond：Reflections on China's Stance and Responses. East-West Center Working Papers No. 111.

④ 参见"统计知识—常见问题解答"之"能源统计"，见国家统计局网站。

⑤ Holz，C. A. ，2005. OECD-China Governance Project：the Institutional Arrangements for the Production of Statistics. OECD Statistics Working Papers 2005/1，OECD Publishing，Paris.

⑥ 如果统计系统误差是主要因素，将出现有些省区市数据偏大、有些省区市数据偏小的情形，加总的数据很大程度上将消除偏差，至少不应当出现长期稳定的趋势。然而，实际的数据不一致性远远超出了系统误差所导致的最大误差范围，即 5%［潘振文、安玉理：《一万亿的差距从何而来——对国家级、省级核算数据差距的思考》，载《中国统计》，2003 (11)］。

原因，一些学者意识到制度安排对解释数据的冲突非常重要。[①] 然而，这些研究对制度安排的关注较为宽泛，没有具体到不同部门的分析，未识别不同部门制度激励和约束的差异，未能揭示造成数据冲突的根本原因。

为了揭示数据不一致性的根本原因，本章构建了指数分解模型，分别将 GDP 和能源消费的总体不一致性分解到部门；从制度视角，重点考察了省级政府夸大数据的激励，进一步在不同部门层面分析了行政干预的制衡机制的有效性。研究发现，GDP 数据不一致性主要源于工业部门；能源消费总量数据的不一致性主要源于原煤消费量，其中，工业部门原煤消费贡献了绝大部分。在 GDP 和能源消费量的分析中，工业是主要来源的结论得到相互印证。在制度层面，中央政府缺少虚报或瞒报国家总体数据的激励，国家统计局的数据质量好于省级统计局的数据质量。为了获得更多的晋升机会，地方政府主要领导有通过对下属统计部门施加压力，夸大当地 GDP 的显性激励。工业部门相关信息公开不足、省级工业统计主要由省级统计局负责，以及来自公众和政府其他统计部门的制衡失效，导致了省级和国家工业部门数据显著的不一致。

5.2.2 中央数据和省级数据不一致的分解

a. 模型构建。

考虑到省级 GDP 加总通常超过国家总量 GDP，本节将 GDP 数据差异率定义为特定年份省级加总 GDP 超出国家总量 GDP 的比例：

$$D_{yt} = \frac{\sum\limits_{i=1}^{m} y_{it} - Y_t}{Y_t} = \sum\limits_{j=1}^{n} \frac{Y_{jt}}{Y_t} \cdot \frac{\sum\limits_{i=1}^{m} y_{ijt} - Y_{jt}}{Y_{jt}}$$

① Holz, C. A., 2005. OECD-China Governance Project: the Institutional Arrangements for the Production of Statistics. OECD Statistics Working Papers 2005/1, OECD Publishing, Paris. Koch-Weser, I. N., 2013. The Reliability of China's Economic Data: An Analysis of National Output. The U. S. -China Economic and Security Review Commission, New York. 潘振文、安玉理：《一万亿的差距从何而来——对国家级、省级核算数据差距的思考》，载《中国统计》，2003 (11)。

$$= \sum_{j=1}^{n} w_{jt} \cdot d_{jt} \tag{7}$$

式中，D_y 为 GDP 的差异率，Y 为源自国家统计局的全国 GDP，y 为源自省级统计局的各省区市 GDP，i、j 和 t 分别为省区市、经济部门和年份。本节的分析将涵盖 m 个省区市和 n 个部门。根据中国经济部门的划分，GDP 总体差异率可被分解为不同部门的增加值数据差异率 d_{jt}，各部门差异率的权重表示为 w_{jt}，等于各部门增加值占 GDP 的比重。

另外，为保证式（7）成立，需要满足如下的条件。式（7a）意味着国家总体 GDP 等于国家各经济部门 GDP 之和，式（7b）则意味着特定省区市总体 GDP 等于该省区市各经济部门 GDP 之和。

$$Y_t = \sum_{j=1}^{n} Y_{jt} \tag{7a}$$

$$y_{it} = \sum_{j=1}^{n} y_{ijt} \tag{7b}$$

同样，对于能源消费量，本节类似地定义数据差异率为省级加总数据超出国家数据的比例。然而，存在众多的以各种物理单位计量的能源品种，在加总之前需要折算为煤当量。与 GDP 数据差异的分解不同，能源消费量的数据差异首先按照不同能源品种进行分解：

$$D_{et} = \frac{\sum_{i=1}^{m} e_{it} - E_t}{E_t} = \sum_{k=1}^{q} \frac{\bar{\lambda}_{kt} \cdot E_{kt}}{E_t} \cdot \frac{\sum_{i=1}^{m} \lambda_{ikt} \cdot e_{ikt} - \bar{\lambda}_{kt} \cdot E_{kt}}{\bar{\lambda}_{kt} \cdot E_{kt}}$$

$$= \sum_{k=1}^{q} w_{kt} \cdot d_{kt} \tag{8}$$

式中，D_e 为能源消费量省级数据和国家数据的差异率，E 为国家统计局国家能源消费总量，e 为来自省级统计局的各省区市能源消费总量，i、k 和 t 分别为省区市、能源品种和年份。E_k 和 e_k 分别表示国家的、各省区市的特定能源品种的消费总量。本节的分析涵盖 m 个省区市和 q 个能源品种。λ 是各省区市能源品种折算为煤当量的折标系数，$\bar{\lambda}$ 为国家层面不同能源品种的折标系数。分能源品种的数据差异率和权重分别为 d_{kt} 和 w_{kt}。

为保证式（8）成立，需要满足下列条件。式（8a）和式（8b）意味着无论在国家层面还是在省级层面，能源消费总量均等于各能源品种折标后的加总。由于一次能源和二次能源同时存在，重复部分应当被扣除。

$$E_t = \sum_{k=1}^{q} \bar{\lambda}_{kt} \cdot E_{kt} \tag{8a}$$

$$e_{it} = \sum_{k=1}^{q} \lambda_{ikt} \cdot e_{ikt} \tag{8b}$$

针对特定能源品种，可以将数据差异率进一步按照经济部门进行分解。对于特定的能源品种，分解模型类似于式（7）。分解模型和隐含条件如下：

$$D_{st} = \frac{\sum_{i=1}^{m} s_{it} - S_t}{S_t} = \sum_{j=1}^{h} \frac{S_{jt}}{S_t} \cdot \frac{\sum_{i=1}^{m} s_{ijt} - S_{jt}}{S_{jt}} = \sum_{j=1}^{h} w_{sjt} \cdot d_{sjt} \tag{9}$$

$$S_t = \sum_{j=1}^{h} S_{jt} \tag{9a}$$

$$s_{it} = \sum_{j=1}^{h} s_{ijt} \tag{9b}$$

式中，D_s 为特定能源品种消费量的数据差异率；S 为国家层面该能源品种消费量，s 为省级层面该能源消费量，均以物理单位计；总体差异率可以被分解为部门差异率 d_{sjt}；w_{sjt} 为权重，等于国家层面某经济部门该能源种类消费量占全国该能源消费量的比重。此分析涵盖 h 个经济部门，其他字母的含义与式（7）和式（8）中的相同。

b. 数据说明。

考虑到最新数据可得性，本分析延伸至 2011 年。选择 2005 年作为分析的起点，主要基于以下考虑：第一，中国的国民经济行业分类体系处于变动之中，2002 年进行了第二次较广泛的行业调整，涉及三次产业大类。大多数省区市从 2005 年才开始按照新的行业划分标准公布

GDP 和能源消费量数据。这意味着 2005 年之前的分部门数据与 2005 年及其之后的数据不完全可比。第二，第一次经济普查之后，2005 年之前若干年份的增加值和煤炭消费量数据被大幅调整，第三产业是调整最大的行业。例如，第一次经济普查调整后，2004 年中国的 GDP 增加了 2.3 万亿元，其中 2.13 万亿元源自第三产业，贡献了全部增量的 92.6%。[①] 2004 年之前，国家层面第三产业统计并不健全，例行的年度统计未能及时捕捉第三产业的快速扩张。因此，一系列的针对第三产业的统计改革的主要目的是完善统计范围，包括对 8 个子行业实行随机抽样的调查方式，动员国务院其他相关部门的统计机构建立财务统计体系等。[②] 对第三产业统计范围的改革客观上导致工业数据不一致性更为突出，有助于探寻造成数据差异的深层次原因。因此，本节选择 2005 年作为分析的起点。第三，对 2005 年之前数据的分析，已有研究已经予以关注。[③] 本节旨在通过更新数据，采用指数分解和制度分析的方法揭示造成数据差异的根本原因。

　　本节所有数据均来自《中国统计年鉴》和《中国能源统计年鉴》。由于分行业增加值的官方数据采用收入法或生产法核算，本节采用官方数据而不是根据支出法核算的 GDP 数据，且所有 GDP 数据为名义数据。在增加值的计算中，包含 31 个省区市；在能源消费量的分析中，由于西藏自治区数据不可得，仅包含其他的 30 个省区市。[④] 每一期《中国统计年鉴》均包括上一年 GDP 的"初步核实数"和上上年度的"最终核实数"。同样，每一期《中国能源统计年鉴》均包含上一年度分

---

　　① 参见许宪春：《关于经济普查年度 GDP 核算的变化》，载《经济研究》，2006 (3)。

　　② 参见许宪春：《中国国民经济核算体系的建立、改革和发展》，载《中国社会科学》，2009 (6)。

　　③ Holz, C. A., 2008. China's 2004 Economic Census and 2006 Benchmark Revision of GDP Statistics: More Questions Than Answers? *The China Quarterly* 193, 150–163. Zhang, Z., 2010. Copenhagen and Beyond: Reflections on China's Stance and Responses. East-West Center Working Papers No. 111.

　　④ 由于缺少西藏能源消费数据，省级加总数据存在下偏。考虑到西藏 2011 年 GDP 仅占全国 GDP 的 0.13%，可推测西藏能源消费量数据占全国的比重非常小。事实上，除西藏外的 30 个省区市能源消费数据加总已远远超出国家数据，因此，这种微弱下偏不影响本节结论的有效性。

品种能源消费量和能源消费总量的"初步核实数"和上上年度的"最终核实数"。考虑到 2005—2011 年 GDP 和能源消费量的"初步核实数"与"最终核实数"基本相等，本研究采用"初步核实数"。

第二次农业普查之后，对国家和省级层面的第一产业增加值和能源消费量数据做了调整。随后，根据第二次经济普查数据，对第二产业和第三产业数据进行了更广泛的调整。2010 年第二次经济普查完成后，被调整的 GDP 数据涵盖 2005—2008 年，被调整的能源消费量数据则涵盖 2005—2007 年。① 除了使用"初步核实数"之外，本节还采用调整后的 GDP 和能源消费量数据，通过调整前后数据差异率的对比，揭示经济普查对消除 GDP 和能源消费数据不一致性的影响。由于调整后的分品种能源消费数据不可得，未能就经济普查前后分部门原煤数据的不一致性进行对比。

c. 结果分析。

2005—2011 年，省级 GDP 数据加总值超过国家 GDP 的比例在 7.28% 和 10.46% 之间，平均为 9.05%。根据式（7），计算了不同经济部门数据不一致性对总体差异的贡献率（见表 5-2）。在三次产业层面，第二产业是最大贡献源，平均贡献率为 77.39%，且呈上升趋势。相对而言，第三产业的贡献率从 2005 年的 33.29% 迅速下降为 2011 年的 10.70%，均值为 22.56%。第一产业贡献率非常小，均值仅为 0.05%。

为利用尽量多的数据，进一步将 GDP 数据不一致性分解到经济部门。第二产业可进一步划分为工业和建筑业，第三产业可进一步分解为 6 个行业。工业构成了第二产业的主体，是 GDP 数据不一致的最主要贡献源。2009—2011 年，工业的贡献率接近 90%。通过与 2005 年之前情形的对比，在贡献率和增加值数据的差异率上，工业都超过了服务业成为主要贡献源。

表 5-2 中还列出了分部门的权重。第三产业增加值数据可以支持进一步划为 6 个子行业从而做更深入的分析。尽管规模以上工业总产值

---

① 2008 年能源消费量数据未调整，因为首次公布的该年度能源消费数据已经是调整后的数据。《中国能源统计年鉴 2009》在 2010 年 7 月出版，当时，第二次经济普查已经结束。

可以进一步划分为 41 个子行业，但公开的工业增加值数据不支持工业部门的进一步分解，这是出乎意料的，因为通常认为中国的工业统计比第三产业统计更为成熟。[①]

基于 2008 年数据的第二次经济普查降低了 GDP 的总体以及分部门的不一致（见表 5 - 3）。总体上，第二次经济普查降低了约 1/4 的数据差异性。分部门而言，经济普查主要降低的是来自第三产业增加值的差异性，使得 2005—2008 年第三产业数据不一致性降低了 59.18%，其中，2008 年降低了 81.31%，2007 年降低了 90.88%。尽管工业是主要贡献源，2005—2008 年基于经济普查的数据调整仅削除了 7.78% 的工业不一致性。可见，国家和省级 GDP 统计范围的不一致可以很大程度上解释第三产业 GDP 数据差异性，而难以解释来自工业的增加值数据的不一致性。

表 5 - 3　　　　基于第二次经济普查数据调整后的分部门
　　　　　　　　增加值数据不一致性的变化率　　　　　　　　　　（%）

部门划分	2005 年	2006 年	2007 年	2008 年	均值
2. 第二产业	−1.34	−3.17	−25.66	−13.53	−10.92
工业	−0.80	−0.07	−21.18	−9.08	−7.78
建筑业	−4.93	−29.67	−90.11	−98.21	−55.73
3. 第三产业	−16.44	−48.08	−90.88	−81.31	−59.18
GDP	−3.93	−20.30	−49.90	−30.52	−26.16

注：通过 $(d'_{jt} - d_{jt})/d_{jt}$ 计算变化率，其中 d'_{jt} 为利用第二次经济普查调整后的数据计算的分部门增加值数据的不一致性。调整后的第三产业进一步细分的数据不可得。由于第一产业调整前数据不一致性接近于零，变化率数据无意义，故而未列出。

资料来源：2006—2010 年《中国统计年鉴》。

对于能源消费量，首先可以将总体的不一致性按照能源品种进行分解。除了电力的等价折标系数采用分省区市系数外，其他的能源品种在折算标准煤时，国家和各省区市的系数一致。结果显示，能源消费量的不一致主要源于原煤消费量的不一致。2005—2011 年，原煤对总体能源消费量不一致的贡献平均达 87.29%，而原煤消费量占能源消费量比

---

① 参见许宪春：《中国服务业核算及其存在的问题研究》，载《经济研究》，2004（3）；许宪春：《中国国民经济核算体系的建立、改革和发展》，载《中国社会科学》，2009（6）。

表5-2 国家和省级GDP数据总体不一致性按照经济部门的分解结果

部门划分	分部门的贡献率（%）								分部门数据的不一致性（d_{it}，%）			
	2005年	2006年	2007年	2008年	2009年	2010年	2011年	均值	2005年	2006年	2007年	2008年
1. 第一产业	-0.45	0.02	1.80	-0.96	0.01	0.00	-0.08	0.05	-0.29	0.01	1.67	-0.75
2. 第二产业	67.17	61.86	64.98	77.96	89.76	90.63	89.38	77.39	11.35	12.10	13.97	14.16
工业	57.88	55.81	61.21	74.84	89.76	90.54	89.39	74.20	11.07	12.34	14.88	15.39
建筑业	9.29	6.05	3.77	3.12	0.00	0.09	0.00	3.19	13.48	10.30	7.02	4.85
3. 第三产业	33.29	38.13	33.23	23.00	10.23	9.37	10.70	22.56	6.71	9.27	8.67	5.07
交通运输、仓储和邮政业	4.19	5.24	1.38	2.13	5.41	7.05	5.95	4.48	5.86	8.79	2.46	3.42
批发和零售业	21.54	18.39	14.09	11.56	14.81	12.42	10.64	14.78	23.40	24.48	20.24	13.28
住宿和餐饮业	—	0.63	0.54	1.21	3.29	2.87	3.72	2.04	—	2.63	2.46	4.85
金融业	—	2.49	2.91	-9.70	1.06	1.74	1.94	0.07	—	6.64	6.87	-15.31
房地产业	—	2.14	0.41	0.02	-6.31	-8.24	-9.29	-3.55	—	4.55	0.90	0.03
其他第三产业	—	9.23	13.90	17.78	-8.03	-6.47	-2.26	4.03	—	5.50	9.38	10.58

续前表

部门划分	分部门数据的不一致性（d_{jt}，%）				分部门的权重（w_{jt}，%）							
	2009 年	2010 年	2011 年	均值	2005 年	2006 年	2007 年	2008 年	2009 年	2010 年	2011 年	均值
1. 第一产业	0.01	0.00	−0.08	0.08	12.60	11.73	11.26	11.31	10.35	10.10	10.04	11.06
2. 第二产业	14.12	17.32	19.69	14.67	47.54	48.92	48.64	48.62	46.30	46.75	46.61	47.63
工业	16.46	20.17	23.03	16.19	42.01	43.30	43.03	42.94	39.72	40.10	39.86	41.56
建筑业	0.00	0.12	−0.01	5.11	5.54	5.62	5.62	5.68	6.58	6.66	6.75	6.06
3. 第三产业	1.72	1.94	2.53	5.13	39.85	39.35	40.10	40.07	43.36	43.14	43.35	41.32
交通运输、仓储和邮政业	7.86	13.31	13.17	7.84	5.75	5.71	5.85	5.52	5.01	4.73	4.64	5.31
批发和零售业	12.67	12.46	11.89	16.92	7.39	7.19	7.28	7.68	8.51	8.91	9.19	8.02
住宿和餐饮业	11.46	12.73	19.71	8.97	—	2.29	2.29	2.20	2.09	2.01	1.94	2.14
金融业	1.48	2.98	3.78	1.07	—	3.60	4.43	5.59	5.21	5.23	5.28	4.89
房地产业	−8.39	−13.23	−16.90	−5.51	—	4.50	4.75	4.23	5.48	5.56	5.65	5.03
其他第三产业	−3.43	−3.46	−1.39	2.86	—	16.07	15.49	14.85	17.06	16.70	16.66	16.14

注：基于式（7），采用 $w_{jt} \cdot d_{jt}/D_{3t}$ 计算分部门的贡献率。
资料来源：2006—2012 年《中国统计年鉴》。

重为 70%。原煤消费量的数据不一致超过了其他很多能源品种。近年来，各省区市原煤消费量加总超过国家数据达 22.81%。这个结论印证了与石油、电力等其他能源品种相比，中国的煤炭统计是最薄弱的。[①]

国家统计局编纂的《中国能源统计年鉴》将各省区市能源消费加总超过国家数据的问题归咎于不同的折标系数，这种说法是站不住脚的。事实上，国家统计局建议各省区市采用统一的折标系数将原煤折算为标准煤。考虑到燃煤发电消费了大约一半的原煤，本节采用电力的分省区市等价折标系数将电力折算为标准煤，以考察是不是电力折标系数的差异导致了数据不一致性。结果显示，来自电力的不一致仅贡献了能源消费总量不一致性的 3.44%，而按照等价方法折算的电力消费量占能源消费量的比重则高达 41.39%。由于原煤消费量本身呈现出显著的不一致性，显然，电力折标系数的差异并不是导致能源消费量数据不一致的主要原因（见表 5-4）。

与 GDP 类似，第二次经济普查对数据的调整仅能消除能源消费量不一致性的一小部分。2005—2007 年调整后的数据与调整前相比，不一致性仅缩小 29.56%，其中，原煤的不一致性缩小 26.36%，是主要的贡献源（见表 5-5）。

表 5-5　　第二次经济普查对数据调整后分能源品种消费量不一致性的变化率　　　　　　　　　　　　　　　　　　　　（%）

能源品种	2005 年	2006 年	2007 年	均值
原煤[a]	−33.33	−21.57	−24.18	−26.36
汽油	−13.39	−7.61	−2.66	−7.89
能源消费总量	−30.54	−29.27	−28.88	−29.56

a 由于调整后的原煤数据不可得，采用煤合计数据近似替代。变化率通过 $(d'_{kt} - d_{kt})/d_{kt}$ 计算。仅列出了具有较大不一致性的能源品种。

资料来源：2006—2009 年《中国能源统计年鉴》。

---

① Sinton, J. E., 2001. Accuracy and Reliability of China's Energy Statistics. *China Economic Review* 12, 373−383. Wang, Y., Chandler, W., 2011. Understanding Energy Intensity Data in China. Carnegie Endowment for International Peace.

进一步地，本节将原煤消费量的不一致进一步按照部门分解。在 4 个主要部门中，第二产业贡献最大。具体而言，原煤的不一致性主要来自工业部门，2005—2011 年平均贡献率为 91.13%（见表 5 - 6）。这种情形与 GDP 分解结果具有一致性，可见，工业部门同时是 GDP 和能源消费量数据不一致性的最主要来源。

在工业内部，尽管加工转换部门消耗了 76.83% 的原煤，但该部门对原煤不一致性的贡献率仅为 40.22%；50.91% 的贡献率源于终端部门，该部门的原煤消费量仅占消费总量的 18.40%。火力发电煤耗的一致性较好，这与上文关于电力数据的分析是一致的。

对省级加总数据与国家数据不一致性的分解表明，工业部门是 GDP 和能源消费量不一致性的主要来源。尽管经济普查后对数据的调整能减少不一致性，但这种削减对于工业部门的效果非常有限。因此，造成工业部门省级加总数据超过国家总体数据的原因需要进一步分析。

5.2.3　一个制度经济学的解释

a. 一个分析框架。

在中国的统计制度下，分析国家和省级政府统计数据质量的激励，当存在扭曲数据质量的激励时，考察不同部门人为干预数据质量制衡机制的有效性，通过部门间的横向对比，可以为揭示工业部门数据不一致性的根本原因提供线索。

从制度激励视角对国家和省级统计数据的可靠性做出一般性判断。大多数针对中国统计数据的研究认为，中央政府不存在人为地错误报告全国总体 GDP 的激励。[1] 例如，Chow[2] 认为国家数据是政府决策的依

---

① Chow，G.，2006. Are Chinese Official Statistics Reliable? *CESifo Economic Studies* 52，396–414. Holz，C.A.，2003. "Fast，Clear and Accurate"：How Reliable are Chinese Output and Economic Growth Statistics? *The China Quarterly* 173，122–163. Koch-Weser，I. N.，2013. The Reliability of China's Economic Data：An Analysis of National Output. The U. S. -China Economic and Security Review Commission，New York.

② Chow，G.，2006. Are Chinese Official Statistics Reliable?. *CESifo Economic Studies* 52，396–414.

表5-4　按照能源品种将能源消费总量的不一致性进行分解的结果

能源品种	贡献率（%）								分能源品种不一致性（d_{kt}，%）			
	2005年	2006年	2007年	2008年	2009年	2010年	2011年	均值	2005年	2006年	2007年	2008年
原煤	90.26	89.20	86.58	85.10	84.12	82.66	93.13	87.29	22.00	22.42	23.98	19.61
焦炭	−1.55	−3.07	−2.45	2.13	2.74	3.84	1.71	0.48	−2.55	−4.90	−4.25	3.40
原油	3.07	2.42	3.42	2.27	2.81	2.72	4.42	3.02	2.68	2.25	3.61	2.07
燃料油	0.34	−0.46	−0.13	1.97	2.52	1.77	1.93	1.13	2.10	−3.17	−1.18	19.70
汽油	5.53	5.69	6.15	5.34	6.45	6.21	6.49	5.98	29.16	31.66	38.78	27.30
煤油	−0.01	0.50	0.44	0.73	0.54	0.19	0.34	0.39	−0.12	13.01	12.32	17.82
柴油	−1.14	−0.22	1.67	1.45	3.25	3.92	3.69	1.80	−2.69	−0.55	4.69	3.40
天然气	−0.10	0.78	0.51	0.44	1.93	3.60	3.25	1.49	−0.62	4.50	2.82	1.89
电力 [a]	0.21	−0.28	0.02	0.83	0.44	0.92	1.33	0.50	0.25	−0.35	0.02	0.90
电力 [b]	8.10	−0.53	3.92	10.63	−9.05	2.06	8.92	3.44	3.43	−0.22	1.82	4.16

续前表

能源品种	分能源品种不一致性（d_{kt}，%）				能源消费权重（w_{kt}，%）							
	2009年	2010年	2011年	均值	2005年	2006年	2007年	2008年	2009年	2010年	2011年	均值
原煤	20.09	23.63	27.94	22.81	68.73	69.27	69.61	68.86	69.09	69.52	71.18	69.47
焦炭	4.47	7.57	3.43	1.02	10.21	10.88	11.10	9.97	10.09	10.07	10.65	10.42
原油	2.61	2.87	5.23	3.05	19.13	18.71	18.31	17.40	17.76	18.85	18.05	18.31
燃料油	31.55	21.28	27.35	13.95	2.70	2.53	2.19	1.59	1.32	1.65	1.50	1.93
汽油	35.92	39.54	44.35	35.24	3.18	3.13	3.06	3.10	2.96	3.12	3.13	3.10
煤油	12.88	4.87	9.54	10.05	0.71	0.67	0.69	0.65	0.69	0.79	0.77	0.71
柴油	8.21	11.87	12.02	5.28	7.12	7.00	6.85	6.77	6.54	6.56	6.55	6.77
天然气	8.18	18.55	15.98	7.33	2.77	3.03	3.48	3.71	3.88	3.85	4.35	3.58
电力 [a]	0.48	1.16	1.71	0.60	13.64	14.27	15.14	14.57	14.84	15.86	16.60	14.99
电力 [b]	-3.64	0.97	4.35	1.55	39.57	41.01	41.56	40.56	41.06	42.22	43.79	41.40

注：a 为电热当量法折标；b 为发电煤耗率。由于同时存在一次能源和二次能源，不满足式（8a）和式（8b），因此，所列出的分能源品种贡献率之和不等于100%。根据当年各省区市能源平衡表计算火力发电平均煤耗。在式（8）基础上，采用 $w_{kt} \cdot d_{kt} / D_{kt}$ 计算贡献率。

资料来源：2006—2012年《中国能源统计年鉴》。

表5-6　　原煤消费量不一致性按照部门分解结果

部门划分	分部门的贡献率（%）								分部门数据的不一致性（d_{git}，%）			
	2005年	2006年	2007年	2008年	2009年	2010年	2011年	均值	2005年	2006年	2007年	2008年
1. 第一产业	0.48	0.38	0.29	1.46	1.40	0.90	0.93	0.83	9.80	8.90	7.81	53.55
2. 第二产业	89.12	90.98	93.12	91.81	91.35	91.61	91.60	91.37	20.52	21.35	23.25	18.84
2.1. 工业	88.82	90.60	92.81	91.63	91.17	91.42	91.46	91.13	20.51	21.32	23.22	18.84
2.1.1. 终端	60.17	64.93	58.08	50.45	50.33	36.36	36.06	50.91	69.14	84.57	84.11	49.02
2.1.2. 加工转换	28.65	25.67	34.73	41.18	40.84	55.06	55.40	40.22	8.28	7.37	10.50	10.74
火力发电	4.91	0.90	3.95	0.49	-5.89	1.65	5.46	1.64	2.28	0.41	1.92	0.20
供热	3.31	4.47	7.19	12.20	11.70	13.44	10.79	9.01	11.73	16.76	29.74	46.13
煤洗选	14.72	14.46	20.53	26.35	32.58	37.08	38.64	26.34	16.56	15.68	23.01	25.30
炼焦	3.20	3.90	1.75	1.00	1.41	1.64	0.11	1.86	26.36	36.39	17.52	9.75
2.2. 建筑业	0.30	0.38	0.31	0.18	0.17	0.18	0.14	0.24	24.05	35.34	34.25	16.71
3. 第三产业	4.90	4.59	3.97	6.50	6.61	5.26	5.59	5.35	97.68	106.63	111.33	88.39
4. 生活消费	5.51	4.06	2.63	0.23	0.65	2.23	1.88	2.46	38.16	32.85	25.53	1.69

续前表

部门划分	分部门数据的不一致性（d_{git}，%）				分部门权重（w_{git}，%）							
	2009年	2010年	2011年	均值	2005年	2006年	2007年	2008年	2009年	2010年	2011年	均值
1. 第一产业	53.70	40.60	52.49	32.41	1.06	0.96	0.89	0.53	0.52	0.53	0.50	0.71
2. 第二产业	19.18	22.87	26.81	21.83	94.70	95.32	95.80	95.32	95.44	95.69	95.92	95.46
2.1. 工业	19.19	22.88	26.84	21.83	94.43	95.08	95.58	95.11	95.23	95.47	95.70	95.23
2.1.1. 终端	51.19	46.15	57.90	63.15	18.97	17.18	16.51	20.13	19.70	18.83	17.49	18.40
2.1.2. 加工转换	10.84	17.16	19.89	12.11	75.45	77.90	79.07	74.98	75.53	76.64	78.21	76.83
火力发电	−2.49	0.82	3.08	0.89	46.86	48.59	49.18	47.16	47.41	47.84	49.85	48.13
供热	47.19	69.74	65.69	41.00	6.16	5.97	5.78	5.17	4.97	4.61	4.61	5.32
煤洗选	30.95	40.16	50.50	28.88	19.37	20.62	21.34	20.37	21.10	22.06	21.48	20.91
炼焦	15.86	21.23	1.60	18.39	2.64	2.40	2.39	2.00	1.79	1.85	1.99	2.15
2.2. 建筑业	16.55	19.50	17.51	23.42	0.27	0.24	0.21	0.21	0.21	0.22	0.22	0.23
3. 第三产业	89.98	91.88	114.59	100.07	1.09	0.96	0.85	1.44	1.47	1.37	1.37	1.22
4. 生活消费	5.04	92.68	93.06	41.29	3.15	2.76	2.46	2.71	2.57	0.57	0.57	2.11

注：基于式（9），采用 $w_{git} \cdot d_{git}/D_{gt}$ 计算贡献率。

资料来源：2006—2012年《中国能源统计年鉴》。

147

据，受到全国人大的审查和国内外公众的监督。数据造假会伤害人们对政府内统计专家的信任，也会造成不同数据来源之间的混乱。事实上，统计数据是中国制定经济政策的基础，如果统计数据质量很差，中国政府也不可能取得如此的经济成就。能源消费量作为另一个重要经济指标，与 GDP 的情形类似。可见，从制度安排视角看，国家层面伪造数据是不大可能的[1]，全国总体的 GDP 和能源消费量数据通常是可信的。

在当前统计制度下，地方政府的情形完全不同。中国是单一制国家，地方官员的委任和晋升由上级官员依据下属官员的政府绩效决定。例如，省级党政主要官员由中央任命，即一个省级主要官员的任命、晋升甚至罢黜最终主要由中央决定。[2] 在评估下属官员绩效的指标中，经济绩效或GDP 增长是地方主要干部晋升非常重要的指标。[3] 为获得职位有限的晋升机会，同级地方官员之间针对经济增长展开相互竞争，就如同参加"资格赛"[4] 甚至"锦标赛"[5]。同时，地方官员倾向于比他们的前任获得更高的经济绩效以彰显其能力。[6] 为了获得晋升机会，地方政府主要官员都不遗余力地做大地区 GDP。当他们意识到通过更加努力的工作仍然难以击败竞争对手时，至少部分地方政府的主要领导会夸大地区 GDP。一方面，在操作层面，省级统计局统计的包括 GDP 在内的核心指标提交国家统计局联合审查之前，需要获得省级主要领导的授权[7]；另一方面，作为省级统计

① Koch-Weser，I. N.，，2013. The Reliability of China's Economic Data：An Analysis of National Output. The U. S. -China Economic and Security Review Commission，New York.

② Xu，C.，2011. The Fundamental Institutions of China's Reforms and Development. *Journal of Economic Literature* 49，1076–1151.

③ Cai，Y.，2000. Between State and Peasant：Local Cadres and Statistical Reporting in Rural China. *The China Quarterly* 163，783–805. OECD，2005. Environment and Governance in China，in Governance in China，Chapter 17. OECD Publishing，Paris. 周黎安：《中国地方官员的晋升锦标赛模式研究》，载《经济研究》，2007（7）。

④ 参见杨其静、郑楠：《地方领导晋升竞争是标尺赛、锦标赛还是资格赛》，载《世界经济》，2013（2）。

⑤ 参见周黎安：《中国地方官员的晋升锦标赛模式研究》，载《经济研究》，2007（7）。

⑥ Chen，Y.，Li，H.，Zhou，L.-A.，2005. Relative Performance Evaluation and the Turnover of Provincial Leaders in China. *Economics Letters* 88，421–425.

⑦ 潘振文、安玉理：《一万亿的差距从何而来——对国家级、省级核算数据差距的思考》，载《中国统计》，2003（11）。

局的行政领导，省级政府主要官员控制着省级统计局的人事任命权。① 因此，在当前的统计制度下，一些省级统计局在计算当地 GDP 数据时，很可能遭受行政干预。② 如果省级增加值数据被夸大，为通过一致性审查，能源消费量数据就必须随之夸大，因为特定工业行业的单位产值或增加值的能源消费量在短期内基本稳定或变化趋势稳定。从制度激励的视角，可得出省级政府的 GDP 和能源消费量数据没有国家层面数据可靠的结论。

　　以上仅从制度激励角度做了一般性的和初步的分析，难以从不同部门角度深入揭示造成数据不一致性的根源。下文将引入不同部门经济统计中的制衡机制，构建一个包含激励和约束在内的制度经济学分析框架，揭示工业部门数据不一致性的根源。

　　在省级政府层面，省级统计局最终负责各省区市 GDP 和能源消费量的核算，原始资料的来源有三个：国家统计局各调查总队、其他省级部门内部统计机构和省级统计局自身。包含激励和约束在内的更具体的制度分析框架如图 5-3 所示。

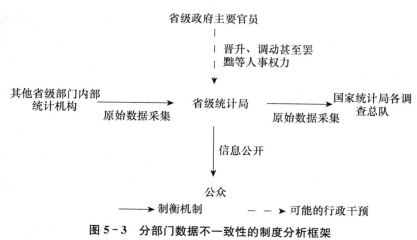

图 5-3　分部门数据不一致性的制度分析框架

① Holz, C. A., 2005. OECD-China Governance Project: the Institutional Arrangements for the Production of Statistics. OECD Statistics Working Papers 2005/1, OECD Publishing, Paris.

② 一般而言，地方官员有两个途径干预地方经济数据：一个是"要求"下属统计局在计算 GDP 时夸大宏观数据，另一个则是"要求"当地大型企业夸大申报数据。尽管后者也会损害中国统计数据的可信度，但它不是造成不同层级经济数据差异的原因。

省级统计局与同级的其他两类统计机构间存在制衡关系。国家统计局各调查总队的人事任命权和大部分经费直接由国家统计局控制。因此，国家统计局各调查总队独立于省级政府及其下属的省级统计局。尽管其他下属部门同样受省级政府领导，但省级主要官员直接干预其他部门（除省级统计局之外的具有统计职能的部门）的数据统计很难发生。一方面，由于其他部门并不是 GDP 等关键指标的责任部门，如果不经由省级统计局，对其他部门的干预能否产生预期的最终数据效果是不确定的。行政干预涉及的部门越多，作弊行为被有意或无意暴露的风险就越大。另一方面，省级主要领导主要关注总体指标，而非部门数据。除核算总体 GDP 外，包括工业在内的大宗统计也由省级统计局负责，如果省级主要领导决定进行行政干预，他们将很可能私下里仅对省级统计局提出夸大数据的"要求"。因此，在政府内部，国家统计局各调查总队和其他省级部门内部统计机构均可以通过原始资料的采集和对一手资料的控制对省级统计局提供有效制衡。

除了内部制衡外，来自公众的外部监督也能对省级统计局提供制衡。充分的数据公开是公众行使监督管理权利的基石。分行业数据的公开性有待进一步分析，利用将制度约束纳入其中的分析框架，有助于在行业层面分析数据生产过程中的制衡机制，揭示造成工业数据不一致性的根源。

b. 分部门统计制度安排。

按照指数分解中的行业划分，总结了省级 GDP 和原煤消费量统计制度中原始数据采集的三个渠道：国家统计局各调查总队、其他省级部门内部统计机构和省级统计局。

不同行业的统计制度安排存在很大差异（见表 5 - 7）。例如，工业、批发零售业、住宿餐饮业的增加值统计中，省级政府其他部门未涉及其中，而国家统计局各调查总队的统计范围没有涵盖建筑业、金融业等。除了总体汇总外，省级统计局主要负责规模以上工业、批发零售业、住宿餐饮业，以及具备资质和独立核算的建筑业企业原始资料的采集。国家统计局各调查总队通过抽样调查，主要负责规模以下工业和个体经济、批发零售业、住宿餐饮业，以及第一产业和第三产业的一些部门的统计。
其他省级部门内部统计机构负责特定行业和下属重点企业的统计。

表 5－7　　按部门的 GDP 和原煤原始数据采集的制度安排

经济部门	子部门	国家统计局各调查总队	其他省级部门内部统计机构	省级统计局
第一产业	农林副渔	主要农作物、主要家畜	林业（国家林业局），渔业（农业农村部）	余下部分
第二产业	工业	规模以下工业和个体经济		规模以上工业
	建筑业		具备资质和独立核算的下属企业（住房和城乡建设部）	具备资质和独立核算企业
第三产业	交通运输、仓储和邮政业	货物装卸服务、仓储	铁路（中国铁路总公司），公路、水运、港口和管道运输（交通运输部），民航（国家民航局），民用车辆（公安部），邮政（国家邮政局）	
	批发零售业	规模以下企业		规模以上企业
	住宿餐饮业	规模以下企业		规模以上企业
	金融业		银行（中国人民银行），证券（证监会），保险（保监会）	银行、证券、保险业
	房地产业	中介服务，物业管理	房地产开发（住房和城乡建设部）	房地产开发
	其他第三产业	计算机服务，软件服务，商业服务，技术交流与推广，家政服务，体育娱乐，清洁服务	教育服务（教育部），医疗服务（卫生健康委员会），软件和信息技术服务（工信部），出版业（国家新闻出版广电总局）等	余下部分

注：由于近年来中国工业部门消费了绝大多数的原煤，所以本表中关于原煤统计的制度安排主要指工业部门。

资料来源：根据国家统计局网站资料整理。

对于省级增加值数据的公开程度，工业分部门数据明显不足，尤其是考虑到 2005—2011 年工业增加值占 GDP 的比重达 41.56%。尽管国民经济行业划分将工业分为 41 个子行业，但省级工业增加值数据不能够按照行业进一步分解。对于原煤消费量而言，国家和省级层面的加工转换数据借助能源平衡表可以分解到若干行业。然而，作为原煤消费数据不一致的最重要来源，工业分行业原煤终端消费数据不可得。

c. 讨论。

通过引入制衡机制，重点讨论导致工业数据不一致的原因，因为工业增加值和原煤消费量的不一致性是 GDP 和能源消费量不一致性的主要来源。

第一，由于省级工业分行业增加值数据未公开，对于降低工业增加值数据的不一致性，公众监督难以起到有效作用。工业增加值数据不能进一步按照 3 个大类划分，更不用说按照 41 个小类划分。工业增加值过于综合，难以满足进一步分析的需要，不能够为公众监督提供必要信息[1]，且各省区市规模以上工业增加值数据未从工业增加值数据中分列。工业增加值数据公开不足，可以通过与第三产业的对比进一步得到证实。与工业占 GDP 的比重相似，第三产业增加值可以细分为 6 个行业。数据公开基础上的公众监督很可能是第三产业数据一致性好于工业的一个原因。对于原煤而言，尽管加工转换部门单列出来，但作为对数据不一致贡献最大的部门，终端消费部门难以进一步分解。

第二，尽管工业和信息化部是工业活动的行政主管部门，然而大型工业的统计由省级统计局负责，这就意味着来自省级政府其他部门的制衡缺失。国家统计局各调查总队仅负责规模以下工业的抽样调查统计。2010 年，在有统计数据的 11 个省区市中，主营业务收入 500 万元以下的企业增加值仅占工业增加值的 8.3%。如此小的比重，决定了各调查总队难以对工业增加值统计形成有效制衡。与工业相似，批发零售业、住宿餐饮业的统计责任也是根据企业规模划分的，规模以上企业归省级统计局负责。由于缺少有效的制衡，省级统计局几乎全权负责这些部门

① Xu，X.，2004. China's Gross Domestic Product Estimation. *China Economic Review* 15，302–322.

的统计，更容易受到来自行政的干扰。这些部门数据的不一致性通常大于其他受到制衡的部门。根据上一节指数分解结果，批发零售业、工业、住宿餐饮业的增加值不一致性位列前三。2005—2011 年平均而言，火力发电煤耗占原煤消费总量的 48.13%，然而该行业仅贡献了总体不一致性的 0.89%，可能的原因是受到分省区市计量的较准确的电力消费量的制衡。而由于制衡机制缺失，工业内的其他子行业的原煤消费量不一致性较为突出。这些发现印证了制度安排在解释省级加总数据与全国数据不一致时的重要性。

第三，在当前的制度安排下，一些统计改革客观上增大了不同层级政府间数据的不一致。2009 年之前，规模以上工业企业增加值数据直接来自企业申报。省级统计局仅将微观数据加总得到规模以上工业企业增加值。2009 年开始，工业企业增加值核算由生产法变为收入法。省级统计局则在企业申报的总产值的基础上，针对规模以上工业企业中的大中型工业企业和部分小型工业企业进行成本费用调查后，通过被调查工业企业增加值与总产值的比例关系，推算规模以上工业企业增加值。尽管这个改革是必要的，因为增加值是国民收入核算概念，而不属于企业管理范畴①，但这项改革不可避免地强化了省级统计局在工业增加值核算中的权力，使其具有了更大的夸大数据的自由度，尤其是在行政干预发生的情况下。事实上，工业增加值省级加总数据在 2009 年超出全国数据 16.46%，该数据 2011 年迅速上升为 23.03%（表 5-2），与此同时，工业消费量的不一致从 2009 年的 19.19% 增加为 2011 年的 26.84%（表 5-6）。

5.2.4　评估结论与建议

基于以上对中央和省级 GDP、能源消费量数据不一致的分析，得出如下结论：

第一，各省区市能源消费量加总数据超过全国数据的比例在 2011 年达到 21.35%，远远高出 GDP 的 10.27%。从这个角度看，省级能源

---

① Holz, C. A., 2013. Chinese Statistics: Classification Systems and Data Sources, Munich Personal RePEc Archive (MPRA) Working Paper, No. 43869.

消费量统计数据质量甚至不如 GDP 的数据质量。

第二，进一步地，数据不一致性的分解结果表明，GDP 和能源消费量的不一致性均主要来自工业，这并不是巧合。由于工业增加值能耗远高于其他产业，省级能源消费量加总数据超出全国数据的比例，高于省级 GDP 加总数据超出全国数据的比例，是合理的。

第三，追根溯源，省级能源消费总量被夸大的根源在于 GDP 考核，可以认为，晋升和财政激励机制下，地区间经济增长竞争是导致能源消费量数据衔接不上的根源。

第四，对于具体的能源品种，煤炭是我国能源消费的主体，但其数据质量较差，尤其是工业终端煤耗，以及煤炭洗选等加工转换行业；由于不论采取什么节能评价指标，都必然依赖能源消费统计，较薄弱的煤炭消费统计构成了节能评价指标的一个挑战。

从节能压力传递的有效性视角，结合节能的内涵，对万元 GDP 能耗下降率、能源消费量（化石能源消费量）增长率指标的评估结论如下：第一，对于万元 GDP 能耗下降率，由于包含 GDP 在内，节能压力传递过程与地方政府做大 GDP 的激励相耦合，强化了做大 GDP 的激励，削弱了节能压力传递过程的有效性。长期以来，中央和地方节能数据衔接不上，出现地方完成节能目标、中央完不成节能目标的情形，压力传递机制部分失灵。第二，对于化石能源消费量增长率而言，尽管与 GDP 分离后，节能激励一定程度上与做大 GDP 激励相分离，但由于能源消费量省级加总数据远超全国数据（比 GDP 的情形更甚），压力传递机制同样面临失灵，尤其是作为化石能源主体的煤炭消费量，其数据质量较差。在与节能内涵匹配的基础上，节能指标的改进必然要求统计制度的相应改革，以逐步解决中央和地方节能数据衔接不上的问题，确保节能压力传递的有效性。

本节从制度角度探析了造成总体和分部门数据不一致性的原因。为了缩小并最终消除能源消费量省级数据与国家数据的不一致，本节着重从制度和技术两个层面提出如下建议：第一，优化地方政府政绩评价指标，使其多元化，减少 GDP 的分量。这是最根本的解决办法。但考虑到中国的发展阶段和发展需求，弱化 GDP 需要循序渐进。第二，对于主要的经济指标如 GDP 和能源消费量，实行下算一级制度，即由国家统计局直接核算各省区市的 GDP 和能源消费量，在一定程度上防止省级政府的行政干预。第三，将省级统计局负责的大中型和部分小型工业企业成本费用调查职能剥离，由国家统计局各调查总队负责，从而形成有效制衡。第四，出台工业分行业增加值和能源消费量信息公开政策，尤其是促进省级层面数据的公开，将工业分行业数据置于有效的公众监督之中。第五，随着中国统计改革的推进，充分利用信息技术加速信息共享和公开也有助于消除数据冲突问题。例如，数据采集和处理软件有助于实现地方统计过程的标准化，在线申报和共享系统可以实现原始资料在各个层级间的共享。

需要指出的是，省级 GDP 和能源消费量数据可能的夸大存在以下两个特征：第一，本节的研究结论仅适用于 2005—2011 年，2005 年之前的 GDP 和能源消费量数据的不一致性并没有如此突出。第二，并非每个省区市都会夸大，数据的夸大可能仅涉及个别省区市。这种夸大并不是随意的，它有一定的限度，且受到诸多因素的制约。例如，税收数据对 GDP 的交叉核查、计量完备的电力消费量对煤炭乃至能源消费总量的交叉核查、地方官员间为晋升而展开的经济竞争对地区经济数据的质量产生了一定的相互监督制衡作用等。[1]

5.3　能源消费统计视角的指标评估

中央节能数据与地方节能数据衔接不上的问题，本质上是因为地方政府对经济增长过分重视以及经济增长强激励对节能激励带来的扭曲。

---

[1]　之所以做此说明，是考虑到下一章中采用了省级面板数据进行实证分析，并认为 2005—2011 年中国大多数省级统计数据尤其是 2005 年之前的数据是基本可信的，起码是可以反映该省区市经济发展和能源消费相对状况的，尤其是在大样本、长时间尺度的样本条件下，其参数估计和统计检验结论是站得住脚的。

除了不同层级政府间节能数据衔接不上外，能源消费量统计本身也会对地方政府节能指标的选择产生重要影响。本节着重从电力引致的一次能源消费量统计、可再生能源统计和统计数据的调整与发布三个方面，结合节能的内涵，进一步评估当前和潜在节能指标节能激励的有效性。

5.3.1 电力引致的一次能源消费量统计

作为最重要的二次能源，电力折算标准煤通常有两种方法：电热当量法（或消费等价法）和发电煤耗法（或生产等价法）。之所以出现两种折算方法，本质上是由于电力生产和电力消费的空间分离，且煤炭发电过程中存在一半以上的能量损失。例如，中国煤电转化效率逐年提高，2011 年仅达到 37.94%。也就是说，火力发电过程中，有 62.06% 的能量损耗，即每发 1 千瓦时电力，损失的能量为 1.64 千瓦时。那么，这些能量损耗是归为电力生产企业能源消费（电热当量法），还是归为终端电力消费者的能源消费（发电煤耗法）？本质上，电热当量法是将发电煤耗按照某种份额由生产端和消费端共同承担，而发电煤耗法则将发电煤耗完全归为消费端。在一个封闭经济体内，这两种算法对能源消费总量核算并不产生影响，仅影响不同行业能源消费的结构，即发电煤炭损耗在发电工业企业和终端消费者之间的分配；如果涉及跨地区的电力输入输出，两种算法对不同地区能源消费总量的核算将产生影响。

第一，以中国总体为例，分析两种电力折算方法对能源消费总量和能源消费结构的影响。2011 年，中国按照发电煤耗法计算的能源消费总量为 34.800 亿吨标准煤，按电热当量法计算的能源消费总量为 33.117 亿吨标准煤。两者相差 1.683 亿吨标准煤，差额来自两个方面：水电、核电、风电等非化石能源电力在发电煤耗法下，额外加上了相应的火力发电能量损失量，这部分贡献了差额的 1.662 亿吨标准煤；剩下的 0.021 亿吨标准煤来自中国净出口电力对应的发电能量损耗。

两种算法对能源消费结构的影响见表 5-8。采用电热当量法时，火力发电能量损耗含在"加工转换损耗"中，该项占比为 24.20%，而采用发电煤耗法时，则扣除了火力发电能量损耗，该比例降为 1.64%。也就是说，发电煤耗法下，将火力发电煤炭损耗（占比为 22.57%）按照不同行业终端电力消费分配到不同行业中去了。因此，包括工业在内的终端能耗的比重均有不同程度的提高。例如，生活能耗比重由8.00% 提高为 10.75%。

表 5-8   电热当量法和发电煤耗法对 2011 年中国能源消费结构的影响

行业/部门	能源消费量（电热当量法，万吨标准煤）	比重（%）	能源消费量（发电煤耗法，万吨标准煤）	比重（%）	比重变化幅度（%）
第一产业	4 791	1.45	6 759	1.94	0.49
工业终端	169 826	51.28	231 963	66.66	15.38
加工转换损耗	80 155	24.20	5 691	1.64	−22.56
建筑业	4 761	1.44	5 872	1.69	0.25
第三产业	41 208	12.44	51 123	14.69	2.25
生活	26 494	8.00	37 410	10.75	2.75
损失量	3 937	1.19	9 183	2.64	1.45
合计	331 172		348 001		

资料来源：《中国能源统计年鉴 2012》。

第二，电力不同的折算方法会对不同地区能源消费量核算产生影响。在不同算法下，不同地区能源消费总量将发生大幅变化。当前，中国各地区能源消费总量核算中，电力采用发电煤耗法折算标准煤，采用本地区当年燃煤火力发电平均煤耗系数。由于不同地区燃煤发电效率不同，因此，不同地区电力消费的折算系数也存在差异。例如，2011 年浙江省燃煤火力发电平均煤耗为 0.278 千克标准煤/千瓦时，内蒙古则高达 0.516 千克标准煤/千瓦时，全国平均则为 0.324 千克标准煤/千瓦时。

按照当前实行的发电煤耗法，表 5-9 列出了各地区电力消费对应的标准煤消费量。对于电力净输出地区，按照输出地区的煤耗系数，扣除了输出电力在生产过程中的煤炭消费量；对于电力输入地区而言，按照当地的煤耗系数，加上了净输入电力对应的生产过程中的能量损耗。如果采用电热当量法，电力净输入地区的能源消费量将减少，而电力净输出地区的能源消费量将增加，即对于净输出（入）的电力，输出地区承担了燃煤发电能量的损耗，而输入地区则仅计算了终端电力消耗。该算法下，北京地区电力折算标准煤减少 40.52％，能源消费总量减少 14.67％；电力净输出的山西，电力折算标准煤增加 26.34％，能源消费总量增加 7.81％，同样，对内蒙古而言，分别增加 47.32％ 和 23.92％。

从对地方政府节能的激励角度看，采用发电煤耗法对净输出（入）电力折标，更能激励地方政府加强终端电力消费环节的节能。"十一五"以来，在以技术节能为主体的节能政策推动下，我国火电供电煤耗从 2005 年的 370 克标准煤/千瓦时下降为 2010 年的 333 克标准煤/千瓦时，下降 10.0％。这意味着，电力生产端的节能潜力已经比较有限，通过电力需求侧管理，终端电力消费的节能越来越重要。发电煤耗法对于电力净输入地区的节能能够提供适切的激励。同时，对于电力输出地区，它们需主要承担发电过程中产生的污染物排放，因此，如果采用电热当量法，将输出电力对应的能量损耗归为该地区的能源消费，也是不公平的。

表 5－9　　不同折标方法下跨地区电力折算标准煤的差异模拟（2011 年数据）

地区	发电量（亿千瓦时）	电力消费量（亿千瓦时）	发电煤耗（千克标准煤/千瓦时）	电力折标：发电煤耗法[a]（万吨标准煤）	电力折标：电热当量法（万吨标准煤）	对电力折算标准煤的影响（％）	对能源消费总量的影响（％）	电力折标：发电煤耗法[b]（万吨标准煤）	对电力折算标准煤的影响（％）	对能源消费总量的影响（％）
北京	263	854	0.297	2 532	1 506	−40.52	−14.67	3 076	21.48	7.78
天津	621	727	0.326	2 371	2 155	−9.09	−2.84	2 437	2.79	0.87
河北	2 327	2 985	0.346	10 335	8 865	−14.22	−4.98	10 613	2.70	0.94
山西	2 344	1 650	0.329	5 427	6 856	26.34	7.81	5 427	0	0
内蒙古	2 973	1 834	0.516	9 470	13 951	47.32	23.92	9 470	0	0
辽宁	1 370	1 862	0.392	7 291	5 969	−18.13	−5.82	7 276	−0.20	−0.06
吉林	710	631	0.449	2 835	3 092	9.09	2.83	2 835	0	0

续前表

地区	发电量(亿千瓦时)	电力消费量(亿千瓦时)	发电煤耗(千克标准煤/千瓦时)	电力折标:发电煤耗法ª(万吨标准煤)	电力折标:电热当量法(万吨标准煤)	对电力折算标准煤的影响(%)	对能源消费总量的影响(%)	电力折标:发电煤耗法ᵇ(万吨标准煤)	对电力折算标准煤的影响(%)	对能源消费总量的影响(%)
黑龙江	835	817	0.409	3 338	3 390	1.54	0.42	3 338	0	0
上海	949	1340	0.277	3 711	3 109	−16.23	−5.34	4 147	11.76	3.87
江苏	3 763	4 282	0.304	13 008	12 069	−7.22	−3.40	13 448	3.38	1.59
浙江	2 777	3 117	0.278	8 658	8 131	−6.08	−2.95	9 035	4.35	2.11
安徽	1 635	1 221	0.280	3 420	4 070	19.03	6.16	3 420	0	0
福建	1 580	1 520	0.290	4 402	4 502	2.27	0.94	4 402	0	0
江西	730	835	0.339	2 832	2 605	−8.02	−3.28	2 884	1.83	0.75
山东	3 169	3 635	0.321	11 684	10 759	−7.92	−2.49	11 997	2.68	0.84
河南	2 585	2 823	0.352	9 948	9 402	−5.49	−2.37	10 034	0.87	0.37
湖北	2 086	1 573	0.319	5 014	6 019	20.03	6.06	5 014	0	0
湖南	1 347	1 545	0.341	5 268	4 837	−8.20	−2.67	5 363	1.79	0.58
广东	3 802	4 399	0.281	12 361	11 417	−7.64	−3.31	13 003	5.19	2.25
广西	1 039	1 112	0.322	3 579	3 434	−4.06	−1.69	3 628	1.36	0.57
海南	173	185	0.276	510	492	−3.60	−1.15	524	2.65	0.84
重庆	582	717	0.334	2 397	2 112	−11.91	−3.25	2 470	3.05	0.83
四川	1 981	1 963	0.332	6 514	6 552	0.58	0.19	6 514	0	0
贵州	1 379	944	0.334	3 149	4 066	29.10	10.11	3 149	0	0
云南	1 555	1 204	0.470	5 663	6 883	21.54	12.78	5 663	0	0
西藏	27	24	0.324	78	84	7.76	—	78	0	0
陕西	1 222	982	0.299	2 936	3 359	14.39	4.33	2 936	0	0
甘肃	1 028	923	0.345	3 183	3 416	7.32	3.59	3 183	0	0
青海	463	561	0.433	2 430	2 126	−12.51	−9.53	2 386	−1.80	−1.37
宁夏	939	725	0.398	2 886	3 475	20.41	13.65	2 886	0	0
新疆	875	839	0.329	2 757	2 831	2.69	0.75	2 757	0	0

　　a 为当前官方算法,即采用当地发电煤耗系数将净输入电力折标。

　　b 为优化算法,对于有电力净输入的地区,该部分电力采用净输出地区平均发电煤耗系数折算标准煤。

　　注:电力净输出地区发电煤耗采用净输出地区平均发电煤耗系数,2011 年该系数为 0.388 6 千克标准煤/千瓦时。

　　资料来源:根据《中国能源统计年鉴 2012》计算。

进一步地，尽管按照发电煤耗法折算净输出（入）电力更为公平，对输入地节电激励作用更强，但该算法也存在能耗漏算的问题。通常，电力净输出地区多是中西部煤炭资源丰富、火力发电效率较低的地区，而电力净输入地区，多位于东南沿海，其火力发电效率较高。如果按照当地的发电煤耗折算输入电力对应的煤耗消费，则存在低估当地能源消费量的问题。为方便对比，计算了电力净输出地区按照输出电力比重计算的平均发电煤耗，2011年该数值为0.388 6千克标准煤/千瓦时。对大多数电力净输入地区而言，当地发电煤耗小于0.388 6千克标准煤/千瓦时。例如，北京2011年发电煤耗为0.297千克标准煤/千瓦时，山东为0.321千克标准煤/千瓦时，等等。也就是说，大多数电力净输入地区的能源消费总量被低估。采用电力输出地区平均发电煤耗（0.388 6千克标准煤/千瓦时），重新计算净输入电力对应的煤炭消耗，北京的电力对应煤炭消费增加21.48%，能源消费总量增加7.78%；上海的电力对应煤炭消耗增加11.76%，能源消费总量增加3.87%；等等。在新的算法下，31个省区市电力消费折算的标准煤合计为16.339亿吨标准煤，比当前实行的算法多出3 406万吨标准煤，这也是当前算法所漏算的发电煤耗。

综上，发电煤耗法赋予电力终端消费者更大份额，且由于跨地区电力输入和输出非常普遍，电力引致的跨地区能源消费统计问题对地方政府节能激励的有效性有重要影响。对于燃煤发电，电热当量法实际上是由输出地、输入地分担能源消费责任。因此，采用电热当量法后，电力净输入地区能源消费量大幅减少，而电力净输出地区能源消费量大幅增加。显然，电热当量法存在能源消费责任界定不合理的问题，即输出的电力是由电力需求地区引致的。当前实行的发电煤耗法，更合理地将发电过程中能量损耗全部归为电力终端消费地区，然而却存在一定程度的漏算。更合理的做法是输入的电力按照输出地区发电煤耗折算标准煤。考虑到电力折标过程中，发电煤耗指标的重要性，上级统计部门应当及时公布所辖各地区燃煤发电煤耗系数，以减少地区能源消费量核算的随意性。

除此之外，电热当量法和发电煤耗法的电力折标，对非化石能源发电（水电、核电、风电等）的统计也会产生重要影响。

5.3.2　可再生能源统计

第一，在涉及可再生能源发电的统计时①，电热当量法和发电煤耗法折标有所不同。如采用电热当量法，对于水电、风电等可再生能源，实际上仅仅计算了其作为终端消费电力蕴含的热量。这样做更符合实际情况，因为水力和风力发电过程中并没有与燃煤发电类似的能量损耗。对于水力、风力发电企业，按照电热当量法计算时，其能量损耗仍然为零，不存在对可再生能源消费总量（和比重）的高估，也不存在对能源消费总量的高估。

由于终端消费的电力是完全同质的，大型电网的远距离输电致使准确判断终端消费的电力是来自燃煤发电还是来自可再生能源发电变得困难。如果采用发电煤耗法计算，将终端电力均按照特定的发电煤耗系数折算为标准煤，则存在对可再生能源利用量的高估，进而产生对能源消费总量的高估。例如，2011年，按照发电煤耗法计算的中国能源消费总量为34.800亿吨标准煤，比按照电热当量法核算的值高出1.683亿吨标准煤，其中，可再生能源的因素贡献了1.662亿吨标准煤，即按照发电煤耗法，中国的能源消费总量2011年被高估1.662亿吨标准煤。2011年，按照发电煤耗法计算的水电、核电和风电消费量占能源消费总量的比重为7.80%，而按照电热当量法计算的该比重仅为3.18%。

在地方层面，采用发电煤耗法同样存在对可再生能源发电折标量的高估，进而引发对各地区能源消费总量的高估。然而，正如上一节所分析的，发电煤耗法在能源消费责任界定上更为合理。总体而言，采用发电煤耗法在跨地区电力消费责任界定上更为公平，就能源消费总量核算

---

①　在这里，讨论可再生能源发电时，通常包括水力发电、风力发电、太阳能发电、生物质能发电等。核电虽不属于可再生能源，但从发电的环境外部成本和资源消耗的外部成本来看，核电与其他可再生能源的区别不大。因此，这里讨论的可再生能源统计实际上也适用于核电。

而言，对可再生能源消费的高估在不同地区间也是公平的。应当注意的是，在国家总体层面，为保持与地区层面的一致性，采用发电煤耗法对可再生能源发电进行折标后，至少也应当将电热当量法考虑在内，更客观地掌握中国可再生能源利用状况。

第二，在地方层面，采用发电煤耗法折算可再生能源发电时，需要考虑与其他非商品化的可再生能源的可比性。对于沼气、地热能等非商品化可再生能源，在折算标准煤时，应当按照替代电力或煤炭计算标准煤，所替代的电力同样要采用发电煤耗法进一步折算为标准煤。例如，对于太阳能热水器而言，根据核算，太阳能热水器年节电量为 327.5 千瓦时/平方米，2012 年，中国太阳能热水器保有量为 2.58 亿平方米，年节电量为 845 亿千瓦时；按照当年中国火力发电平均煤耗 0.321 千克标准煤/千瓦时，节能量为 2 715 万吨标准煤，而按照电热当量法核算的节能量仅为 1 039 万吨标准煤。[①]

在沼气、地热能等可再生能源折算标准煤时，为确保不同可再生能源节能量之间的可比性，优先选择替代电力，而不是按照实际热值直接折算为标准煤。

第三，可再生能源尤其是非商品化的可再生能源统计监测体系尚未建立起来，不能对地方政府可再生能源开发利用效果进行评估，不利于形成发展可再生能源的激励。

可再生能源统计职能分散，缺少可再生能源统计的统一协调机构。农村可再生能源统计由农业部负责，采用统计报表制度，统计内容包括各省区市沼气池产气总量、太阳能热水器保有量、太阳房、太阳灶使用量等；建筑可再生能源利用统计由住房和城乡建设部门负责，该制度从 2010 年实施，统计范围包括城镇各类民用建筑和农村居住建筑，统计的项目包括太阳能光热利用系统（集热面积、应用建筑面积）、太阳能光电利用系统（装机容量）、浅层地热能利用系统（装机容量、应用建

---

① Ma, B., Song, G., Smardon, R.C., Chen, J., 2014a. Diffusion of Solar Water Heaters in Regional China: Economic Feasibility and Policy Effectiveness Evaluation. *Energy Policy* 72, 23—34.

筑面积）等；国家统计局和中国电力企业联合会分别统计可再生能源发电情况，包括水电、风电、生物质能发电等。

中国可再生能源统计职能按照部门划分，存在职能交叉与缺位，不能支持可再生能源消费总量的核算。农村可再生能源统计未涵盖生物质能直燃等低品质可再生能源消费，住房和城乡建设部门对农村建筑可再生能源的统计与农业部门的统计存在交叉，住房和城乡建设部门城镇可再生能源的统计数据至今未公开，国家统计局在可再生能源消费总量核算上缺少协调，并未就核算方法出台相应规定。随着分布式可再生能源发电的方兴未艾，尤其是城市地区可再生能源利用对化石能源替代有较大潜力，可再生能源统计体系的建立和完善，对于激励地方政府发展可再生能源具有基础性的、越来越重要的作用。

结合上一章对节能内涵的讨论，将化石能源消费增量引入节能评价指标体系的同时，需要将鼓励地方政府大力发展的可再生能源单列，对地方政府发展可再生能源提供制度激励。对于处于生产端的可再生能源，如水电、风电等，地方政府通过与发电企业和电网企业的协调，鼓励其大规模开发利用；对于消费端的可再生能源利用形式，如太阳能热水器、分布式可再生能源发电等，应当更大程度地调动地方政府的开发利用主动性，出台更多的支持政策，增加对这些可再生能源利用的激励强度。

5.3.3　统计数据的调整与发布

a. 数据调整。

通常，经济普查后，国家统计局会对中国 GDP 和能源消费量数据进行修订，各地区的数据通常也会相应修订。我国共开展了一次第三产业普查（1991 年和 1992 年）、三次工业普查（1950 年、1986 年和 1995 年）、两次农业普查（1996 年、2006 年）和三次经济普查（2004 年、2008 年和 2013 年）（见表 5 - 10）。普查后一般修订上次普查年度之后到本次普查年度的历史数据。考虑到节能效果评价制度"十一五"时期才建立起来，本节主要分析第二次全国农业普查（2006 年）和第二次全国经济普查（2008 年）的数据调整对节能评价指标的影响。

表 5 - 10 　　　　　　　　中国经济普查及数据修订范围

普查名称	普查年度	完成时间	数据修订范围
全国第三产业普查	1991 年和 1992 年	1994 年	1993 年之前的第三产业数据
第三次全国工业普查a	1995 年	1996 年	1987—1995 年的工业数据
第一次全国农业普查	1996 年	1997 年	1996 年之前的农业数据
第一次全国经济普查	2004 年	2005 年	1993—2004 年第三产业数据，1996—2004 年第二产业数据
第二次全国农业普查	2006 年	2007 年	1997—2006 年农业数据
第二次全国经济普查	2008 年	2009 年	2005—2008 年第二产业、第三产业数据
第三次全国经济普查	2013 年	2014 年	2000—2013 年第二产业、第三产业数据

a 除此之外，1950 年和 1986 年分别进行了第一次和第二次全国工业普查，由于时间比较早，未列出。

首先，分析经济普查对全国层面节能效果的影响。"十一五"初期，公布的 2005 年、2006 年万元 GDP 能耗分别为 1.220 吨标准煤/万元、1.204 吨标准煤/万元。2006 年农业普查后，将 2005 年万元 GDP 能耗调高为 1.226 吨标准煤/万元。根据 2007 年 GDP 和能源消费量的最终核实数，2007 年万元 GDP 能耗由之前公布的 1.160 吨标准煤/万元调整为 1.155 吨标准煤/万元。而后，根据第二次经济普查，2005—2008 年万元 GDP 能耗均被调整，2006—2008 年万元 GDP 能耗下降率均快于调整之前。在上述三次调整基础上，2010 年万元 GDP 能耗比 2005 年下降 19.1%（见表 5 - 11）。

如果按照"十一五"初期发布的数据，2010 年万元 GDP 能耗仅比 2005 年下降 15.4%，农业普查的数据调整使得下降率增加了 0.4%，第二次经济普查的调整使得下降率增加了 3.3%。

表 5 - 11 　　　"十一五"期间数据调整对万元 GDP 能耗的影响

项目	2005 年	2006 年	2007 年	2008 年	2009 年	2010 年
"十一五"初期公布的数据（调整前）（吨标准煤/万元）	1.220	1.204				
年度增长率（%）		−1.33				

续前表

项目	2005 年	2006 年	2007 年	2008 年	2009 年	2010 年
农业普查后对 2005 年、2006 年数据的修正（吨标准煤/万元）	1.226	1.204	1.160			
年度增长率（%）		−1.79	−3.66			
对 2007 年全国 GDP 的调整（吨标准煤/万元）	1.226	1.204	1.155	1.102		
年度增长率（%）		−1.79	−4.04	−4.59		
第二次经济普查后对数据的调整（吨标准煤/万元）	1.276	1.241	1.179	1.118	1.077	
年度增长率（%）		−2.74	−5.04	−5.20	−3.61	
"十一五"期末公布的数据（调整后）	1.276	1.241	1.179	1.118	1.077	1.032
年度增长率（%）		−2.74	−5.04	−5.20	−3.61	−4.18

注：GDP 均采用 2005 年可比价格。
资料来源：2005—2009 年各省区市单位 GDP 能耗等指标公报、《国家发改委、国家统计局关于"十一五"各地区节能目标完成情况的公告》、《国务院关于印发节能减排"十二五"规划的通知》。

　　进一步地，分析数据调整对各省区市万元 GDP 能耗的影响。2006 年第二次农业普查后，尤其是 2008 年第二次经济普查后，对各地区 GDP 和能源消费量进行了调整。如果以调整之后的 2005 年万元 GDP 能耗为基数，2010 年，除了新疆之外，其他 30 个省区市均完成了"十一五"节能目标（见表 5-12）。然而，如果采用调整前的 2005 年数据，那么将有河北、上海、安徽、山东等 11 个省区市未完成节能目标。更有趣的是，那些以调整前 2005 年数据为基准，已完成"十一五"节能目标的 20 个省级行政区中，绝大多数 2005 年万元 GDP 能耗被调低或维持不变（其中，北京、天津、山西、内蒙古、辽宁、吉林、浙江、福建、江西、贵州、陕西 11 省区市被调低，黑龙江、江苏、湖北、海南、甘肃、宁夏 6 地区维持不变，西藏调整前数据不可得，仅广西、重庆 2 地区数据略有提高）。同时，未完成"十一五"节能目标的 11 个省区市，除新疆外，其他 10 个省区市 2005 年万元 GDP 能耗均被不同程度调高，直接结果是这 10 个省区市的节能目标由"未完成"变为"完成"。

表 5-12 数据调整对各地区"十一五"节能目标完成情况的影响

地区	2005 年，调整前（吨标准煤/万元）	2005 年，调整后（吨标准煤/万元）	2010 年（吨标准煤/万元）	"十一五"节能目标（%）	实际增长率，调整前（%）	目标完成情况	实际增长率，调整后（%）	目标完成情况
北京	0.80	0.792	0.582	-20	-27.25	完成	-26.59	完成
天津	1.11	1.046	0.826	-20	-25.59	完成	-21.00	完成
河北	1.96	1.981	1.583	-20	-19.23	未完成	-20.11	完成
山西	2.95	2.890	2.235	-22	-24.24	完成	-22.66	完成
内蒙古	2.48	2.475	1.915	-22	-22.78	完成	-22.62	完成
辽宁	1.83	1.726	1.38	-20	-24.59	完成	-20.01	完成
吉林	1.65	1.468	1.145	-22	-30.61	完成	-22.04	完成
黑龙江	1.46	1.460	1.156	-20	-20.82	完成	-20.79	完成
上海	0.88	0.889	0.712	-20	-19.09	未完成	-20.00	完成
江苏	0.92	0.920	0.734	-20	-20.22	完成	-20.45	完成
浙江	0.90	0.897	0.717	-20	-20.33	完成	-20.01	完成
安徽	1.21	1.216	0.969	-20	-19.92	未完成	-20.36	完成
福建	0.94	0.937	0.783	-16	-16.70	完成	-16.45	完成
江西	1.06	1.057	0.845	-20	-20.28	完成	-20.04	完成
山东	1.28	1.316	1.025	-22	-19.92	未完成	-22.09	完成
河南	1.38	1.396	1.115	-20	-19.20	未完成	-20.12	完成
湖北	1.51	1.510	1.183	-20	-21.66	完成	-21.67	完成
湖南	1.40	1.472	1.17	-20	-16.43	未完成	-20.43	完成
广东	0.79	0.794	0.664	-16	-15.95	未完成	-16.42	完成
广西	1.22	1.222	1.036	-15	-15.08	完成	-15.22	完成
海南	0.92	0.920	0.808	-12	-12.17	完成	-12.14	完成
重庆	1.42	1.425	1.127	-20	-20.63	完成	-20.95	完成
四川	1.53	1.600	1.275	-20	-16.67	未完成	-20.31	完成
贵州	3.25	2.813	2.248	-20	-30.83	完成	-20.06	完成
云南	1.73	1.740	1.438	-17	-16.88	未完成	-17.41	完成
西藏	—	1.450	1.276	-12	—	—	-12.00	完成

续前表

地区	2005 年, 调整前 (吨标准煤/万元)	2005 年, 调整后 (吨标准煤/万元)	2010 年 (吨标准煤/万元)	"十一五" 节能目标 (%)	实际增长率, 调整前 (%)	目标完成情况	实际增长率, 调整后 (%)	目标完成情况
陕西	1.48	1.416	1.129	—20	—23.72	完成	—20.25	完成
甘肃	2.26	2.260	1.801	—20	—20.31	完成	—20.26	完成
青海	3.07	3.074	2.55	—17	—16.94	未完成	—17.04	完成
宁夏	4.14	4.140	3.308	—20	—20.10	完成	—20.00	完成
新疆	2.11	2.114	1.926	—20	—8.70	未完成	—8.89	未完成

资料来源：调整前的 2005 年数据来自 2005 年各省、自治区、直辖市单位 GDP 能耗等指标公报；调整后 2005 年的数据、2010 年的数据和"十一五"节能目标来自《国家发改委、国家统计局关于"十一五"各地区节能目标完成情况的公告》。

尽管从逻辑上基于经济普查调整后的数据更为准确、更为可靠，然而，基于 2008 年普查数据，对 2005—2007 年的统计数据进行的调整，实际上只能是一种推算，存在较大的主观性和人为操纵的空间。尤其是"十一五"以来，节能目标责任制赋予节能目标"一票否决"的优先性，如果节能指标未完成，即便其他各项政府考核指标均完成了，政府和主要官员的政绩也被判定为不合格。这种制度安排，给地方政府施加了巨大的完成节能目标的压力，与此同时，产生机会主义行为的可能性增加了，即通过人为地"修订"数据而非通过节能努力，达到实现节能目标的目的。尽管并没有充足的证据表明，这种人为地出于完成节能目标的目的而"修订"相关数据的机会主义行为真实发生了，但由于缺少公开、透明、规范性的历史数据调整方案，基于经济普查结果对历史数据的修订，在客观上为地方政府在历史数据调整中掺杂进人为干扰因素创造了可能性。

因此，为避免这种潜在的风险，应规范全国乃至各地区依据经济普查结果对历史数据进行调整的技术方案，明确什么情况下需要调整，如何调整，等等，并予以制度化，以规范性文件的形式公开相关文件，通过公众监督确保贯彻落实。

b. 数据发布。

2005年国家发改委、国家能源局、国家统计局发布《关于建立GDP能耗指标公报制度的通知》标志着单位GDP等指标能耗公报制度的正式确立。该通知明确,从2006年开始,每年6月底国家发改委、国家能源局、国家统计局联合向社会公布上一年度各地区万元GDP能耗、万元GDP能耗下降率、规模以上工业企业万元工业增加值能耗和万元GDP电力消费量指标(GDP和工业增加值采用可比价计算)。

随后,各省级行政区也纷纷出台相关规定,在各自行政区建立单位GDP能耗公报制度。例如,陕西省2006年出台了《陕西省人民政府办公厅关于建立GDP能耗指标公报制度的通知》等。单位GDP能耗等指标公报通常涉及三个指标,即单位GDP能耗、单位工业增加值电耗和单位GDP电耗。实行单位GDP能耗公报制度后,各省区市每年发布单位GDP能耗等指标。但少数省区市并未严格执行该公报制度,如辽宁省未曾发布相关公报。

从万元GDP能耗公报公开率来看,除西藏外,省级行政区的公开率和连贯性较好;在283个地级城市层面,数据公开率最高的为2005年的93.6%,最低为2011年的76.3%,年度之间有较大波动,可见,地级城市层面执行万元GDP能耗公报制度具有一定的随意性(见表5-13)。

表5-13 中国省级行政区和地级市万元GDP能耗数据公开率

项目	2005年	2006年	2007年	2008年	2009年	2010年	2011年
省级行政区公开个数	30	30	30	30	30	30[a]	30
公开率(%)	96.8	96.8	96.8	96.8	96.8	96.8	96.8
地级城市公开个数	265	243	242	244	262	261	216
公开率(%)	93.6	85.9	85.5	86.2	92.6	92.2	76.3

a 新疆"另行考核",未公布数据,其他年份的省级数据,西藏未公开。
资料来源:根据国家统计局和省级统计局历年万元GDP能耗等指标的公报整理。

更重要的是,国家和省级层面,可以根据《中国统计年鉴》和《中国能源统计年鉴》的相关数据,计算出历年全国和绝大多数省区市的万元GDP能耗。这极大地增加了省级万元GDP能耗公报数据的可信度。

研究表明，2005—2010 年全国万元 GDP 能耗公报数据与通过年鉴计算的数据完全一致，这说明国家层面的节能公报数据是可信的。[1]

　　然而，在地级城市层面，能源相关数据的公开程度较差。《中国城市统计年鉴》仅涉及了各地级城市市辖区的用电、煤气和液化石油气的消费量，诸如分产业、分品种能源消费量都没有公开，能源消费总量数据也未公开，致使无法通过与原始统计数据的一致性核查公报数据的可靠性。更重要的是，城市层面能源消费相关数据公开的严重不足，使得城市万元 GDP 能耗在核算上具有了很大的人为操纵空间，缺少了公众监督和制衡，对提高城市层面统计数据的质量乃至对全国能源统计数据的基础产生负面影响。城市层面的能源消费数据是有统计的，问题在于没有公开，需要将城市能源消费数据更多地纳入统计年鉴数据公开的范围，加大公开力度。

5.4　节能统计制度改革与指标改进思路

5.4.1　节能指标改进相关的统计制度改革

　　通过以上对能源消费量省级加总数据与国家数据冲突、电力引致的一次能源消费统计问题、可再生能源统计问题及数据调整与节能信息发布机制的分析，归纳出中国当前的节能统计存在以下较突出的问题：

　　第一，省级能源消费量加总数据大大超过全国数据。例如，2011年 30 个省区市能源消费总量超出全国能源消费总量达 21.35%。由于数据衔接不上，产生了省级节能进展滞后的问题。2012 年，根据省级加总数据核算的单位 GDP 能耗比 2010 年下降 7.61%，而国家层面核算的数据仅下降了 5.43%，即可能出现省区市完成节能目标而国家节

---

[1]　Wang，X.，2011. On China's Energy Intensity Statistics：Toward A Comprehensive and Transparent Indicator. *Energy Policy* 39，7284-7289.

能目标没有完成的窘境。在能源消费量省级加总数据与国家数据的不一致中，工业部门终端原煤消费量数据的不一致性是主要的贡献源。这从一个侧面说明了煤炭消费量的统计在中国的能源品种消费统计中最为薄弱。

第二，能源消费量省级数据与国家数据的冲突是因为制度失灵。以GDP为核心的政府绩效考核体系为地方官员干预GDP数据提供了原动力，分级核算的统计体制为行政干预创造了条件，工业增加值统计缺少来自内部和外部的制衡是不一致性产生的直接原因。对于能源消费量而言，省级加总数据与国家数据的不一致，是因为地方政府夸大地区GDP向能源消费量的传导。

第三，省级电力的统计数据与国家数据一致性最好，电力统计质量较好。但电力是二次能源，核算能源消费量时，存在电热当量和发电煤耗两种算法。在跨地区能源消费量核算中，两种算法差异很大；即便是发电煤耗法，不同发电煤耗的采用也会对地区能源消费量核算构成显著影响，当前依据输入地区发电煤耗法计算净输入电力的方法，存在漏算电力所消耗的煤炭的问题。尽管在发电煤耗法下，存在高估可再生能源电力的问题，进而导致可再生能源消费总量被高估，然而，这种高估并不损害地区间节能效果评价的公平性。

第四，可再生能源统计制度尚未建立起来，尤其是针对非商品化的可再生能源的统计非常薄弱。可再生能源统计职能分散，缺少统一核算的机构，统计范围存在重叠和缺位，不利于客观评价各地区可再生能源的发展效果，不能对地方政府发展可再生能源提供有效激励。

第五，基于普查数据，对能源消费总量历史数据的调整机制并不透明，为地方政府通过调整数据达成节能目标的投机行为创造了可能；能源消费数据公开不足弱化了节能评价的可核查性，主要体现为国家和省级工业分行业能源消费量数据公开性差、地级市及以下层级的能源消费量数据基本未公开等。

能源消费统计制度通过特定的激励和约束机制影响统计产出的质量，决定节能指标的有效性。针对以上识别出的中国能源消费统计存在的问题，在制度层面，本节提出如下改革建议：

第一，关于统计体制。优化分级核算的统计制度，实行关键经济指标（GDP、能源消费量等）下算一级的统计制度，增加统计核算的相对独立性，减少可能的行政干预渠道，弱化夸大地区 GDP 的激励对能源消费量核算的影响。考虑到工业能源消费量，尤其是煤炭消费数据的质量差，地方层面工业煤炭消费量与工业增加值统计息息相关。针对工业增加值核算，对大中型工业企业和部分小型企业的成本费用调查宜由国家统计局各调查总队负责，减少省级统计局在核算工业增加值以及工业煤炭消费量（尤其是工业终端煤耗）中的人为空间。

第二，关于信息公开。在国家、省区市、城市层面，通过增进工业分行业增加值数据、能源消费量数据的公开，引入公众对能源消费量数据的监督制衡机制。针对节能信息公开，地级城市及以下层面应当建立更严格的信息公报制度，促进节能信息公开。更重要的是，在地级城市层面，要逐步公开能源消费总量、分品种能源消费量、分行业能源消费量等基础性信息，促进对节能公报数据的核查，逐步夯实各省区市乃至全国节能统计数据的基础。

第三，关于电力统计。明确在分地区能源消费总量的统计中，电力采用发电煤耗法统计，避免与电热当量法核算混淆。对于电力净输入地区，净输入电力应当采用输出地区平均燃煤发电煤耗计算标准煤，而不是采用输入地发电煤耗系数折算。上级统计部门应当建立分地区火力发电煤耗公报制度，统一化、科学化、规范化发电煤耗的计算，减少电力折标计算中的随意性。

第四，关于可再生能源统计。在国家层面核算可再生能源消费总量时，还应采用电热当量法，以客观看待发电煤耗法对可再生能源电力折标的高估。为确保可再生能源电力与其他可再生能源的可比性，在折算沼气等其他非商品化的可再生能源时，把替代电力作为优先考虑，且采用发电煤耗法折算标准煤。在明确和优化各相关职能部门可再生能源统计责任的基础上，强化统计部门对可再生能源统计的统一领导和协调，为核算各地区可再生能源消费总量提供制度保障。

第五，关于数据调整机制。根据经济普查数据对年度例行统计的历史数据进行调整是必要的。但需要建立一套针对 GDP 和能源消费量数据调整的技术指南，对数据调整的条件、方法等做出明确规定，并予以公开，接受公众监督，以避免地方政府将数据调整作为完成节能目标的工具而产生的投机行为。

除此之外，随着信息化时代的到来，在统计领域，应当通过信息技术的应用提高数据质量。例如，数据采集和处理软件有助于实现地方统计过程的标准化，在线申报和共享系统可以实现原始资料在各个层级间的共享。

需要特别指出的是，对地方官员政绩的考核过分看重 GDP 是能源数据扭曲的重要根源。随着"不能简单以地区生产总值及增长率论英雄"的绩效考核理念的确立以及中国经济进入"新常态"，GDP 在地方官员考核中的分量逐渐降低，这也为提高能源消费数据质量提供了契机。

5.4.2　节能统计视角的指标改进思路

当前，节能评价指标以万元 GDP 能耗下降率为核心，涉及 GDP 和能源消费总量两个指标的统计。从统计的角度看，影响地方层面 GDP 数据质量的因素包括：第一，各地区名义 GDP 核算存在人为干扰因素，表现为省级加总数据明显超出全国数据，对省区市内而言，各个地级城市加总数据往往也超过全省区市数据。第二，由名义 GDP 折算为可比价格 GDP 过程中，计算方法不透明，根据所公布的价格指数难以通过名义 GDP 算出实际 GDP，致使在实际 GDP 和 GDP 增长率核算中存在较大的人为干预空间。第三，万元 GDP 能耗核算中，GDP 需要选择基准期，例如，"十一五"期间采用 2005 年价格作为基期，而"十二五"期间则将 2010 年作为基期，致使不同时期节能效果不可比，这带来不便的同时增加了数据失真的风险。第四，经济普查后对 GDP 历史数据的修订，客观上为地方政府对数据进行修改创造了空间。尤其是，在地级城市层面，经济普查后修订的历史数据通常不公开（至少是未在《中国城市统计年鉴》中集中公开），也为城市层面可比价格 GDP 的核算造成了障碍。

上述因素意味着将 GDP 纳入节能评价指标之中（不仅包括万元 GDP 能耗，也包括能源消费的收入弹性等），存在诸多统计环节或者统计因素影响地方政府节能评价的数据质量。因此，从统计角度看，将能源消费量与 GDP 相结合构造出的节能指标并不可取，包括当前实行的万元 GDP 能耗，也包括上一章分析的能源消费的收入弹性。结合节能的内涵，这里主要从统计角度重点分析化石能源消费量作为节能评价指标的优势与面临的挑战。[①]

节能主要针对化石能源。在中国大宗化石能源消费中，煤炭是主体，同时，煤炭的统计在诸多能源品种中是相对薄弱的。在省级能源消费量加总超出全国数据的分析中，工业的原煤消费数据的不一致性最为突出。也就是说，在煤炭统计中，工业终端消费部门的原煤消费统计的数据质量尤其应当引起重视。同时，作为二次能源的电力，在折算标准煤时，采用发电煤耗法，应当避免与加工转换部门煤炭消费量的重复统计。由于电力的同质性，在消费端无法准确判断所消费的电力是来自火力发电还是来自可再生能源发电。考虑到节能的内涵，当地的可再生能源发电量应当从当地的电力消费量中扣除（对于不鼓励发展的可再生能源发电形式，可以不扣除），之后，净消费的电力再按照发电煤耗折算标准煤。在针对电力跨区域消费问题上，净输入地区的净输入电力应当按照输出地而不是输入地的发电煤耗折算标准煤，以解决发电煤耗的漏算问题。

可再生能源消费总量或消费比重可以作为化石能源消费量的补充，以监测地方政府在发展可再生能源领域的效果。针对可再生能源消费总量的统计，应当建立由统计部门负统一领导和协调责任的责任机制，明

---

① 不采取煤炭消费量增长率作为节能评价指标，出于以下几个方面的考虑：第一，采用煤炭消费量增长率作为评价指标，形成石油、天然气等化石能源对煤炭消费的替代，与节能内涵不符；第二，电力净输出地区的煤炭消费由其他地区引致，如果采用煤炭消费量增长率评价指标，将形成减少燃煤发电净输出的激励，不利于跨区域大型电网的建设；第三，煤炭消费量统计质量相对薄弱。

确和优化不同职能部门的责任分工，至少包括建设部门、农业部门、电力部门等。在生产端，可再生能源发电的统计较为成熟，而在消费端，尤其是非商品化可再生能源，包括太阳能、沼气、地热能的统计较为薄弱，随着分布式光伏发电等的应用，该领域的统计急需加强。为得到可再生能源消费总量，在可再生能源核算中，应当确保可比性，折算标准煤的方法和参数应当以规范性文件进行明确。

5.5 小结

本章试图从节能统计视角，对地方政府节能评价指标及统计制度进行评估，基本的出发点是统计的质量决定着节能评价约束机制的强度，进而影响节能激励的有效性。

先是简单介绍了中国节能统计制度及其特点：内嵌于多层级政府构架之内；主要指标分级核算；能源消费量统计多部门分工协作。之后，针对省级加总 GDP 数据超过全国 GDP 数据、省级能源消费量加总数据超过全国能源消费量数据这一现象，进行了深入分析。接下来，对电力引致的一次能源消费量统计、可再生能源统计、经济普查对数据的调整与数据发布机制等进行分析，评估了节能指标的节能激励有效性。基于此，提出了能源消费统计制度改革和节能统计视角的指标改进思路。

从降低节能统计复杂性、减少人为干预空间角度，单纯将能源消费量作为节能评价指标，比采用与 GDP 相结合的复合指标（如万元 GDP 能耗）更具优势；在化石能源消费统计中，煤炭比重最大，但其统计数据质量较差，这是节能评价的一大挑战，必须从统计制度优化角度加以克服；电力的跨区域统计在折算标准煤时，要算法统一，避免重复和漏算；可再生能源消费总量统计制度应当逐步建立起来，作为化石能源消费量增长率/下降率指标的补充。

在能源消费统计制度层面，改"分级核算"为"下算一级"，建立更加完备的信息公开和发布机制，尤其是促进地级城市层面相关数据的公开；建立电力折标系数统一核算和发布机制，提高电力折标过程中的规范性；建立可再生能源消费总量核算方法和折标系数规范，并予以公开；建立基于普查数据的历史数据调整技术方案，增加数据调整过程的透明度。

随着节能统计的逐步完善，地方政府无疑会将更多的注意力放在如何采取真实节能行动，通过节能努力的优化配置，实现节能目标上。那么，在中国当前的社会经济条件下，如何引导地方政府通过节能手段的优化实现节能资源的更优配置，不同节能评价指标将对地方政府节能行为产生什么预期影响，将是下一章着重分析的内容。

第6章 基于节能资源配置视角的节能指标评估

社会经济是一个有机的系统，能源消费量和能源消费强度并不是孤立的指标，它们由中国社会经济转型中的一系列重要进程所决定。从逻辑上判断，万元 GDP 能耗下降率指标侧重于激励技术节能，而对结构节能特别是管理节能的激励作用不充分。利用定量分析方法，实证不同节能指标对节能资源配置的引导作用，并将其作为节能指标优劣的重要评估视角。

本章将节能资源配置定义为地方政府在特定的节能激励下，将可以支配的节能资源（人、财、物等）在技术节能、结构节能和管理节能领域分配。识别并量化节能评价指标的驱动因素，与技术节能、结构节能、管理节能等节能资源配置方式相衔接，分析不同指标对节能资源配置的引导作用；通过不同节能评价指标驱动因素的横向对比，模拟不同节能指标在促进节能努力的优化配置、引导地方政府选择更合理的节能手段方面的作用。

本章重点分析能源消费强度和能源消费量两类指标的驱动因素，旨在揭示这两类指标作为节能评价指标对地方政府节能资源配置的影响。不仅分析总体能源消费强度，还将煤炭消费强度、电力消费强度纳入其中；不仅涵盖能源消费总量，还将其分解为煤炭消费量和电力消费量。

驱动因素方面，本章识别了收入水平、工业化、城镇化等主要的因素，并讨论了其对能源消费的影响机制，特别是与节能资源配置方式进行了衔接。

值得指出的是，考虑到地市及以下层级的数据难以支持较长时间序列的实证分析，本章仍采用省级数据，并尽可能延长分析时间跨度、增大样本量。最终，本章采用 1986—2011 年 30 个省区市构成的面板数据。对两组节能评价指标的实证分析，采用相同样本，以尽可能使分析结果具有可比性。受到数据可得性的限制，在实证分析中，能源消费量中未包含非商品化的能源品种。考虑到实证模型对时序长度的要求，且商品化可再生能源比重较小（尤其是 2005 年之前），因此，在省区市层面，商品化的可再生能源未从历年能源消费总量中剔除。在估计方法上，本章采用了一组较新颖的组均值估计方法，以克服省级面板回归易出现的、通常被忽略的残差项截面依赖性和非平稳性问题，以获得更稳健和可信的估计结果。

6.1　节能资源配置方式及其表征

6.1.1　以收入水平表征的技术效应和规模效应

伴随着经济增长、收入水平提高，对能源消费的冲击主要表现为两个方面：第一，技术的进步、能源利用效率提高以及资本对能源的替代等导致的能源消费量下降的节能效果表现为技术效应。[①] 例如，"十一五"时期，中国火电供电煤耗由 370 克标准煤/千瓦时下降为 333 克标准煤/千瓦时，降低 10.0%，明显快于"十五"期间 5.6% 的下降率。"十一五"期间中国实施了一系列节能政策，这些节能政策以通过技术措施提高能源效率为核心，换句话说，政策干预对节能技术的推广

---

① Bernardini, O., Galli, R., 1993. Dematerialization: Long-term Trends in the Intensity of Use of Materials and Energy. *Futures* 25, 431−448.

和应用具有促进作用。第二，因快速经济增长、资本的追加和产出的增长所带来的新一轮能源消费的增加[1]而表现出的能源消费量持续增加的规模效应。尽管以单位产品能耗衡量的能源利用技术持续进步，尤其是"十一五"期间由于节能政策的介入，中国主要产品能耗均出现大幅下降（见表4-4）。然而，2005—2010年，中国能源消费总量持续增长，累计增加8.89亿吨标准煤，增长率达37.7%。能源消费量持续增长的主要原因是：中国快速经济增长背景下，技术节能降低能源消费量的效果被快速经济增长所带来的新一轮能源需求扩张抵消。

当分析能源消费强度（包含分能源品种的消费强度）的驱动因素时，在控制了产业结构等结构因素之后，收入水平对能源消费强度的影响主要体现为技术效应，而非规模效应。[2] 与此相对应，当分析能源消费量（包含分品种能源消费量）时，收入水平对能源消费的影响体现为技术效应和规模效应的总和。

关于收入水平的表征，沿用已有研究的通行做法，采用人均实际GDP指标，反映经济发展水平或富裕程度。其中，人口为各地区常住人口数；作为价值量的GDP各年度之间不具有直接的可比性，因此，本章将名义GDP换算为以2005年价格为基期的实际GDP。

6.1.2　以工业化率表征的结构效应

通常，随着收入水平的提高、技术的进步，产业结构的演进呈现一定的规律性。随着经济结构由前工业化阶段到工业化阶段，进而向后工业化阶段转型，经济的最终需求和能源消费也发生变化。在前工业化阶段，农业是主要产业，经济增长由低能源消费密度的基本需求驱动；进入工业化阶段，基础设施大量建设以满足大生产和大消费的需要，当资本的积累到了一定的程度后，工业化阶段的能源消费将处于稳定状

---

① 参见邵帅、杨莉莉、黄涛：《能源回弹效应的理论模型与中国经验》，载《经济研究》，2013（2）。

② Sadorsky，P.，2013. Do Urbanization and Industrialization Affect Energy Intensity in Developing Countries? *Energy Economics* 37，52−59.

态，因为工业化对能源的消费主要是对已有的耐用品的替代，而非耐用品存量的增加。在后工业化阶段，制造业被新兴的服务业替代，服务业的能源消费强度较低，致使后工业化阶段对能源消费的依赖度降低。[1]

按照三次产业划分，工业的能耗密度最大。例如，2010 年中国工业单位增加值能耗为 1.72 吨标准煤/万元，是同期第一产业能耗密度的 7.4 倍、建筑业的 5.8 倍、第三产业的 4.9 倍。同时，工业能耗是中国能耗的主体，2010 年工业能耗占我国能源消费总量的比重高达 68.3%。中国正处在工业化中期阶段[2]，工业化引致的能源消费仍以能源密集型为主要特点，能源消费总量有增加趋势。

需要指出的是，产业层面的结构效应有两层含义：第一，产业相对规模的变化。例如，服务业增速快于工业增速，服务业比重增加，而工业总规模同时上升带来的结构效应。第二，产业绝对规模的变化。例如，服务业增长的同时，工业规模的下降。

就指标而言，通常采用工业增加值占 GDP 的比例反映工业化水平，其对能源消费强度或能源消费量的驱动，主要反映不同经济结构（第一产业、工业、建筑业和第三产业）对能源消费的影响。由于工业比重呈现先上升、后下降的规律，为准确反映经济结构演进，根据研究需要可以加入第三产业比重以捕捉服务业发展水平。产业结构对能源消费强度或能源消费量的影响，与结构节能的节能资源配置方式相对应。

6.1.3　城镇化过程中的能耗效应

考虑到城镇化进程对能源消费的影响，更多属于管理节能的内容，

---

① Bernardini, O., Galli, R., 1993. Dematerialization: Long-term Trends in the Intensity of Use of Materials and Energy. *Futures* 25, 431-448. Sadorsky, P., 2013. Do Urbanization and Industrialization Affect Energy Intensity in Developing Countries? *Energy Economics* 37, 52-59.

② Jiang, Z., Lin, B., 2012. China's Energy Demand and Its Characteristics in the Industrialization and Urbanization Process. *Energy Policy* 49, 608-615.

是今后节能的重点领域，本章对城镇化对能源消费的影响机制进行较详细的分析。

随着收入和技术水平的提高，从历史上看，能源消费形式呈现重大转变。[①] 这个被称为能源转型的过程，指的是经济系统所依赖的能源品种和技术从一些品种向另一些品种的转变。[②] 能源转型理论认为，随着快速城镇化和对生态环境问题日益关注等社会经济变革，能源的使用朝着更加集约化和复杂化的方向演进，从传统的生物质能向化石能源，进而向网络化的清洁电力转型。[③]

从生物质能向化石能源的转型由城镇居民升级的能源需求和城市物理布局所决定。在现代城市里，供暖、制冷、照明、交通、通信等一系列服务的提供更加依赖紧凑型燃料，而不是诸如薪柴、秸秆和家畜粪便等传统能源。[④] 传统能源的低热值难以满足现代城市服务对能源集约化的要求。同时，城市中心土地的稀缺性促使在建筑结构上资本对土地的替代，使得高层建筑更为经济。[⑤] 除了集约化的能源需求，其他诸如密度更大的生活空间、燃料储存和收集空间局限性等因素不可避免地推动着从传统低热值燃料向紧凑型化石能源的转型。[⑥] 由于能源利用过程中

① Grubler, A., 2012. Energy Transitions Research: Insights and Cautionary Tales. *Energy Policy* 50, 8−16. Leach, G., 1992. The Energy Transition. *Energy Policy* 20, 116−123.

② Fouquet, R., Pearson, P. J. G., 2012. Past and Prospective Energy Transitions: Insights from History. *Energy Policy* 50, 1−7. Marcotullio, P. J., Schulz, N. B., 2008. Urbanization, Increasing Wealth and Energy Transitions: Comparing Experiences between the USA, Japan and Rapidly Developing Asia-Pacific Economies. Droege, P. *Urban Energy Transition: From Fossil Fuels to Renewable Power*. Elsevier, Amsterdam, Netherlands, 55−89.

③ Grubler, A., 2012. Energy Transitions Research: Insights and Cautionary Tales. *Energy Policy* 50, 8−16. Rutter, P., Keirstead, J., 2012. A Brief History and the Possible Future of Urban Energy Systems. *Energy Policy* 50, 72−80.

④ Rutter, P., Keirstead, J., 2012. A Brief History and the Possible Future of Urban Energy Systems. *Energy Policy* 50, 72−80.

⑤ Parikh, J., Shukla, V., 1995. Urbanization, Energy Use and Greenhouse Effects in Economic Development: Results from A Cross-national Study of Developing Countries. *Global Environmental Change* 5, 87−103.

⑥ Jones, D. W., 1989. Urbanization and Energy Use in Economic Development. *The Energy Journal* 10, 29−44. Jones, D. W., 1991. How Urbanization Affects Energy-use in Developing Countries. *Energy Policy* 19, 621−630. Pachauri, S., Jiang, L., 2008. The Household Energy Transition in India and China. *Energy Policy* 36, 4022−4035.

热量损失的减少，这种转型可能导致包含传统能源在内的能源消费总量的降低，尤其是对低收入国家而言。[1] 对于中国，相对于传统生物质能，化石能源利用过程中热量损耗的减少也使得城镇居民人均生活能耗出现下降。[2]

　　中国以煤炭为主的能源结构，引发了日益严重的空气污染[3]。同时，中国不可避免地承担日益增加的温室气体减排责任。从这个角度看，进一步的能源转型，即从化石能源向清洁能源转型更为迫切，因为这将决定中国能源消费的可持续性。由于城区人口聚集，污染物的排放可能超出局地环境的自净能力[4]，城镇化进程会将高污染的能源消费，例如煤炭燃烧，从城市中心区驱离。相反，电力被认为是最受欢迎的能源品种[5]，人们倾向于从人口密度小的发电厂通过大型的、复杂的输电网络向城市区域输送电力。尽管电力生产在地理上的重新分布和大型电网的应用有助于缓解城市空气污染，但是这种转变并不能解决温室气体排放问题。因此，在中国，更根本的能源转型将是可再生能源的开发应用，以同时解决局地空气污染和全球气候变化问题。

　　除能源转型之外，另一个理解城镇化对能源消费的影响机制的视角

---

　　[1]　Poumanyvong，P.，Kaneko，S.，2010. Does Urbanization Lead to Less Energy Use and Lower CO$_2$ Emissions? A Cross-country Analysis. *Ecological Economics* 70，434−444.

　　[2]　Sathaye，J.，Tyler，S.，1991. Transitions in Household Energy Use in Urban China，India，the Philippines，Thailand，and Hong Kong. *Annual Review of Energy and the Environment* 16，295−335.

　　[3]　Zheng，S.，Kahn，M. E.，2013. Understanding China's Urban Pollution Dynamics. *Journal of Economic Literature* 51，731−772.

　　[4]　Parikh，J.，Shukla，V.，1995. Urbanization，Energy Use and Greenhouse Effects in Economic Development：Results from A Cross-national Study of Developing Countries. *Global Environmental Change* 5，87−103.

　　[5]　Leach，G.，1992. The Energy Transition. *Energy Policy* 20，116−123. O'Neill，B. C.，Ren，X.，Jiang，L.，Dalton，M.，2012. The Effect of Urbanization on Energy Use in India and China in the iPETS Model. *Energy Economics* 34，Supplement 3，S339−S345. Sathaye，J.，Tyler，S.，1991. Transitions in Household Energy Use in Urban China，India，the Philippines，Thailand，and Hong Kong. *Annual Review of Energy and the Environment* 16，295−335. Zhou，W.，Zhu，B.，Chen，D.，Griffy-Brown，C.，Ma，Y.，Fei，W.，2012. Energy Consumption Patterns in the Process of China's Urbanization. *Population and Environment* 33，202−220.

是识别影响渠道，并将其划分为短期影响和长期影响。基于已有研究①，本章识别出城镇化影响能源消费的三个主要渠道。与农村居民相比，城镇居民由于更多的城市基础设施建设、民用建筑中更多的耗能设备以及使用更多机动化交通等消耗了更多的能源。城镇化引致诸如高层建筑、交通设施、供水、污水处理、环卫设施、排水系统等城市基础设施建设。② 这些城市基础设施刺激了包括钢铁、水泥、铝材和玻璃等高耗能建筑材料生产的扩张。③ 城市基础设施对能源消费的影响是间接性的，且这种城市建设引致的化石燃料消费可以归为短期的能耗效应。

相对而言，下述的两个渠道的能耗效应则是长期性的。城镇化对能源消费第二个影响渠道则是对民用建筑能源消费的影响，包括居住建筑和公共建筑。城镇居民较高的收入使其在居住建筑中的个人消费更为耗能，例如，电冰箱、空调、微波炉等家用电器的使用。城镇居民还将他

① Madlener, R., Sunak, Y., 2011. Impacts of Urbanization on Urban Structures and Energy Demand: What Can We Learn for Urban Energy Planning and Urbanization Management? *Sustainable Cities and Society* 1, 45–53. Sadorsky, P., 2013. Do Urbanization and Industrialization Affect Energy Intensity in Developing Countries? *Energy Economics* 37, 52–59. Wang, Q., 2014. Effects of Urbanisation on Energy Consumption in China. *Energy Policy* 65, 332–339. Zhou, W., Zhu, B., Chen, D., Griffy-Brown, C., Ma, Y., Fei, W., 2012. Energy Consumption Patterns in the Process of China's Urbanization. *Population and Environment* 33, 202–220.

② Parikh, J., Shukla, V., 1995. Urbanization, Energy Use and Greenhouse Effects in Economic Development: Results from A Cross-national Study of Developing Countries. *Global Environmental Change* 5, 87–103. Zhang, S., Qin, X., 2013. Comment on "China's Energy Demand and Its Characteristics in the Industrialization and Urbanization Process" by Zhujun Jiang and Boqiang Lin. *Energy Policy* 59, 942–945. Zhou, W., Zhu, B., Chen, D., Griffy-Brown, C., Ma, Y., Fei, W., 2012. Energy Consumption Patterns in the Process of China's Urbanization. *Population and Environment* 33, 202–220.

③ 尽管引致的能源消耗主要发生在工业部门，但本章将其归为城镇化影响能源消费的渠道主要是因为：第一，工业生产过程中的建筑材料能耗，是由城市基础设施建设需求所引致的，在中国，城镇化与重工业的能源消费息息相关（Zhang, S., Qin, X., 2013. Comment on "China's Energy Demand and Its Characteristics in the Industrialization and Urbanization Process" by Zhujun Jiang and Boqiang Lin. *Energy Policy* 59, 942–945.）；第二，工业化，即工业增加值占 GDP 的比重，主要表征经济结构在工业和第一产业、建筑业、第三产业等其他行业之间的变化，并不代表工业内部结构的变化。

们的活动范围延伸至公共建筑，例如政府机关、教育机构、超市、宾馆饭店、银行剧院等。这就不可避免地产生了除居住建筑之外的能源消费。第三条渠道是城镇化通过城市内部和城市间更密集的交通运输所导致的能耗增加。城市内部和城市间机动化的私人汽车和公共交通，会对能源消费产生较大影响。① 随着供应链延长，食品运输的距离增加；工业生产活动的投入和产品需要运输到更远的地方②；大规模的货物运输增加了交通能耗。

与此同时，城镇化过程中存在减少建筑和交通能源消费量的若干机制。一些技术措施具有节能效果，例如节能建筑、更高效的家用电器、集中供暖、高效的交通等。紧凑型城市理论认为，更高的城市人口密度将有利于实现城市公共交通的规模经济，通过降低汽车依赖度、减少旅行距离、降低电力供应中的损耗，实现节能效果。③ 这个理论进一步说明，不同类型城市扩张将对能耗产生不同影响。具体而言，相对于城市的水平扩张（城市区域的扩大），城市的垂直扩张（城市人口的增加）更可能通过规模经济促使能耗降低。另外，城镇化过程自身也存在降低能源消耗的可能性。一些城乡均等的公共服务（基础教育、基本医疗等），由于城镇服务人口更为集中，在生产和供应中存在节能效应。④

需要指出的是，城镇化讨论的是城镇人口对能源消费的影响，如果从生态环境承受角度看，人口规模也是一个重要的驱动因素。这在讨论能源消费总量驱动因素时，需要加以考虑。

① Jones，D. W.，1989. Urbanization and Energy Use in Economic Development. *The Energy Journal* 10，29-44.

② Jones，D. W.，1991. How Urbanization Affects Energy-use in Developing Countries. *Energy Policy* 19，621-630.

③ Burton，E.，2000. The Compact City: Just or Just Compact? A Preliminary Analysis. *Urban Studies* 37，1969-2006. Capello，R.，Camagni，R.，2000. Beyond Optimal City Size: An Evaluation of Alternative Urban Growth Patterns. *Urban Studies* 37，1479-1496.

④ Parikh，J.，Shukla，V.，1995. Urbanization, Energy Use and Greenhouse Effects in Economic Development: Results from A Cross-national Study of Developing Countries. *Global Environmental Change* 5，87-103.

6.2 能源消费强度驱动因素实证分析[①]

6.2.1 已有研究简述

就城镇化与能源消费的关系而言，已有研究主要采用跨国数据。城镇化与能源消费量具有正相关性得到很多研究的证实。[②] 例如，Jones[③]采用1980年59个发展中国家横截面数据，分析了城镇化对人均能耗的影响。在控制了收入水平和工业化后，城镇化对人均能耗的弹性为$0.35 \sim 0.48$。Parikh和Shukla[④]采用1965—1987年78个发展中和发达国家构成的混合面板数据，检验了城镇化对能源消费量的弹性。在控制了其他重要变量后，城镇化的能源消费弹性为$0.28 \sim 0.47$。值得指出的是，在不同收入水平的国家间，城镇化对能源消费存在异质性影响，这种异质性既体现为对能源消费总量的影响[⑤]，也体现为对交通能耗的

———————————

① 本节大部分内容（包括6.1.3节）摘自作者于2014年4月在 *Energy Economics* 上发表的论文 Does Urbanization Affect Energy Intensities Across Provinces in China? Long-run Elasticities Estimation Using Dynamic Panels with Heterogeneous Slopes，部分内容做了删减和调整。

② Jones, D. W. , 1989. Urbanization and Energy Use in Economic Development. *The Energy Journal* 10，29–44. Jones, D. W. , 1991. How Urbanization Affects Energy-use in Developing Countries. *Energy Policy* 19，621–630. Parikh, J. , Shukla, V. , 1995. Urbanization, Energy Use and Greenhouse Effects in Economic Development: Results from A Cross-national Study of Developing Countries. *Global Environmental Change* 5，87–103. Sadorsky, P. , 2013. Do Urbanization and Industrialization Affect Energy Intensity in Developing Countries? *Energy Economics* 37，52–59. York, R. , 2007. Demographic Trends and Energy Consumption in European Union Nations，1960—2025. *Social Science Research* 36，855–872.

③ Jones, D. W. , 1989. Urbanization and Energy Use in Economic Development. *The Energy Journal* 10，29–44.

④ Parikh, J. , Shukla, V. , 1995. Urbanization, Energy Use and Greenhouse Effects in Economic Development: Results from A Cross-national Study of Developing Countries. *Global Environmental Change* 5，87–103.

⑤ Poumanyvong, P. , Kaneko, S. , 2010. Does Urbanization Lead to Less Energy Use and Lower CO_2 Emissions? A Cross-country Analysis. *Ecological Economics* 70，434–444.

影响[1]。例如，Poumanyvong 和 Kaneko[2] 将 99 个发展中国家按照收入水平分为高收入组、中等收入组和低收入组，利用 1975—2005 年面板数据，发现城镇化降低了低收入组的能源消费量（含传统能源），弹性为−0.13，而对于中等收入组和高收入组，城镇化增加了能源消费量。尽管跨国研究对于理解城镇化对能源消费的总体影响具有意义，但城镇化影响能源消费的主要渠道以及对不同能源品种影响的差异没有被揭示出来，可能的原因是国家间具有的差异性以及数据可得性限制。

随着中国加速城镇化和日益增大的节能压力，中国的城镇化与能源消费的关系引起了研究者的关注。在国家层面，一些研究关注能源消费的驱动因素，认为城镇化与能源消费具有正相关性。[3] 通过利用时间序列数据，Liu[4] 采用 1978—2008 年数据检验了城镇化与能源消费的关系，发现两者间存在长期关联。进一步地，在中国总体层面，城镇化与能源消费强度间存在一个非对称的调整效应。[5] 通过对比中国农村居民与城镇居民能源消费，Wei 等[6]估算了两组群体直接和间接的能源消费量，发现对于农村居民而言，直接能耗是间接能耗的 1.86 倍，而对于城镇居民而言，间接能耗则是直接能耗的 2.44 倍。Wang[7] 分析了中国

---

[1]　Poumanyvong, P., Kaneko, S., Dhakal, S., 2012. Impacts of Urbanization on National Transport and Road Energy Use: Evidence from Low, Middle and High Income Countries. *Energy Policy* 46, 268−277.

[2]　Poumanyvong, P., Kaneko, S., 2010. Does Urbanization Lead to Less Energy Use and Lower CO₂ Emissions? A Cross-country Analysis. *Ecological Economics* 70, 434−444.

[3]　Wei, B., Yagita, H., Naba, A., Sagisaka, M., 2003. Urbanization Impact on Energy Demand and CO₂ Emission in China. *Journal of Chongqing University* (*Eng.* Ed). 46−50.

[4]　Liu, Y., 2009. Exploring the Relationship between Urbanization and Energy Consumption in China Using ARDL (Autoregressive Distributed Lag) and FDM (Factor Decomposition Model). *Energy* 34, 1846—1854.

[5]　Liu, Y., Xie, Y., 2013. Asymmetric Adjustment of the Dynamic Relationship between Energy Intensity and Urbanization in China. *Energy Economics* 36, 43−54.

[6]　Wei, Y.-M., Liu, L.-C., Fan, Y., Wu, G., 2007. The Impact of Lifestyle on Energy Use and CO₂ Emission: An Empirical Analysis of China's Residents. *Energy Policy* 35, 247−257.

[7]　Wang, Q., 2014. Effects of Urbanization on Energy Consumption in China. *Energy Policy* 65, 332−339.

生活能耗和生产能耗，发现由于规模经济和技术优势，城镇化减缓了人均能耗的增长，而城镇化带来的经济增长则显著增加了生产过程中的能耗。为了识别城镇化过程中主要的能耗部门，Zhou 等[1]估计了 1991—2005 年中国相关行业能源消费量，发现在中国的城镇化过程中，建筑材料生产部门和交通部门的能耗最大。

在省级层面，有大量研究通过采用面板数据模型，讨论能源消费强度区域差异的决定因素。[2] 例如，Herrerias 等[3]分析了中国能源消费强度与不同所有权投资的关系，面板数据估计结果表明外资和国内非国有投资对中国能源消费强度下降有促进作用。与基于全国总体数据的研究相比，采用省级层面数据的研究具有优势：能够捕捉到发展阶段差异导致的能源消费模式的区域差异[4]，以及城镇化阶段的区域差异[5]。考虑到中国的区域差异性，Zhang 和 Lin[6] 利用 1995—2010 年省级面板数据，分析了城镇化对总体能源消费量的影响，结论是城镇化增加了能源消费，这种影响具有区域性差异。尽管如此，在省级层面，城镇化对能

① Zhou, W., Zhu, B., Chen, D., Griffy-Brown, C., Ma, Y., Fei, W., 2012. Energy Consumption Patterns in the Process of China's Urbanization. *Population and Environment* 33, 202—220.

② Herrerias, M. J., Cuadros, A., Orts, V., 2013a. Energy Intensity and Investment Ownership Across Chinese Provinces. *Energy Economics* 36, 286－298. Karl, Y., Chen, Z., 2010. Government Expenditure and Energy Intensity in China. *Energy Policy* 38, 691－694. Song, F., Zheng, X., 2012. What Drives the Change in China's Energy Intensity: Combining Decomposition Analysis and Econometric Analysis at the Provincial Level. *Energy Policy* 51, 445－453. Yu, H., 2012. The Influential Factors of China's Regional Energy Intensity and Its Spatial Linkages: 1988—2007. *Energy Policy* 45, 583－593.

③ Herrerias, M. J., Cuadros, A., Orts, V., 2013a. Energy Intensity and Investment Ownership Across Chinese Provinces. *Energy Economics* 36, 286－298.

④ Dhakal, S., 2009. Urban Energy Use and Carbon Emissions from Cities in China and Policy Implications. *Energy Policy* 37, 4208－4219.

⑤ Shen, L., Cheng, S., Gunson, A. J., Wan, H., 2005. Urbanization, Sustainability and the Utilization of Energy and Mineral Resources in China. *Cities* 22, 287－302. Wang, Q., 2014. Effects of Urbanization on Energy Consumption in China. *Energy Policy* 65, 332－339.

⑥ Zhang, C., Lin, Y., 2012. Panel Estimation for Urbanization, Energy Consumption and CO$_2$ Emissions: A Regional Analysis in China. *Energy Policy* 49, 488－498.

源消费强度的影响尚未得到实证检验，更不用说分品种的能源消费强度（煤炭消费强度或电力消费强度）了。因此，城镇化对能源转型的影响以及城镇化影响能源消费的主要渠道仍然是未知的，尤其是尚未将区域差异性考虑进来。

对于中国省区市间能源消费模式和城镇化进程的差异，很多研究都给予了关注。[①] 为了分析区域差异，一些研究将中国省区市样本分为若干组，或者按照东、中、西部加入虚拟变量。[②] 然而，这种分组策略难以充分捕捉区域差异，因为中国的省级行政区比很多国家都大，每个省级行政区的能源消费模式都存在一些独有特征。已有文献的另一个不足是在估计面板数据模型时，没有检验并合理地处理残差项截面依赖性问题[③]，而截面或空间依赖性在使用跨国或省级面板数据时通常会出现。[④] 当采用中国省级面板数据时，残差项截面依赖性很可能出现，因为非观测的共同冲击既可以来自全球层面，也可以来自国家层面。忽略残差项

① Dhakal，S.，2009. Urban Energy Use and Carbon Emissions from Cities in China and Policy Implications. *Energy Policy* 37，4208－4219. Liu，Y.，Xie，Y.，2013. Asymmetric Adjustment of the Dynamic Relationship between Energy Intensity and Urbanization in China. *Energy Economics* 36，43－54. Shen，L.，Cheng，S.，Gunson，A. J.，Wan，H.，2005. Urbanization，Sustainability and the Utilization of Energy and Mineral Resources in China. *Cities* 22，287－302. Wang，Q.，2014. Effects of Urbanization on Energy Consumption in China. *Energy Policy* 65，332－339.

② Herrerias，M. J.，Cuadros，A.，Orts，V.，2013a. Energy Intensity and Investment Ownership Across Chinese Provinces. *Energy Economics* 36，286－298. Liu，Y.，Xie，Y.，2013. Asymmetric Adjustment of the Dynamic Relationship between Energy Intensity and Urbanization in China. *Energy Economics* 36，43－54. Zhang，C.，Lin，Y.，2012. Panel Estimation for Urbanization，Energy Consumption and CO_2 Emissions：A Regional Analysis in China. *Energy Policy* 49，488－498.

③ Herrerias，M. J.，Cuadros，A.，Orts，V.，2013a. Energy Intensity and Investment Ownership Across Chinese Provinces. *Energy Economics* 36，286－298. Karl，Y.，Chen，Z.，2010. Government Expenditure and Energy Intensity in China. *Energy Policy* 38，691－694.

④ Driscoll，J. C.，Kraay，A. C.，1998. Consistent Covariance Matrix Estimation with Spatially Dependent Panel Data. *The Review of Economics and Statistics* 80，549－560. Eberhardt，M.，2012. Estimating Panel Time-series Models with Heterogeneous Slopes. *Stata Journal* 12，61－71. Hoechle，D.，2007. Robust Standard Errors for Panel Regressions with Cross-Sectional Dependence. *Stata Journal* 3，281－312.

截面依赖性问题很可能产生对标准误差估计的非一致性①、明显的水平扭曲（size distortion），甚至出现有偏估计②，以至于降低估计结果的可信度。因此，应当对估计技术和模型设定策略进行优化以避免产生误导性的实证结论。

6.2.2　模型构建、估计方法与数据

a. 模型构建。

本节沿用 Jones③ 和 Sadorsky④ 的模型，实证检验中国省级能源消费强度的驱动因素。考虑到城镇化的能耗效应与管理节能更为相关，在节能手段中的位置逐渐凸显，本节将重点分析城镇化对能源消费强度的影响。除此之外，经济增长通过能源利用技术的进步和低能耗替代品的应用，对能源消费强度产生影响⑤，收入水平作为重要分析因素，用于捕捉技术效应⑥。工业化率作为重要的驱动因素，作为另一个自变量，反映经济结构的变迁对能源消费强度的冲击，基本的考量是创造单位产值，制造业比传统的农业和服务业消耗更多的能源。⑦

---

① Hoechle, D., 2007. Robust Standard Errors for Panel Regressions with Cross-Sectional Dependence. *Stata Journal* 3，281−312.

② Pesaran, M. H., 2006. Estimation and Inference in Large Heterogeneous Panels with A Multifactor Error Structure. *Econometrica* 74，967−1012.

③ Jones, D. W., 1989. Urbanization and Energy Use in Economic Development. *The Energy Journal* 10，29−44. Jones, D. W., 1991. How Urbanization Affects Energy-use in Developing Countries. *Energy Policy* 19，621−630.

④ Sadorsky, P., 2013. Do Urbanization and Industrialization Affect Energy Intensity in Developing Countries? *Energy Economics* 37，52−59.

⑤ Bernardini, O., Galli, R., 1993. Dematerialization：Long-term Trends in the Intensity of Use of Materials and Energy. *Futures* 25，431−448.

⑥ 参照 Galli, R., 1998. The Relationship between Energy Intensity and Income Levels：Forecasting Long Term Energy Demand in Asian Emerging Countries. *The Energy Journal* 19，85−105，本节基于静态模型加了收入水平的二次方项，在总体和分能源品种能源消费强度作为因变量的三个情形中，该二次方项均在5%的显著性水平上不显著。

⑦ 除此之外，经济全球化通过大规模的全球贸易和资金流影响中国经济。经济全球化通过出口扩张增加能源消费，存在规模效应。同时，通过节能技术的引进和对回弹效应的抑制，经济全球化也存在节能效应。考虑到全球化对中国能源消费的规模效应是中国制造业扩张的重要原因，而全球化的技术效应则为收入水平所表征的技术效应所捕获，本节在探讨能源消费强度驱动因素时未加入经济全球化指标。

采用省级面板数据，本节旨在实证分析能源消费强度的驱动因素，既包括总体能源消费强度，也将煤炭消费强度和电力消费强度纳入其中，以揭示不同能源消费强度驱动因素的差异性。为得到短期和长期系数，从而识别城镇化对能源消费主要的影响机制，本节采用动态面板数据模型。更关键的是，本节假定分省区市系数具有异质性，比假定各省区市具有相同的系数更为合理。因此，本节的模型设定如下[①]：

$$y_{it} = \alpha_{0i} y_{it-1} + \beta_{1i} x_{1it} + \beta_{2i} x_{2it} + \beta_{3i} x_{3it} + u_{it} \tag{10}$$

式中，y 为能源消费强度（总体或分能源品种）。x_1、x_2、x_3 分别为收入水平、城镇化率、工业比重。α_i、β_i 分别为异质性假定下的分省区市估计系数。令 $\alpha_{0i} = \alpha_0$，$\beta_{1i} = \beta_1$，$\beta_{2i} = \beta_2$，$\beta_{3i} = \beta_3$，即得到传统的单一系数模型。令 $\alpha_{0i} = 0$，将动态模型转化为静态模型。i 为省区市、t 为年份，u_{it} 为误差项。

b. 估计方法。

当采用省级面板数据时，一些非观测的或未加入模型的共同因素，包括全球性冲击（如战争、全球金融危机等）和国家层面冲击（如节能政策、新型城镇化战略、区域发展战略等），都会对各省区市的能源消费强度产生差异性的影响，即使在加入双向固定效应之后，也很可能出现误差项的截面依赖性问题。由此产生的水平扭曲和有偏的估计系数问题应当予以消除。[②] 因此，本节将式（10）重新写成一个包含多因子误差模型的更一般化的模型：

$$y_{it} = \alpha_{0i} y_{it-1} + \beta_{1i} x_{1it} + \beta_{2i} x_{2it} + \beta_{3i} x_{3it} + \alpha_{1i} + \lambda_i f_t + \varepsilon_{it} \tag{11}$$

式中，将随机误差项分拆为个体非时变固定效应（α_{1i}）、非观测的共同因素（f_t）、用于捕捉时变的异质性冲击和截面依赖性及异质性的因素载荷（λ_i），以及白噪声过程（ε_{it}）。如果共同因素（f_t）对自变量也施

---

① 在动态模型设定中，本节预先加入自变量和因变量的滞后一期。通过贝叶斯信息准则（BIC），结合滞后一期项的显著性，本节最终选择的模型中仅包含因变量的滞后一期项。

② Pesaran，M. H.，2006. Estimation and Inference in Large Heterogeneous Panels with A Multifactor Error Structure. *Econometrica* 74，967-1012.

加一定影响的话，在传统估计方法下，将出现内生性问题。

当出现异质性系数、截面依赖性、变量非平稳性时，采用下列组均值方法对模型进行估计：组均值（MG）估计[①]、共同相关效应组均值（CCEMG）估计[②]和扩展的组均值（AMG）估计。[③] MG 估计方法分别对每个截面个体，采用最小二乘回归法进行时间序列回归。回归时，加入截距项以捕捉固定效应，也可以加入线性趋势项以控制时变的非观测因素。之后，将获得的截面个体所对应的估计系数做平均，可以是加权平均或算数平均。在动态模型、横截面估计系数差异化条件下，MG 估计对于大 T 和 N 具有一致性。[④] 然而，MG 估计没有处理截面依赖性问题[⑤]，很可能产生水平扭曲和有偏估计。[⑥] CCEMG 估计方法则在估计每个截面时间序列时，加入了按照截面平均的自变量和因变量的时间序列作为额外的回归项。这样，CCEMG 估计就允许出现截面依赖性，以及时变的非观测共同因素对截面个体造成的异质性影响。[⑦] 按照横截面平均后的新的回归项，代表了非观测的共同因素，共同因素可以是任意多个确定的数量。具有良好的小样本属性和稳健的短期动态模型估计量，CCEMG 估计方法对于结构变化、非平稳性和非协整共同因素，以及特定的序列相关都具有稳健性。[⑧] 作为 CCEMG 估计方法的替代，

[①] Pesaran, M. H., Smith, R., 1995. Estimating Long-run Relationships from Dynamic Heterogeneous Panels. *Journal of Econometrics* 68, 79-113.

[②] Pesaran, M. H., 2006. Estimation and Inference in Large Heterogeneous Panels with A Multifactor Error Structure. *Econometrica* 74, 967-1012.

[③] Bond, S. R., Eberhardt, M., 2013. Accounting for Unobserved Heterogeneity in Panel Time Series Models, Discussing Paper, Nottingham, UK. Eberhardt, M., Bond, S., 2009. Cross-section Dependence in Nonstationary Panel Models: A Novel Estimator. Munich Personal RePEc Archive Working Paper No. 17870, Germany. Eberhardt, M., Teal, F., 2010. Productivity Analysis in Global Manufacturing Production. Economics Series Working Papers 515, Department of Economics, University of Oxford.

[④] 同①.

[⑤] Eberhardt, M., 2012. Estimating Panel Time-series Models with Heterogeneous Slopes. *Stata Journal* 12, 61-71.

[⑥⑦] 同②.

[⑧] Kapetanios, G., Pesaran, M. H., Yamagata, T., 2011. Panels with Non-stationary Multifactor Error Structures. *Journal of Econometrics* 160, 326-348.

AMG 方法首先利用一阶差分最小二乘方法，估计加入年度虚拟变量的混合面板数据模型，得到虚拟变量的估计值，形成一个新的时间序列。这个时间序列代表了共同的时变因素，作为新的回归变量加入每个截面时间序列回归之中。除此之外，截面时间序列回归时，需加入截距项，以控制非时变的固定效应。与 CCEMG 估计方法相似，AMG 估计方法在处理变量的非平稳性、多因素误差结构，尤其是截面依赖性问题上具有良好的表现。[1]

为了做对比，本节在估计静态、单一系数模型时，也采用了混合面板的最小二乘法（POLS）、固定效应模型（FE）和基于固定效应模型的工具变量法（FE-IV）。为了力证不同估计方法的表现，对静态、单一系数模型，静态、异质性系数模型和动态、异质性系数模型分别做了估计。采用两个主要的标准评估每一个估计的效果：残差项的截面依赖性检验和残差项的单位根检验。残差项的截面依赖性检验采用 Pesaran[2] 的方法，即 CD 检验，残差项的平稳性采用 Pesaran[3] 的考虑到截面相关性的 CIPS 检验。所有的 CIPS 检验采用滞后两期。

c. 数据。

中国的城镇化分为正规城镇化和非正规城镇化两种类型。[4] 中国的非正规城镇化指的是城市中存在的大量流动人口。为了应对该问题，中国的城镇人口定义为在城镇区域内生活半年以上的人员数量。城镇化率是城镇人口与该区域常住人口的比值。能源消费总量仅包含商品能源，

---

① Bond，S. R.，Eberhardt，M.，2013. Accounting for Unobserved Heterogeneity in Panel Time Series Models，Discussing Paper，Nottingham，UK. Eberhardt，M.，Bond，S.，2009. Cross-section Dependence in Nonstationary Panel Models：A Novel Estimator. Munich Personal RePEc Archive Working Paper No. 17870，Germany.

② Pesaran，M. H.，2004. General Diagnostic Tests for Cross Section Dependence in Panels. Cambridge Working Papers in Economics No. 435，University of Cambridge，and CESifo Working Paper Series No. 1229.

③ Pesaran，M. H.，2007. A Simple Panel Unit Root Test in the Presence of Cross-section Dependence. *Journal of Applied Econometrics* 22，265−312.

④ Zhu，Y.，1998. "Formal" and "Informal" Urbanization in China：Trends in Fujian Province. *Third World Planning Review* 20，267−284.

而将传统能源或非商品能源排除在外。结合以 2005 年价格为基期的实际 GDP，计算出各省区市总体的能源消费强度以及煤炭、电力的能源消费强度。采用人均实际 GDP 反映收入水平，采用工业增加值在名义GDP 中的比重反映工业化率。

本节所用数据均来自《中国统计年鉴》、《中国能源统计年鉴》、《新中国六十年统计资料汇编（1949—2008）》、各省区市统计年鉴等，涵盖1986 年至 2011 年 30 个省区市。[①] 所有变量均取自然对数，所估计的系数为弹性值。能源消费强度单位为吨标准煤/万元，煤炭消费强度单位为吨/万元，电力消费强度单位为兆瓦时/万元（均为 2005 年不变价）；收入水平单位为千元/人（2005 年不变价），城镇化率和工业化率单位均为％。需要指出的是，计算能源消费强度时，能源消费总量仅包含了商品能源消费，未包含生物质能、太阳能热利用等传统的、非商品能源品种。

变量的描述性统计见表 6-1。取自然对数后，煤炭消费强度在省区市之间呈现最大的差异性，电力消费强度和总体能源消费强度差异性紧随其后。三个自变量的差异性较小，尤其是工业化率。从 1986 年到2011 年，三个因变量呈下降趋势，煤炭消费强度年均下降率为 4.21％，下降最快，而电力消费强度下降速度较慢。同时，收入水平增长最快，反映出改革以来中国经济的快速增长。城镇化率和工业化率呈现出上升趋势也是合理的。

表 6-1　　　　　能源消费强度驱动因素相关变量描述性统计

项目	变量	均值	标准差	变异系数	最小值	最大值	观测数
取自然对数	总体能源消费强度	0.57	0.53	0.93	−0.61	1.82	754
	煤炭消费强度	0.53	0.74	1.40	−1.70	2.36	712
	电力消费强度	0.39	0.41	1.05	−0.41	1.76	730
	收入水平	2.05	0.89	0.43	0.29	4.55	780
	城镇化率	3.61	0.41	0.11	2.50	4.49	600
	工业化率	3.60	0.26	0.07	2.43	4.17	780

---

① 由于西藏自治区数据不可得，故未包含其中。重庆 1997 年成为直辖市，于是本研究将 1986—1996 年重庆的数据从四川省数据中扣除后单列。

续前表

项目	变量	均值	标准差	变异系数	最小值	最大值	观测数
年增长率（%）	能源消费强度	−3.69	6.73	1.82	−45.40	36.74	719
	煤炭消费强度	−4.21	8.70	2.07	−51.99	35.26	658
	电力消费强度	−0.85	7.19	8.46	−38.54	42.83	685
	收入水平	9.46	4.01	0.42	−24.40	32.89	750
	城镇化率	3.03	4.11	1.36	−9.28	56.00	563
	工业化率	0.61	4.91	8.05	−16.28	23.99	750

注：年增长率数据通过对各变量取自然对数后一阶差分得到。

6.2.3　实证检验结果

表 6-2 至表 6-4 列出了基于三个因变量、不同模型、不同估计方法的实证分析结果。对于静态、单一系数模型（见表 6-2），采用 POLS、FE 和 FE-IV 估计；对于异质性系数模型，则采用 MG、CCEMG 和 AMG 方法分别估计。

传统估计方法的均方误差均比对应的采用组均值估计得到的均方误差大。由于采用组均值估计时，加入了新的解释变量，因此，这种现象是合理的。残差项的另外两个性质，即截面相关性和平稳性在决定估计效果时更为关键。在采用传统的 FE、FE-IV 方法下，存在显著的误差项截面依赖性，可能导致估计系数有偏和过度拒绝原假设等严重的估计后果。同时，在采用传统估计方法下，残差项均存在非平稳性问题，可能出现伪回归。这些发现说明，如果截面依赖性和残差项非平稳性得不到合适处理，采用传统估计方法可能得出误导性的实证结论。

在处理了截面相关和趋势后，根据 CD 检验和 CIPS 检验，CCEMG 和 AMG 方法的表现更好；MG 方法并不尽如人意，因为该方法未对截面相关性做技术处理。令人意外的是，在处理上述问题时，当因变量为总体能源消费强度和电力消费强度时，效果较好，而对于煤炭消费强度，在处理截面依赖性和非平稳性问题时效果并不十分理想。因此，在分析煤炭消费强度驱动因素时，应当更为谨慎。

表6-2 静态、单一系数模型的估计结果（能源消费强度）

	总体能源消费强度			煤炭消费强度			电力消费强度		
	POLS	FE	FE-IV	POLS	FE	FE-IV	POLS	FE	FE-IV
收入水平	-0.886 a (-22.34)	-0.532 b (-2.12)	-0.514 a (-6.47)	-1.146 a (-19.96)	-0.305 (-1.09)	-0.339 a (-3.22)	-0.689 a (-15.54)	-0.589 c (-1.77)	-0.550 a (-5.23)
城镇化	0.793 a (15.30)	0.203 (1.09)	0.220 a (3.63)	0.748 a (9.37)	0.268 c (1.91)	0.294 a (3.52)	0.537 a (9.30)	0.290 (1.03)	0.316 a (3.89)
工业化	0.606 a (13.23)	0.537 a (3.78)	0.532 a (9.75)	1.325 a (17.59)	0.691 a (3.65)	0.697 a (7.68)	0.499 a (13.59)	0.560 b (2.43)	0.526 a (6.44)
常数项	-2.687 a (-11.78)	-0.921 b (-2.15)	-0.967 b (-2.35)	-4.835 a (-13.73)	-1.853 b (-2.60)	-1.894 a (-2.78)	-2.216 a (-10.38)	-1.768 a (-3.41)	-1.795 a (-3.69)
调整的 R^2	0.638	0.848	0.829	0.617	0.815	0.789	0.353	0.508	0.477
均方误差	0.322	0.120	0.119	0.462	0.156	0.155	0.359	0.137	0.132
CD检验	0.161	0.013	0.019	0.517	0.026	0.000	0.018	0.010	0.000
CIPS检验	1.000	1.000	1.000	1.000	1.000	1.000	1.000	1.000	1.000
观测数	585	585	569	559	559	543	575	575	559
时间效应	No	Yes	Yes	No	Yes	Yes	No	Yes	Yes
个体效应	No	Yes	Yes	No	Yes	Yes	No	Yes	Yes

注："均方误差"反映模型残差项的大小；POLS为混合面板模型；FE为双向固定的面板数据模型；FE-IV为基于固定效应模型的工具变量估计，收入水平的工具变量包括年度虚拟变量、城镇化、工业化以及收入人的滞后一期。括号中为t值，分别对残差项截面依赖性和平稳性进行检验，原假设分别为截面无关、存在单位根。a、b、c分别出对应的p值，分别对应显著性水平在1%、5%、10%的系数在统计上显著。

根据 CCEMG 和 AMG 方法的估计结果，城镇化对总体能源消费强度具有正的显著影响（表 6-3 和表 6-4 四个系数中三个显著）。同时，城镇化对电力消费强度也有正的显著影响（表 6-3 和表 6-4 四个系数中两个显著）。对于煤炭消费强度，估计系数不显著，甚至出现负值（表 6-4 中为-0.117）。因此，城镇化对煤炭消费强度的影响比较模糊。在影响程度上，根据静态、异质性系数模型（见表 6-3），城镇化对总体能源消费强度的弹性为 0.333~0.348，对电力消费强度的弹性为 0.108~0.320。总体上，城镇化推高了中国总体能源消费强度和电力消费强度。

类似地，工业化对总体能源消费强度具有正的影响，在 CCEMG 和 AMG 方法下，估计系数不如在传统方法下显著。工业的短期能源消费强度弹性为 0.05~0.18（见表 6-3），远低于传统方法下的 0.53（见表 6-2）。同样，对于电力消费强度的弹性，传统方法下的 0.53~0.56 远远高于 CCEMG 和 AMG 方法下的 0.12~0.22。这也说明，截面相关性的存在导致出现水平扭曲和内生性问题，采用传统方法的估计结果很可能具有误导性。

对于收入水平，估计结果均为负值，且对总体能源消费强度和电力消费强度的影响是显著的。与城镇化和工业化相反，收入水平的提高有助于拉低能源消费强度。这与已有研究发现的结论具有一致性，即技术效应在中国能源消费强度下降过程中发挥了重要作用。[①] 例如，在静态、异质性系数模型中，收入水平提高 1%，电力消费强度下降 0.316%~0.431%。

对于能源消费强度滞后一期，估计系数均为正值，在 CCEMG 和 AMG 方法下，大部分是显著的。对于总体能源消费强度、煤炭消费强度、电力消费强度，估计系数分别为 0.092~0.178，0.186~0.306 和 0.156~0.281，反映出较低程度的黏性。

---

① Herrerias, M. J., Cuadros, A., Orts, V., 2013a. Energy Intensity and Investment Ownership across Chinese Provinces. *Energy Economics* 36, 286-298. Ma, C., Stern, D. I., 2008. China's Changing Energy Intensity Trend: A Decomposition Analysis. *Energy Economics* 30, 1037-1053. Zhang, Z., 2003. Why did the Energy Intensity Fall in China's Industrial Sector in the 1990s? The Relative Importance of Structural Change and Intensity Change. *Energy Economics* 25, 625-638.

表6-3　静态、异质性系数模型的估计结果（能源消费强度）

	总体能源消费强度			煤炭消费强度			电力消费强度		
	MG	CCEMG	AMG	MG	CCEMG	AMG	MG	CCEMG	AMG
收入水平	−0.536ᵃ (−6.69)	−0.178 (−1.33)	−0.308ᵃ (−5.41)	−0.463ᵃ (−4.87)	−0.582ᵃ (−3.14)	−0.099 (−1.60)	−0.255ᵃ (−4.75)	−0.431ᵃ (−3.47)	−0.316ᵃ (−5.54)
城镇化	0.233 (1.26)	0.348ᵇ (2.26)	0.333ᵇ (2.16)	0.136 (0.48)	0.198 (0.66)	0.592ᵇ (2.36)	0.233 (1.42)	0.320ᶜ (1.82)	0.108 (0.91)
工业化	0.818ᵃ (5.46)	0.181ᵇ (2.07)	0.045 (0.69)	0.844ᵃ (4.44)	0.362ᵇ (2.55)	0.087 (0.62)	0.450ᵃ (3.57)	0.122 (0.78)	0.217ᵇ (2.23)
常数项	−2.772ᵃ (−3.53)	−0.852 (−0.63)	0.023 (0.04)	−2.935ᵃ (−2.78)	−1.023 (−0.59)	−0.772 (−0.84)	−1.936ᵃ (−2.58)	−1.294 (−1.31)	−0.808 (−1.17)
均方误差	0.082	0.036	0.045	0.106	0.059	0.068	0.071	0.040	0.054
CD检验	0.000	0.104	0.181	0.000	0.000	0.077	0.000	0.359	0.304
CIPS检验	1.000	0.001	0.066	0.862	0.774	0.953	0.763	0.002	0.936
观测数	585	585	585	559	559	559	575	575	575

注："均方误差"反映残差项的大小，括号中为 t 值；CD检验和CIPS检验列出的是 p 值；原假设分别为截面不相关、存在单位根；a、b、c 分别为系数在1%、5%、10%的显著性水平上显著；估计系数是分省区市系数未加权的算术平均。

表6-4　动态、异质性系数模型的估计结果（能源消费强度）

	总体能源消费强度			煤炭消费强度			电力消费强度		
	MG	CCEMG	AMG	MG	CCEMG	AMG	MG	CCEMG	AMG
因变量滞后一期	0.534ª (8.16)	0.178ª (2.97)	0.092 (1.52)	0.668ª (12.17)	0.186 (1.58)	0.306ª (5.01)	0.454ª (7.19)	0.156ᵇ (2.23)	0.281ª (4.59)
收入水平	−0.251ª (−7.02)	−0.134 (−0.88)	−0.263ª (−6.37)	−0.197ª (−3.62)	−0.279 (−1.45)	−0.026 (−0.39)	−0.208ª (−6.13)	−0.444ᵇ (−2.35)	−0.302ª (−6.84)
城镇化	0.282ᵇ (2.40)	0.112 (1.26)	0.339ᵇ (2.50)	0.132 (0.79)	−0.117 (−0.36)	0.221 (1.09)	0.327ª (3.04)	0.197 (1.45)	0.212ᵇ (2.09)
工业化	0.317ª (4.97)	0.114 (1.11)	0.045 (0.91)	0.227ᵇ (2.56)	0.382ᵇ (2.10)	0.024 (0.23)	0.210ª (2.71)	0.254 (1.54)	0.146ᵇ (2.32)
常数项	−1.617ª (−3.73)	−1.060 (−0.84)	−0.594 (−1.46)	−0.950 (−1.42)	−0.380 (−0.16)	−0.342 (−0.36)	−1.513ª (−3.65)	−1.343 (−1.47)	−0.790ᵇ (−1.99)
均方误差	0.049	0.027	0.035	0.066	0.037	0.049	0.051	0.034	0.044
CD检验	0.000	0.785	0.106	0.000	0.976	0.023	0.000	0.342	0.819
CIPS检验	0.363	0.036	0.000	0.823	0.156	0.000	0.019	0.076	0.001
观测数	563	563	563	525	525	525	547	547	547

注："均方误差"反映残差项的大小；括号中为 t 值；CD检验和 CIPS 检验列出的是 p 值，原假设分别为截面不相关，存在单位根；a、b、c 分别为系数在 1%、5%、10%的显著性水平上显著；估计系数是分省区市系数未加权的算数平均。

6.2.4 结果分析与讨论

根据动态模型估计结果，计算出短期和长期弹性（见表 6 - 5），并以 CCEMG 和 AMG 方法估计结果为准。总体上，中国的城镇化推高了总体能源消费强度和电力消费强度，即使将中国城镇化过程中规模经济的节能效果考虑其中。城镇化率增加 1%，总体能源消费强度增加率为 0.14%～0.37%，电力消费强度的增加则为 0.23%～0.29%。

表 6 - 5　　　　　能源消费强度驱动因素的短期弹性和长期弹性

		总体能源消费强度			煤炭消费强度			电力消费强度		
		MG	CCEMG	AMG	MG	CCEMG	AMG	MG	CCEMG	AMG
短期弹性	收入水平	−0.25	−0.13	−0.26	−0.19	−0.28	−0.03	−0.21	−0.44	−0.30
	城镇化	0.28	0.11	0.34	0.13	−0.12	0.22	0.33	0.20	0.21
	工业化	0.32	0.11	0.05	0.23	0.38	0.02	0.21	0.25	0.15
长期弹性	收入水平	−0.54	−0.16	−0.29	−0.58	−0.34	−0.04	−0.38	−0.53	−0.42
	城镇化	0.61	0.14	0.37	0.40	−0.14	0.32	0.60	0.23	0.29
	工业化	0.68	0.14	0.05	0.68	0.47	0.03	0.38	0.30	0.20

通过对比短期弹性和长期弹性，可以识别出城镇化影响中国能源消费的主要渠道。背后的逻辑是：建筑材料相关的能耗仅包含短期冲击，而建筑运行能耗、交通能耗则具有长期效应。总体上，在中国，城镇化率对总体能源消费强度的短期弹性占到对应长期弹性的 82.2%（CCEMG 方法下）～90.8%（AMG 方法下）。因此，城镇化对能耗的长期冲击仅占全部影响的一个较小比重。也就是说，建筑运行能耗、交通能耗并不是最主要的影响渠道，建筑材料生产过程中的能耗很可能是推高中国能源消费量的主要渠道。作为对比，本节的结论与 Sadorsky[①] 在研究 76 个发展中国家时的结论不一致，该研究中短期弹性仅占长期弹性的一半左右。这种差异是合理的，因为在研究的时间段内，76 个发展中国家年均城镇化率增长率仅为 1.04%，而中国 1986—2011 年城

---

① Sadorsky，P.，2013. Do Urbanization and Industrialization Affect Energy Intensity in Developing Countries? *Energy Economics* 37，52—59.

镇化率增长率则高达 3.03％，快速城镇化对高耗能建筑材料的需求更为强劲。同时，本节识别的影响渠道，与 Zhou 等[1]估算的中国城镇化的能源消费具有一致性。例如，该研究估算的 2005 年城镇建筑材料和交通能耗分别为 2.283 亿吨标准煤和 0.316 亿吨标准煤，而同期居民建筑能耗则更小。

另外，长期弹性与短期弹性之差反映的是建筑运行能耗和交通能耗对能源消费强度的影响，对于总体能源消费强度，该值为 0.03，对于电力消费强度则为 0.03～0.08。也就是说，城镇化过程的长期能耗效应同样推高了能源消费强度。这个结论意味着，城镇化过程中，城镇居民日常生活中的能耗增量完全抵消了由规模经济带来的节能效果。中国的城镇化过程存在城镇的大规模横向扩张，这导致城镇人口密度不断下降。例如，从 2000 年至 2011 年，中国建成区人口密度下降了 33.9％。[2] 这个现象与紧凑型城市理论相违背，损害了城镇化过程中规模经济产生的潜在节能效果。上述分析意味着，城市管理者应当鼓励更紧凑的城市发展布局，而不是简单地大规模横向扩张。

为进一步揭示区域差异，基于 AMG 估计方法，本节计算了各个省区市的城镇化对总体能源消费强度的弹性。根据短期弹性和长期弹性的关系，将 30 个省级行政区分为四组：

第一组：具有正的短期弹性和更大的长期弹性。包括北京、福建、江苏、四川、河南、河北、湖北、湖南、黑龙江、吉林、内蒙古、甘肃、宁夏和陕西 14 个省区市。该组与中国的总体情形类似，除了宁夏和北京，其他地区短期弹性占到长期弹性的大部分。对北京而言，短期弹性仅占到长期弹性的 26.7％，这意味着在北京建筑运行能耗和交通能耗是城镇化主要的能耗渠道。由于北京的城镇化率从 1986 年起即维持在高水平，从 1986 年的 60.4％进一步提高为 2011 年的 86.2％，

---

[1]　Zhou, W., Zhu, B., Chen, D., Griffy-Brown, C., Ma, Y., Fei, W., 2012. Energy Consumption Patterns in the Process of China's Urbanization. *Population and Environment* 33, 202-220.

[2]　参见国务院：《国家新型城镇化规划（2014—2020 年）》，新华社，2014-04-16。

该结论是合理的。

第二组：具有负的短期弹性和更大的长期弹性。包括广东、浙江、山东、山西和青海。这些地区的建筑运行能耗和交通能耗对能源消费强度的冲击为正。

第三组：具有正的短期弹性和更小的长期弹性。包括天津、海南、江西、云南、广西、贵州和新疆。这些地区的长期能耗效应对能源消费强度的冲击为负值，城镇居民日常能耗很可能更为高效，规模经济发挥了较大作用。

第四组：具有负的短期弹性和更小的长期弹性。包括上海、重庆、安徽和辽宁。数据显示，这些地区的城镇化可以同时降低短期能耗强度和长期能耗强度。例如，在上海，1%的城镇化率增长，可以分别降低短期能源消费强度 0.80% 和长期能源消费强度 1.485%。结合 Zhang 和 Lin[1] 对中国东部地区的类似研究，上海的城镇化过程很可能是符合紧凑型城市理论的，由于规模经济和节能技术的应用，城镇化推动了能源消费强度的下降。上海的城镇化模式应当在中国优先推广，通过城市布局优化和节能技术推广，降低城镇居民的能源消耗。

通过对比城镇化对不同能源品种影响的差异，可以进一步分析城镇化在推动中国能源转型过程中的作用。城镇化显著推高了电力消费强度，而对煤炭消费强度的作用并不显著。正如 Gates 和 Yin[2] 所强调的，城镇化过程中大量煤炭的燃烧将导致空气污染问题，反过来会降低城区煤炭的消费量。因此，通过大型电网的输电，城市区域煤炭消费部分地为清洁的电力所替代，而将煤炭的消费转嫁到其他地区。例如，2011 年北京地区 67.3% 的电力消费源于外省区市的输入。然而，地理上的错位并不能消除跨区域的空气污染和全球气候变化问题，能源消费向可再生能源的转型是治本之策。尽管近年来，中国在可再生能源开发

① Zhang, C., Lin, Y., 2012. Panel Estimation for Urbanization, Energy Consumption and CO₂ Emissions: A Regional Analysis in China. *Energy Policy* 49, 488-498.

② Gates, D. F., Yin, J. Z., 2004. Urbanization and Energy in China: Issues and Implications. Chen, A., Liu, G. G., Zhang, K. H. *Urbanization and Social Welfare in China*. Ashgate Publishing Limited, Burlington, USA, 351-371.

利用上出台了一系列政策①，可再生能源发电占发电总量的比重仍然较低。城镇化能够加速能源的清洁化转型，但中国向可再生能源的转型仍然任重道远。

为进一步在省级层面揭示城镇化对能源转型的作用，在 AMG 估计方法下，计算了 30 个省区市城镇化的短期弹性，并做出了核密度图（见图 6-1）。对于电力消费强度，城镇化的弹性大多数为正，意味着总体上城镇化推高了电力的消费强度。对于煤炭消费强度，情况则有所不同。核密度图上存在两个次峰，意味着一些省区市城镇化过程中已实现与煤炭消费的脱钩，例如上海、重庆。而同时，一些省区市在城镇化过程中严重依赖煤炭消费，如河南、陕西。因此，在分析城镇化对能源转型的影响时，未考虑到区域差异性的结论可能具有误导性。

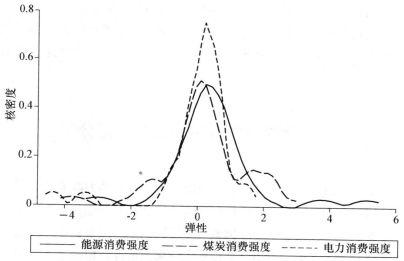

图 6-1　城镇化对总体能源消费强度分省区市弹性的
　　　　核密度图

最后，为进一步理解收入水平、城镇化和工业化等驱动因素对中国

　　① Ma, B., Song, G., Smardon, R. C., Chen, J., 2014a. Diffusion of Solar Water Heaters in Regional China: Economic Feasibility and Policy Effectiveness Evaluation. *Energy Policy* 72, 23-34. Wang, F., Yin, H., Li, S., 2010. China's Renewable Energy Policy: Commitments and Challenges. *Energy Policy* 38, 1872-1878.

能源消费强度的影响,将中国作为一个总体的案例,分析和模拟当前和未来的影响。1986—2011 年,中国的人均 GDP、城镇化率、工业化率的年增长率平均为 8.94％、2.99％ 和 0.13％。通过采用 CCEMG 和 AMG 方法估计系数的均值,这三个驱动因素每年使总体能源消费强度下降 1.24％。其中,收入水平拉低了 2.01％,城镇化推高了 0.76％,而工业化推高了仅 0.01％。对于电力消费强度,三个驱动因素使其每年下降 3.44％,其中收入水平、城镇化、工业化的贡献分别为—4.25％、0.78％ 和 0.03％。本节的模型可以在一定程度上反映中国近年来能源消费强度的下降。在这个过程中,与工业化相比,城镇化是推高能源消费强度的主要因素。至 2035 年中国的城镇化率将达到 73％,每年的增长速度约为 1.5％[①],对降低能源消费强度将产生持续压力。同时,2011—2035 年中国年均经济增长率将回落至 5.7％。[②] 因此,城镇化对能源消费强度的影响将更为突出。随着城镇化率的不断提高,城镇居民建筑运行能耗和交通能耗在节能管理中的位置也越来越重要。

6.3 能源消费量驱动因素实证分析

为对比驱动因素的差异,分析节能评价指标对地方政府节能手段的激励,本节采用与上一节相同的估计方法,实证分析能源消费总量、煤炭消费量、电力消费量的驱动因素。所不同的是,本节根据经济活动对生态环境造成冲击的 STIRPAT 模型进行实证估计,根据已有文献,将人口、富裕度、技术水平等驱动因素进行了细化。

6.3.1 已有研究简述

在能源消费量决定因素的研究方面,通过因果检验和协整分析确定

---

① ② IEA,2013. World Energy Outlook 2013. International Energy Agency,Paris,France.

GDP 与能源消费之间的短期和长期关系是一个重要分支。Yuan 等[1]采用中国总体数据,检验了 GDP 与能源消费总量和分品种能源消费量之间的因果关系。结果发现,就短期影响而言,能源消费总量和煤炭消费量均不是 GDP 的格兰杰原因,而 GDP 则是能源消费总量和煤炭消费量的格兰杰原因,即 GDP 与能源消费总量、煤炭消费量间存在单向因果关系。Shahbaz 等[2]同样采用中国 1971—2011 年数据,发现了中国能源消费是 GDP 的格兰杰原因。

在省级层面,Akkemik 等[3]采用异质性面板因果检验技术,检验了中国 30 个省区市能源消费和 GDP 的因果关系。结果发现,有 19 个省区市 GDP 是能源消费的格兰杰原因,有 14 个省区市能源消费是 GDP 的格兰杰原因,因果关系在其余省区市并不显著。Zhang 和 Xu[4] 采用 1995—2008 年省级面板数据,验证了经济增长不仅在全国层面也在省级层面和部门层面导致了能源消费量的增加,即 GDP 是能源消费的格兰杰原因。Herrerias 等[5]利用 1995—2009 年中国省级数据,采用面板协整方法,检验了 GDP 和能源消费的长期和短期关系。结果表明,不同时期、不同能源品种下,能源消费与 GDP 之间存在并不一致的因果关系。总体而言,1995—2009 年,中国的经济增长是能源消费的格兰杰原因,并且这种关系是单向的。

可见,不论是在中国总体层面,还是在省级层面,不同的实证研究

---

[1]　Yuan, J.-H., Kang, J.-G., Zhao, C.-H., Hu, Z.-G., 2008. Energy Consumption and Economic Growth: Evidence from China at Both Aggregated and Disaggregated Levels. *Energy Economics* 30, 3077-3094.

[2]　Shahbaz, M., Khan, S., Tahir, M. I., 2013. The Dynamic Links between Energy Consumption, Economic Growth, Financial Development and Trade in China: Fresh Evidence from Multivariate Framework Analysis. *Energy Economics* 40, 8-21.

[3]　Akkemik, K. A., Göksal, K., Li, J., 2012. Energy Consumption and Income in Chinese Provinces: Heterogeneous Panel Causality Analysis. *Applied Energy* 99, 445-454.

[4]　Zhang, C., Xu, J., 2012. Retesting the Causality between Energy Consumption and GDP in China: Evidence from Sectoral and Regional Analyses Using Dynamic Panel Data. *Energy Economics* 34, 1782-1789.

[5]　Herrerias, M. J., Joyeux, R., Girardin, E., 2013b. Short-and Long-run Causality between Energy Consumption and Economic Growth: Evidence across Regions in China. *Applied Energy* 112, 1483-1492.

得出的结论也不尽相同。尽管如此，大多数研究证实了经济增长是驱动能源消费量增加的一个重要因素。

与上述研究采用协整和因果检验的方法不同，另一类研究则通过建立包含多个驱动因素在内的多元回归模型，更全面地识别并量化驱动能源消费量增加的因素。Poumanyvong 和 Kaneko[①] 通过构建一个包含人口、城镇化、收入水平、产业结构等解释变量在内的模型，采用普通最小二乘法、固定效应模型、处理一阶自相关的 Prais-Winsten 估计、一阶差分估计法，实证分析了 1975—2005 年 99 个国家能源消费总量的决定因素。结果表明，人口规模、收入水平、工业化率、服务业比重、城镇化率等因素都显著推高了能源消费总量；不同收入组之间呈现出一定的差异性，对于低收入组，城镇化显著地降低了能源消费总量。随后，Zhang 和 Lin[②] 采用类似的模型，在中国省级层面，验证了中国能源消费总量的决定因素。估计方法则包含了双向固定效应、可行的广义最小二乘回归、面板校正标准误（PCSE）、Driscoll-Kraay 标准误等。实证结果表明，除了服务业比重外，人口规模、城镇化率、收入水平、工业化率等因素均显著推高了能源消费总量。在区域层面，东部地区的服务业发展推高了能源消费总量，而中部地区服务业的发展有助于降低能源消费总量。

尽管以上研究为揭示能源消费量的驱动因素做了探索并得出了有启发性的结论，但也存在诸多不足。第一，与能源消费强度决定因素的研究类似，采用省级层面面板数据，通常会出现截面相关性问题[③]，而已有研究均未正视并合理处理该问题，致使估计结果可能出现严重偏误（例如，过度拒绝原假设，甚至有偏估计等）。第二，已有研究中针对能源消费量的决定，仅关注了能源消费总量，并未详细分析分品种能源消费量的决定因素。尤其是当不同能源品种驱动因素存在差异时，分品种能源消费量驱动因素的分析可以为揭示能源消费驱动因素提供更全面、

① Poumanyvong, P., Kaneko, S., 2010. Does Urbanization Lead to Less Energy Use and Lower CO_2 Emissions? A Cross-country Analysis. *Ecological Economics* 70，434-444.

②③ Zhang, C., Lin, Y., 2012. Panel Estimation for Urbanization, Energy Consumption and CO_2 Emissions: A Regional Analysis in China. *Energy Policy* 49，488-498.

深入分析的视角。第三，采用省级面板数据，进而采用东部、中部和西部的分组回归，并不能充分捕捉中国在经济发展水平、能源消费模式等方面的区域差异性等。

因此，本节利用 1986—2011 年 30 个省区市面板数据，采用组均值估计方法，以克服截面相关性、残差项的非平稳性等问题。

6.3.2　模型构建、估计方法与数据

a. 模型构建。

如果将能源消费总量、煤炭消费量或电力消费量看成经济活动对环境造成冲击的代理变量，在研究其驱动因素时，可以考虑采用环境影响驱动因素模型。事实上，能源消费是众多空气污染物的主要来源，将能源消费量当作环境冲击的代理变量的假定是合理的。

Ehrlich 和 Holdren[1] 提出了一个旨在揭示人口和经济因素对环境影响的恒等式，即 $I = PAT$。环境影响（I）由三个因素的乘积决定：人口规模（P）、人均消费（通常用人均收入水平作为代理变量）（A）和环境损害技术水平或单位经济活动的环境影响（T）。该等式非常简单和实用，在研究环境变迁的驱动因素方面得到了较广泛的应用。[2] 然而，也存以下两方面的主要局限[3]：第一，它仅是一个数学等式，不能直接用于每个变量对环境影响的假设检验；第二，它简单地假定三个驱动因素对环境影响的弹性都是 1，这与实际情况并不符合。

IPAT 模型后来被改进为 STIRPAT 模型，即将之前的确定性模型改为随机影响的回归模型[4]：$I_i = a P_i^b A_i^c T_i^d u_i$。其中，$a$ 为常数项，b、

---

[1]　Ehrlich, P. R., Holdren, J. P., 1971. Impact of Population Growth. *Science* 171, 1212–1217.

[2]　York, R., Rosa, E. A., Dietz, T., 2003. STIRPAT, IPAT and ImPACT: Analytic Tools for Unpacking the Driving Forces of Environmental Impacts. *Ecological Economics* 46, 351–365.

[3]　Dietz, T., Rosa, E. A., 1994. Rethinking the Environmental Impacts of Population, Affluence and Technology. *Human Ecology Review* 1, 277–300.

[4]　Dietz, T., Rosa, E. A., 1997. Effects of Population and Affluence on CO_2 Emissions. *Proceeding of the National Academy of Sciences of the United States of America* 94, 175–179.

c、d 分别为人口规模、富裕程度、技术水平的系数，u 为误差项，i 为个体标号。更关键的是，在新的模型中，技术水平 T 还可以由 P、A 之外的其他多个变量表征。例如，Martínez-Zarzoso 等[1]采用工业增加值占 GDP 比重、能源消费强度作为技术水平的代理变量，Shi[2] 则将工业增加值占 GDP 比重、服务业增加值占 GDP 比重两个变量作为技术水平的代理变量。除此之外，城镇化作为人口统计学中的一个重要变量，也常常被纳入分析。[3]

基于以上分析，本节采用 STIRPAT 模型实证分析中国能源消费量的决定因素。为揭示不同驱动因素的短期和长期弹性，本节在传统静态模型的基础上，引入变量滞后项构建动态面板数据模型。对 STIRPAT 模型取对数后，得到原始模型如下：

$$\ln I_i = \ln a + b \ln P_i + c \ln A_i + d \ln T_i + \ln u_i \tag{12}$$

式中，I 为环境影响，P、A、T 分别为人口规模、富裕程度、技术水平，u 为随机误差项。针对能源消费量驱动因素的研究，因变量为能源消费总量、煤炭消费量或电力消费量。本节沿用 Shi[4] 的做法，将工业增加值占 GDP 比重、服务业增加值占 GDP 比重作为技术水平的代理变量，并引入城镇化这一重要指标，构建的动态面板数据模型[5]如下：

$$\ln Energy_{it} = a_0 \ln Energy_{it-1} + \beta_1 \ln P_{it} + \beta_2 \ln A_{it} + \\ \beta_3 \ln URB_{it} + \beta_4 \ln IND_{it} + \beta_5 \ln SV_{it} + u_{it} \tag{13}$$

① Martínez-Zarzoso, I., Bengochea-Morancho, A., Morales-Lage, R., 2007. The Impact of Population on CO_2 Emissions: Evidence from European Countries. *Environmental and Resource Economics* 38, 497−512.

② York, R., Rosa, E. A., Dietz, T., 2003. STIRPAT, IPAT and ImPACT: Analytic Tools for Unpacking the Driving Forces of Environmental Impacts. *Ecological Economics* 46, 351−365.

③ York, R., 2007. Demographic Trends and Energy Consumption in European Union Nations, 1960—2025. *Social Science Research* 36, 855−872.

④ Shi, A., 2003. The Impact of Population Pressure on Global Carbon Dioxide Emissions, 1975—1996: Evidence from Pooled Cross-country Data. *Ecological Economics* 44, 29−42.

⑤ 在动态模型设定中，本节预先加入自变量和因变量的滞后一期。通过贝叶斯信息准则，结合滞后一期项的显著性，本节最终选择的模型仅包含因变量的滞后一期项。

式中，$Energy$ 为能源消费总量或煤炭消费量或电力消费量；P 为人口规模，用辖区常住人口指标表征；A 为富裕程度，用常住人口平均的实际 GDP 反映；URB 为城镇化率；IND 和 SV 分别为工业增加值和第三产业增加值占 GDP 的比重；α 和 β 为估计系数；u 为随机误差项。该模型假定估计系数在不同截面个体之间是相同的，即不存在异质性问题。

b. 估计方法。

考虑到中国省级行政区面积大、经济发展阶段和能源消费模式差异显著，系数同质性的假定并不符合实际情况。进一步地，在采用省级面板数据时，难以观测的或未进入模型的共同冲击因素可能对截面个体产生差异性影响，进而产生截面相关性问题。因此，为正视这些问题的存在并克服由此产生的估计问题，本节将上述模型进一步写成一个包含多误差结构的、估计系数因截面而异的一般化的模型：

$$\ln Energy_{it}=a_{0i}\ln Energy_{it-1}+\beta_{1i}\ln P_{it}+\beta_{2i}\ln A_{it}+\beta_{3i}\ln URB_{it}+ \\ \beta_{4i}\ln IND_{it}+\beta_{5i}\ln SV_{it}+\alpha_{1i}+\lambda_i f_t+\varepsilon_{it} \tag{14}$$

式中，α 和 β 为估计系数，随截面个体的不同而不同；将随机误差项分拆为个体非时变固定效应（α_{1i}）、非观测的共同因素（f_t）、用于捕捉时变的异质性冲击和截面依赖性及异质性的因素载荷（λ_i），以及白噪声过程（ε_{it}）。

当出现异质性系数、截面依赖性、变量非平稳性时，采用下列组均值方法对模型进行估计：MG 估计、CCEMG 估计和 AMG 估计。与上一节采用的方法完全一致，详情参见 6.2.2 节相应内容。

c. 数据。

本节采用的数据涵盖 1986—2011 年中国 30 个省级行政区。[①] 本节所用数据均来源于公开发行的年鉴等资料，包括《中国统计年鉴》、《中国能源统计年鉴》、《新中国六十年统计资料汇编（1949—2008）》、各省

---

① 由于西藏自治区数据不可得，故未包含其中。重庆 1997 年成为直辖市，于是本研究将 1986—1996 年重庆的数据从四川省数据中扣除后单列。

区市统计年鉴等。

其中，能源消费总量包含了所有的商品能源消费（水电、风电、核电等非化石能源也包含其中），由于受到统计数据可得性制约，将传统生物质能、沼气、地热能、太阳能热利用等非商品能源排除在外，单位为万吨标准煤；煤炭消费量是在行政辖区内煤炭的消费总量，既包括终端消费，也包括加工转换投入量，单位为万吨；电力消费为辖区内的终端消费量，既包括本地自发自用的量，也包括外地输入的量。

人口规模为辖区内常住人口，单位为万人；城镇化率为城镇常住人口占常住总人口的比重，常住人口指的是在一个统计年度内，在居住地区居住超过半年的人口；收入水平用人均实际 GDP 反映，实际 GDP 以 2005 年价格为基期，单位为千元/人；工业化率采用工业增加值占 GDP 的比重表示，均为当年价格，单位为％；服务业比重实际上是第三产业增加值占 GDP 的比重，均为当年价格，单位为％。

为估计弹性，对所有变量取自然对数。如表 6-6 所示，收入水平的样本差异最大；从增长率上看，收入水平年均增长率为 9.46％，电力消费量年均增长率为 9.57％，快于煤炭消费量年均增长率（6.17％），也快于能源消费总量 6.85％ 的年均增长率。各变量的均值、标准差、变异系数、最小值、最大值和观测数见表 6-6。

表 6-6　　　　　能源消费量驱动因素相关变量描述性统计

项目	变量	均值	标准差	变异系数	最小值	最大值	观测数
取自然对数	能源消费量	8.41	0.88	0.10	4.80	10.52	754
	煤炭消费量	8.42	0.96	0.11	4.22	10.57	712
	电力消费量	5.94	0.99	0.17	2.64	8.39	730
	人口规模	8.06	0.80	0.10	6.04	9.26	780
	收入水平	2.05	0.89	0.43	0.29	4.55	780
	城镇化率	3.61	0.41	0.11	2.50	4.49	600
	工业化率	3.60	0.26	0.07	2.43	4.17	780
	服务业比重	3.58	0.19	0.05	2.96	4.33	780

续前表

项目	变量	均值	标准差	变异系数	最小值	最大值	观测数
年增长率 (%)	能源消费总量	6.85	7.13	1.04	−35.39	48.11	719
	煤炭消费量	6.17	9.08	1.47	−41.98	48.63	658
	电力消费量	9.57	7.36	0.77	−28.52	60.31	685
	人口规模	1.08	1.96	1.81	−9.48	32.28	750
	收入水平	9.46	4.01	0.42	−24.4	32.89	750
	城镇化率	3.03	4.11	1.36	−9.28	56.00	563
	工业化率	0.61	4.91	8.05	−16.28	23.99	750
	服务业比重	1.57	5.43	3.46	−17.88	27.63	750

注：年增长率数据通过对各变量取自然对数后一阶差分得到。

6.3.3　实证检验结果

表 6-7 列出了静态、异质性系数模型的估计结果。根据 CD 检验，在 CCEMG 和 AMG 两种估计方法下，残差项的截面依赖性问题得到了解决，从而避免了出现过度拒绝原假设等问题；根据 CIPS 检验，在 AMG 估计下，多数回归的残差项不存在单位根，序列平稳。

根据 CCEMG 和 AMG 方法，能源消费总量的驱动因素中，只有人口规模、收入水平两个因素是显著的，随着人口规模的扩大、收入水平的提高，能源消费总量不断增加。以 AMG 估计为准，人口规模增加 1%，能源消费总量增加 0.98%；收入水平增加 1%，能源消费总量则增加 0.55%。虽然城镇化、工业化、服务业比重的回归系数均为正，但都不显著。这说明不同地区间城镇化、工业化、服务业比重的差异并不是决定能源消费量差异的主要驱动因素。

对于煤炭消费量，根据 AMG 估计，仅收入水平在 1% 显著性水平上显著，服务业比重在 10% 显著性水平上显著。对于电力消费量，根据 AMG 估计，仅收入水平在 1% 显著性水平上显著，城镇化在 5% 显著性水平上显著。随着收入的提高，煤炭消费量、电力消费量同时增加，而随着服务业比重的提高，煤炭消费量出现下降。在持续的城镇化过程中，城镇化的提高对电力的需求有促进作用。

表6-7 静态、异质性系数模型的估计结果（能源消费量）

	能源消费总量			煤炭消费量			电力消费量		
	MG	CCEMG	AMG	MG	CCEMG	AMG	MG	CCEMG	AMG
人口规模	1.151* (1.66)	1.827*** (3.80)	0.980** (1.96)	0.725 (1.20)	1.038 (1.39)	0.206 (0.46)	0.822 (1.44)	0.094 (0.22)	0.201 (0.52)
收入水平	0.492*** (5.31)	0.397*** (2.67)	0.550*** (7.51)	0.626*** (7.89)	1.200*** (3.14)	0.614*** (8.10)	0.760*** (9.35)	0.326* (1.91)	0.506*** (8.25)
城镇化	0.361 (1.34)	0.316 (1.50)	0.162 (1.15)	0.141 (0.64)	0.045 (0.13)	0.235 (1.15)	0.257** (1.96)	0.160 (0.98)	0.235** (2.44)
工业化	0.233* (1.72)	0.082 (0.56)	0.091 (1.27)	0.244 (1.07)	−0.233 (−0.77)	0.004 (0.02)	0.222* (1.78)	0.108 (0.42)	0.070 (0.64)
服务业比重	−0.120 (−1.12)	0.017 (0.11)	0.084 (1.50)	−0.344 (−1.58)	−0.146 (−0.62)	−0.226* (−1.72)	−0.164 (−1.27)	−0.014 (−0.14)	−0.082 (−0.99)
常数项	−4.905 (−0.99)	−9.879** (−2.36)	−1.050 (−0.30)	−2.102 (−0.55)	−2.381 (−0.50)	2.300 (0.61)	−5.521 (−1.37)	1.060 (0.26)	2.759 (0.87)
均方误差	0.058 4	0.029 2	0.041 5	0.079 4	0.044 9	0.058 7	0.055 9	0.030 0	0.044 7
CD检验	0.000	0.493	0.386	0.000	0.041	0.637	0.000	0.239	0.712
CIPS检验	0.013	0.981	0.018	0.186	1.000	0.001	0.002	0.722	0.518
观测数	585	585	578	559	559	552	575	575	568

注："均方误差"反映残差项的大小；括号中为t值；CD检验检验出的是p值，CD检验和CIPS检验的原假设分别为截面不相关，存在单位根；估计系数是分省区市系数未加权的算术平均。

*、**、***分别为系数在1%、5%、10%的显著性水平上显著；****、*、*

进一步地，估计了动态模型（见表 6-8）。根据 CD 检验，CCEMG 和 AMG 估计下，残差项的截面依赖性问题均得到了克服；根据 CIPS 检验，至少在 AMG 估计下，残差项并不存在单位根，即残差项是平稳的。本节以 AMG 方法估计结果为准。

根据 AMG 估计结果，对于能源消费总量，滞后一期的估计系数为 0.072，不显著；人口规模（10%）、收入水平（1%）、城镇化（5%）、工业化（5%）均对能源消费总量构成显著影响，且四个变量的影响均为正。人口规模提高 1%、收入水平提高 1%、城镇化提高 1%、工业化提高 1%，分别会增加能源消费总量的 0.724%、0.438%、0.250%、0.185%。服务业比重的影响并不显著。

而对于煤炭消费量，在 AMG 估计下，仅收入水平一个因素是显著的。对于电力消费量，收入水平、城镇化、工业化三个因素是显著的。

6.3.4　结果分析与讨论

依据动态模型估计结果，计算了各个驱动因素的短期弹性和长期弹性（见表 6-9）。由于因变量滞后一期的估计系数较小，各驱动因素的长期弹性中，短期弹性占较大比重。例如，在 AMG 估计方法下，城镇化对能源消费总量的短期弹性为 0.25，对应的长期弹性为 0.27。

表 6-9　　能源消费量驱动因素的短期弹性和长期弹性

驱动因素		能源消费总量			煤炭消费量			电力消费量		
		MG	CCEMG	AMG	MG	CCEMG	AMG	MG	CCEMG	AMG
短期弹性	人口规模	0.61	1.00	0.72	−0.12	0.66	0.48	0.61	0.78	0.32
	收入水平	0.22	0.58	0.44	0.44	0.57	0.57	0.52	0.81	0.42
	城镇化	0.44	0.22	0.25	−0.01	0.51	−0.03	0.47	0.14	0.33
	工业化	0.23	0.06	0.19	0.15	0.24	0.04	0.20	0.10	0.18
	服务业比重	−0.15	0.07	0.10	−0.34	−0.01	−0.16	−0.07	0.18	−0.08
长期弹性	人口规模	1.00	1.07	0.78	−0.20	0.73	0.54	0.78	0.74	0.36
	收入水平	0.37	0.63	0.47	0.72	0.63	0.64	0.67	0.76	0.47
	城镇化	0.73	0.24	0.27	−0.01	0.56	−0.03	0.60	0.13	0.37
	工业化	0.39	0.07	0.20	0.25	0.27	0.04	0.25	0.10	0.20
	服务业比重	−0.24	0.08	0.11	−0.56	−0.01	−0.17	−0.09	0.17	−0.09

表6-8 动态、异质性系数模型的估计结果（能源消费量）

	能源消费总量			煤炭消费量			电力消费量		
	MG	CCEMG	AMG	MG	CCEMG	AMG	MG	CCEMG	AMG
滞后一期	0.393*** (4.95)	0.069 (0.76)	0.072 (1.04)	0.391*** (5.40)	0.098 (0.95)	0.108* (1.76)	0.219** (2.56)	-0.065 (-0.70)	0.108* (1.71)
人口规模	0.607 (1.41)	0.995*** (2.60)	0.724* (1.84)	-0.120 (-0.25)	0.662 (1.57)	0.480 (1.21)	0.607 (1.18)	0.783** (2.01)	0.324 (0.69)
收入水平	0.222*** (2.66)	0.582*** (5.98)	0.438*** (4.68)	0.438*** (4.42)	0.565*** (2.69)	0.570*** (6.55)	0.522*** (4.71)	0.812*** (3.19)	0.417*** (4.46)
城镇化	0.443** (2.33)	0.224 (1.20)	0.250** (2.20)	-0.009 (-0.05)	0.508* (1.75)	-0.030 (-0.16)	0.467*** (3.65)	0.136 (0.90)	0.328*** (2.92)
工业化	0.234** (2.51)	0.061 (0.42)	0.185** (2.15)	0.153 (0.84)	0.240 (1.16)	0.037 (0.24)	0.199** (1.97)	0.104 (0.61)	0.178* (1.88)
服务业比重	-0.148 (-1.59)	0.074 (0.69)	0.098 (1.36)	-0.338* (-1.91)	-0.007 (-0.04)	-0.155 (-1.09)	-0.072 (-1.10)	0.182 (1.08)	-0.076 (-0.95)
常数项	-5.649 (-1.25)	-1.148 (-0.28)	-1.213 (-0.37)	4.696 (1.25)	-0.455 (-0.12)	1.564 (0.47)	-4.874 (-1.39)	-5.927 (-1.51)	-0.146 (-0.04)
均方误差	0.0421	0.0247	0.0323	0.0580	0.0287	0.0456	0.0463	0.0267	0.0407
CD检验	0.000	0.053	0.787	0.000	0.365	0.488	0.000	0.331	0.993
CIPS检验	0.000	1.000	0.000	0.361	1.000	0.170	0.006	0.989	0.001
观测数	556	556	548	518	518	510	540	540	532

注："均方误差"反映残差项的大小；括号中为 t 值；CD检验和CIPS检验列出的是 p 值，原假设设为截面不相关，存在单位根；***、**、* 分别为系数在1%、5%、10%的显著性水平上显著；估计系数是分省区市系数未加权的算数平均。

收入水平对能源消费总量、煤炭消费量、电力消费量的影响最为显著，一致性最好，收入水平的提高是能源消费最稳定的驱动因素。换句话说，经济增长是能源消费量持续增加的最重要原因。就城镇化而言，短期弹性占长期弹性的绝大部分，与上一节的情形类似，这说明在城镇化影响能源消费量的三个机制中，短期的影响（城镇基础设施建设的建筑材料能耗）是主要的渠道，而建筑运行能耗和交通能耗的增加带来的长期能耗所占比重较小。

相对于收入水平，城镇化、工业化、服务业比重的弹性都较小。对于不同能源品种，在 AMG 估计方法下，城镇化对电力消费的短期弹性为 0.33，大大高出对煤炭消费的短期弹性－0.03，也高出对能源消费总量的短期弹性 0.25。也就是说，城镇化对电力的需求刺激作用最大。

需要指出的是，受到数据可得性的制约，能源消费量未包含非商品能源，本章实证分析结果，实际上是低估了收入水平提高、工业化，尤其是城镇化过程中高热值能源对低热值能源的替代带来的能源结构优化和节能效果。

6.4　节能资源配置视角的指标评估与改进思路

基于能源消费强度、能源消费量两组节能评价指标驱动因素的实证分析，从不同指标对地方政府节能资源的优化配置角度，对比各指标驱动因素的差异，评估节能评价指标的优劣。采用传统的技术节能、结构节能和管理节能的划分，讨论不同指标对地方政府节能方向和节能资源配置方式的影响。

6.4.1　技术节能

就收入水平（或人均 GDP）而言，当研究对象为能源消费强度驱动因素时，回归系数反映的是技术效应。[1] 实证分析表明，技术效应是

---

[1]　Sadorsky, P., 2013. Do Urbanization and Industrialization Affect Energy Intensity in Developing Countries? *Energy Economics* 37, 52－59.

中国能源消费强度下降的主要驱动因素，这也与众多的研究结论相一致。① 也就是说，在节能目标责任制引入之前，技术效应已经在中国能源消费强度的下降中持续地发挥了重要作用，甚至是主要作用。随着"十一五"以来以能源消费强度下降率为主要指标的节能评价制度的引入，以提高能源利用效率为主体的节能政策大量出台，实际上是强化了以技术节能为主要节能手段的格局。例如，淘汰落后产能、十大重点节能工程等节能政策多数属于技术节能措施。"十一五"期间，在实现的节能量中，技术因素贡献了 69%，结构因素仅贡献了 23%。②

从中央和地方政府多任务委托代理视角看，晋升激励和税收激励将地方政府塑造为增长型政府，过分看重经济增长必然对节能激励造成扭曲。在以能源消费强度下降率为节能考评指标时，GDP 是拉低能源消费强度的最主要因素，这与地方政府发展 GDP 的冲动不谋而合。换句话说，以能源消费强度下降率为主的节能评价指标，客观上强化了地方政府发展经济的激励。

相对而言，当将能源消费量作为节能评价指标时，收入水平的提高会推高能源消费总量，因此，通过发展经济完成节能目标已变得不可能，这在客观上能够促进地方政府将更多精力放在真实节能上。

对于能源消费总量而言，尽管技术进步产生了一定的节能效果，但这些节能效果被新一轮的投资扩张和需求增加引致的能源扩张完全抵消，从而表现出规模扩张效应。也就是说，当将能源消费量作为节能评价指标时，地方政府通过节能技术改造实现节能目标的激励仍然存在，该激励通过减弱经济增长的收入效应对能源消费总量产生影响。

① Herrerias, M. J., Cuadros, A., Orts, V., 2013a. Energy Intensity and Investment Ownership Across Chinese Provinces. *Energy Economics* 36, 286-298. Ma, C., Stern, D. I., 2008. China's Changing Energy Intensity Trend: A Decomposition Analysis. *Energy Economics* 30, 1037-1053. Zhang, Z., 2003. Why did the Energy Intensity Fall in China's Industrial Sector in the 1990s? The Relative Importance of Structural Change and Intensity Change. *Energy Economics* 25, 625-638.

② 参见齐晔：《中国低碳发展报告（2011—2012）——回顾"十一五"展望"十二五"》，北京，社会科学文献出版社，2011。

值得注意的是，随着"十一五"期间技术节能措施的大规模采用，一些技术落后的工业设备已经被技术先进的设备替代，技术节能的空间也被压缩。考虑到中国的单位产品能耗已经达到或接近世界先进水平，技术节能的潜力在下降，将更多节能资源配置于结构节能领域显得越来越重要。[①]

6.4.2　结构节能

结构节能指的是通过产业结构、行业结构、产品结构的优化调整实现节能目标的一系列措施。需要指出的是，这里讨论的结构节能主要是指随着经济的增长、最终需求的变化而产生的节能效果；为了节能而调整产业结构（例如，淘汰落后产能），仅仅是结构节能的一项内容。结构节能多大程度上发挥节能效果实际上是由经济的最终需求的结构决定的。由于中国正处于工业化中期阶段[②]，工业化的能耗模式仍然以高耗能为主，同时，快速持续的城镇化对城市基础设施建设的需求在短期内并不会减少，这些都压缩了结构节能的空间。尽管如此，合理的节能评价指标应当能够激励地方政府朝着有利于节能的方向引导产业结构、行业结构和产品结构的转型。

在以能源消费强度为节能评价指标时，不同产业部门间万元增加值能耗差异巨大。例如，2010年第一产业、工业、建筑业、第三产业万元增加值能耗分别为0.23吨标准煤、1.72吨标准煤、0.30吨标准煤和0.35吨标准煤，工业能耗强度是第一产业的7.5倍，是建筑业的5.7倍，是第三产业的4.9倍。也就是说，降低工业比重，发展第三产业，有助于实现万元GDP能耗的下降。2010年万元GDP能耗下降率贡献率分解中，第三产业的贡献率高达64.1%（见图4-6）。这也

---

① Ke, J., Price, L., Ohshita, S., Fridley, D., Khanna, N. Z., Zhou, N., Levine, M., 2012. China's Industrial Energy Consumption Trends and Impacts of the Top-1000 Enterprises Energy-saving Program and the Ten Key Energy-saving Projects. *Energy Policy* 50, 562-569.

② Jiang, Z., Lin, B., 2012. China's Energy Demand and Its Characteristics in the Industrialization and Urbanization Process. *Energy Policy* 49, 608-615.

从另一个侧面说明了：结构节能尽管十分重要，但受到高耗能行业最终需求强劲的拉动，在"十一五"期间，从节能量贡献率上看，产业结构调整的贡献率仍然较小。[①]

相对而言，以能源消费量为节能评价指标时，不仅会激励地方政府优化产业结构降低能耗，也会在规模或总量上施加约束。要实现能源消费量控制目标，仅大力发展第三产业，提高第三产业比重往往不能奏效；与经济最终需求结构相适应，还需要控制甚至压缩高耗能的工业。要通过结构变化提高节能效果，就必须是低能耗服务业快速发展的同时，高能耗产业绝对规模下降，而不是高耗能产业扩张的同时，服务业更快成长导致的结构变化。实证分析也表明，尽管服务业比重对能源消费总量的影响在统计上并不显著，但估计系数仍然为正，仅提高服务业比重并不利于实现能源消费总量的降低，尤其是在服务业通过替代第一产业增加比重的情况下。

随着我国城镇化达到较高水平，城镇基础设施的建设需求下降，最终需求由高耗能产业向服务型产业的转变将有助于推动结构节能发挥节能效果。

6.4.3 管理节能

随着工业领域技术节能潜力下降，居民建筑能耗、交通能耗的比重上升，社会领域节能越来越成为节能管理的重点领域。伴随着持续的城镇化进程，从能源消费端入手，促进居民能源消费行为转变、培养环境友好的生活方式等管理节能更为重要。[②]

以万元 GDP 能耗下降率为节能评价指标时，由于收入水平的提高，

---

① 参见齐晔：《中国低碳发展报告（2011—2012）——回顾"十一五"展望"十二五"》，北京，社会科学文献出版社，2011。

② Yuan, J., Kang, J., Yu, C., Hu, Z., 2011. Energy Conservation and Emissions Reduction in China: Progress and Prospective. *Renewable and Sustainable Energy Reviews* 15，4334-4347. Zhang, D., Aunan, K., Martin Seip, H., Vennemo, H., 2011. The Energy Intensity Target in China's 11th Five-year Plan Period: Local Implementation and Achievements in Shanxi Province. *Energy Policy* 39，4115-4124.

即经济的增长是实现万元 GDP 能耗下降的最有效、最直接的途径，这在客观上激励地方政府将更多的精力放在经济增长上，通过做大分母，实现万元 GDP 能耗的下降，同时采取一些短平快的技术措施，加快万元 GDP 能耗的下降，以最直接的方式实现节能目标。在这个过程中，管理难度较大、见效慢、旨在实现长远节能的社会领域节能措施往往被忽视，例如，忽视优化城镇布局、节能型交通网络、引导低碳消费行为等长远节能措施①等。

与此同时，在城镇化过程中，紧凑型的城市空间布局、有利于节能的城镇公共设施设计思路等都具有长远的节能意义。城镇的大规模横向扩张，占用更多的土地，扩大了城镇基础设施建设需求，降低了城镇人口密度，在城镇基础设施提供服务过程中，难以发挥规模经济所产生的节能效果；相反，紧凑型的城镇设计、集约的土地利用、人口密度的增加，有助于减少交通能源消耗、降低单位公共服务的能源消耗，使规模经济发挥作用，从而产生长远的节能效果。

除此之外，建筑运行能耗和交通能耗与人的消费行为息息相关，该部分能源消费逐渐成为主要的能耗来源。采用节能型建筑设计、利用可再生能源、提高耗能设备的使用效率、减少能源浪费、选用低碳型交通出行方式等，都是未来节能管理的潜在领域。值得指出的是，城镇化过程中对清洁能源的需求，为推动可再生能源的应用提供了契机，这个过程与化石能源消费量增长率/下降率产生的节能激励具有一致性。

在以万元 GDP 能耗下降率为主的节能评价体系下，相对于发展经济、做大分母、采取立竿见影的技术节能措施，管理节能并不为管理者所青睐。而节能评价指标引入（化石）能源消费量，通过阻断与经济增长的直接关联性，降低通过做大 GDP 实现节能目标的机会主义倾向，同时降低技术节能在节能评价中的比重，客观上能够突出结构节能尤其

---

① Eaton，S.，Kostka，G.，2014. Authoritarian Environmentalism Undermined? Local Leaders' Time Horizons and Environmental Policy Implementation in China. *The China Quarterly* 218，359-380.

是管理节能的重要性。

6.5 小结

本章通过识别能源消费强度、能源消费量的驱动因素，并基于省级面板数据模型进行了实证分析，探讨了不同指标对节能资源配置的引导作用。改革开放以来，中国的经济持续快速增长，收入水平不断提高，并伴随快速工业化、城镇化进程，这些根本性的重大变革都是驱动推高消费强度和能源消费量的重要因素。基于此，构建了面板数据计量经济模型，实证分析了能源消费强度（总体能源消费强度、煤炭消费强度、电力消费强度）的驱动因素以及能源消费量（能源消费总量、煤炭消费量、电力消费量）的驱动因素。

实证结果表明，收入水平是能源消费强度下降主要的驱动因素，技术效应是能源消费强度下降的主要因素，工业化比重增加则会推高能源消费强度，而城镇化进程也同样推高了能源消费强度，这说明城镇化过程中规模经济产生的节能效果被城镇化能源消费的增加完全抵消。而对能源消费量而言，人口规模、收入水平、工业化和城镇化均推高了能源消费总量，技术效应的节能效果为收入的增长、经济的扩张效果所抵消，城镇化的节能效果为城镇居民能源消耗的增量所抵消。

对于节能评价指标而言，以万元 GDP 能耗下降率为主的评价指标，强化了地方政府做大 GDP 的激励，与采取以技术节能为主的节能手段相适应，从而在客观上忽视了结构节能尤其是管理节能。随着技术节能的空间被压缩、经济的最终需求由基础设施建设向消费需求转型、能源消费由工业能耗向建筑和交通能耗转变，结构节能尤其是管理节能在节能管理中的地位越来越重要。将能源消费量引入节能评价指标体系，有利于遏制地方政府通过做大 GDP 实现节能目标的投机行为，也能将更多的资源配置到管理节能上，通过城市布局优化设计、能源需求侧管理等措施，引导消费者的用能行为，实现长远节能。

　　需要指出的是，本章重点分析通过节能评价指标的改进，激励地方政府节能努力的优化配置，以期实现节能激励方向和节能手段的优化。强调政府在节能中的主导地位，并不是忽视市场机制在节能中所发挥的基础性作用，通过节能激励的优化，可以提高地方政府在建立反映资源稀缺状况和外部成本的能源资源价格机制中的积极性，通过更多采用价格机制、财税手段，政策引导、合理规划，抑制能源消费量的过快增长，达到预期的节能效果。

第7章 结论、建议与启示

7.1 结论与建议

7.1.1 主要结论

节能目标责任制的确立在塑造地方政府节能激励、引导地方政府落实节能政策方面发挥了重要作用。但是,以万元 GDP 能耗下降率为主的节能评价指标存在诸多问题:第一,难以抑制化石能源消费量过快增长;第二,不利于激励可再生能源的开发利用;第三,地方节能统计与国家统计数据之间衔接不上;第四,能源消费统计未与地方政府节能激励相结合;第五,以技术节能为导向的考评体系难以有效激励结构节能和管理节能;等等。在节能目标责任制框架下,对当前节能指标的评估和改进,是重塑地方政府节能激励、规范地方政府节能行为、促进真实节能的重要途径。

节能指标的评估需建立在地方政府激励机制之上。地方官员财政创收和仕途晋升的双重激励将地方政府塑造为经济增长型政府,这种强力激励在推动经济快速增长的同时，成为地方政府节能激励被扭曲的根源。与此同时，中国大宗能源价格的市场化不充分，化石能源消费普遍存在价格补贴，且存在资源耗减的代际外部性、环境污染的跨地区外部性、能源安全的国际外部性、气候变化的全球外部性。市场自发的节能激励并不充分，地方政府节能激励的微观基础不坚实。节能跨行政区外部性决定了中央政府是节能的动力源泉。节能评价指标是节能压力自上而下传递的抓手，这也是本研究对节能指标进行评估的出发点。

（1）与节能内涵的匹配性。

这部分内容旨在分析节能指标激励的内容是否符合节能的内涵、是不是真正的节能。节能至少应包含如下内容：节能是绝对量的概念，指的是能源消费量的减少；资源耗减、环境污染、气候变化、能源安全外部性构成节能的理论基础，节能因不同能源品种而异，节能的主要对象是化石能源；非化石能源，尤其是可再生能源对化石能源的替代是节能的重要途径，节能以实现化石能源消费量减少为最终目标。在中国，节能是以实现高热值能源替代传统生物质能的低效利用为基础，以遏制化石能源尤其是煤炭消费的过快增长为核心，以推动非化石能源尤其是可再生能源对化石能源的替代为重要途径的能源利用的高效化、清洁化、绿色化过程。

从节能内涵角度看，万元 GDP 能耗下降率指标包含了在财政创收和官员晋升双重强力激励之下的 GDP，做大 GDP 的激励与万元 GDP 能耗下降率目标相互耦合，通过做大 GDP 实现节能目标的激励与节能内涵并不相关。对于特定地区，假定短期内能源消费的收入弹性一定，越高的节能目标实际上是激励地方政府更快地发展经济；当不同地区能源消费的收入弹性差异较大时，相同（或相近）的节能目标实际上是对经济增长率提出了迥异的要求（经济增长率随能源收入弹性的增加而提高）。

万元 GDP 能耗中的能源消费量既包含了商品化的可再生能源，也包含了化石能源，两者未加区分，与节约化石能源为主的节能内涵不匹配。万元 GDP 能耗下降率指标未涵盖数量可观的农村固态一次生物质能，缺少对传统生物质能向高热值能源转型的激励；水电、风电等商品化的可再生能源未与煤炭等化石能源分开，客观上对商品化可再生能源的利用无激励；对太阳能、沼气、地热能等非商品化可再生能源有激励作用，但由于消费量较小，激励作用有限；能够对工业能源利用效率的提高提供直接的激励，缺少对建筑、交通等涉及居民生活能耗的激励作用。

除此之外，万元 GDP 能耗下降率目标激励了第三产业的发展，但这种结构变化并不一定产生节能效果。通过构建分解模型，利用2009—2010 年的数据，并经实证分析，发现第三产业贡献了万元 GDP能耗下降的 64.1%。尽管"十一五"期间以技术节能为主的节能政策主要针对工业，但工业仅贡献了 26.5%，如果城镇化、工业化对高耗能产品的需求不断扩张，第三产业得到更快发展，即第三产业的比重得到提高，能够实现万元 GDP 能耗的下降，但是，如果这个过程不伴随工业特别是高耗能工业的减少，能源消费量很可能不会下降，不会产生真正的节能效果。

（2）节能统计的可靠性。

这部分内容主要关注节能指标的统计过程，评估不同指标的统计能否确保节能激励的有效传递，分析影响节能激励有效性的统计方法和制度因素。由于节能的原动力主要来自中央政府，对地方节能而言，节能实际上是一种压力，是负激励，因此，有效的节能统计是形成自上而下监督制衡机制的保障，相关节能统计指标的质量直接影响着节能激励传导的有效性。

省级加总数据与全国数据衔接不上，削弱了节能压力传递的有效性。2011 年，省级加总数据中，GDP 超出全国数据的 10.27%，能源消费量超出全国数据的 21.35%，致使陷入中央节能进度滞后于地方加权平均进度的窘境。通过构建指数分解模型，将总体的数据不一致性按照部门和/或按照能源品种进行分解。结果发现，2005—2011 年，GDP数据不一致性主要来自工业部门，能源消费量的不一致性来自原煤消费量，进一步将原煤消费量分解后，发现工业终端消费是原煤消费量乃至能源消费量不一致性的主要来源。对于能源消费量统计，原煤消费是中国能源的主体，其统计却最为薄弱。进一步地，在制度层面，中央政府缺少压低全国数据的激励，而在地方层面，为 GDP 而竞争的晋升激励使得地方官员产生了夸大地区 GDP 的激励。有激励并不一定构成夸大数据的事实，通过对政府统计机构间的内部制衡和信息公开的外部制衡的分析，考察了分部门的统计制度安排，结果发现，规模以上工业相关统计由地方统计局负责，信息公开最差，弱化了来自政府内部和外部的制衡，工业增加值数据乃至工业煤炭消费量数据存在人为干预空间。

在跨区域的电力折算标准煤时，存在电热当量法和发电煤耗法两种算法。大型电网使得电力生产和消费出现跨区域特点。由于电力净输出地区火力发电煤耗通常较高，对于净输入电力，采用输入地区当年平均火力发电煤耗系数折算标准煤，存在漏算的问题。同时，由于存在可再生能源发电，而电力在消费端具有同质性，采用发电煤耗系数折算标准煤，存在对可再生能源消费总量乃至能源消费总量的高估。

对于省级层面的可再生能源统计，采用发电煤耗法折算可再生能源发电的同时，需要考虑与其他非商品化可再生能源的可比性。对于沼气、地热能等非商品化可再生能源，在折算标准煤时，应当按照替代电力或煤炭计算标准煤，所替代的电力同样要采用发电煤耗法进一步折算为标准煤。当前，中国可再生能源统计职能分散，缺少可再生能源统计的统一协调机构。可再生能源统计职能按照部门划分，存在职能交叉与缺位，不能支持可再生能源消费总量的核算。可再生能源，尤其是非商品化可再生能源统计监测体系尚未建立起来，不能对地方政府可再生能源开发利用的效果进行评估，不利于形成发展可再生能源的激励。

根据经济普查结果对若干历史数据进行修订，被认为是改善数据质量的重要途径。但由于缺少公开、透明、规范的历史数据调整方案，基于经济普查结果对历史数据的修订，在客观上为地方政府，在历史数据调整过程中掺杂进人为干扰因素提供了空间，这些因素都损害了万元 GDP 能耗下降率，乃至化石能源消费量增长率/下降率作为节能评价指标的有效性。

（3）对节能资源配置的引导。

这部分内容旨在讨论节能指标对地方政府节能手段选择的影响，探讨如何通过指标改进促进地方政府节能资源的优化配置。通过识别能源消费强度、能源消费量的驱动因素，并基于省级面板数据模型进行了实证分析，对比了不同节能评价指标下驱动因素的差异；通过与技术节能、结构节能和管理节能等节能资源配置方式的衔接，分析了不同激励结构下地方政府节能手段的差异，以及不同激励结构对地方政府节能努力的优化配置的影响。

实证结果表明，收入水平的提高是能源消费强度下降主要的驱动因素，也就是说，以收入水平表征的技术效应是推动中国万元 GDP 能耗下降的主要因素；由于工业的能耗密度大大超过其他行业，工业化比重增加会推高能源消费强度；城镇化进程同样推高了能源消费强度，城镇化过程中公共设施规模经济产生的节能效果被城镇化能源消费的增加完全抵消掉了。而对能源消费量而言，人口规模、收入水平、工业化和城镇化均提高了能源消费总量，技术效应的节能效果为收入的增长、经济的扩张效应所抵消，表现为收入效应或规模效应；工业比重的提高势必推高能耗总量，而城镇化的节能效果为城镇居民能源消耗的增量所抵消，一方面城镇化过程中的管理节能尚未受到应有重视，另一方面意味着管理节能在今后具有更大的空间和潜力。

7.1.2　改进节能指标的建议

第一，从节能内涵角度，采用能源消费的收入弹性具有优势：1）减弱地方政府通过做大 GDP 完成节能目标的激励；2）对能源消费收入弹性的不同限定，更能体现地区差异性；3）有利于经济结构的转型，实现结构节能。尽管如此，能源消费的收入弹性仍然直接与 GDP 增长率相关联，这增加了节能投机的空间，且不能形成对可再生能源发展的激励。

更根本的指标改进，是将能源消费量按照能源消费的负外部效应进行划分，将化石能源作为节能评价的主要对象。通过规定化石能源增长率上限，可摆脱地方政府在节能指标与 GDP 增长率指标策略互动时的投机风险。更关键的是，可以形成对积极开发利用可再生能源的激励，有利于抑制化石能源消费量的增加。当某种非化石能源（如水电、核电）由于资源限制、生态考量或安全性问题，不被鼓励进一步开发利用时，可以将该能源品种与化石能源合并，从而弱化通过发展这种非化石能源替代化石能源的激励。

第二，从节能统计视角，为降低节能统计复杂性、减少人为干预空间，单纯将能源消费量作为节能评价指标，比采用与 GDP 相结合的复合指标（如万元 GDP 能耗下降率）更具优势；在化石能源消费量统计中，煤炭比重最大，但统计数据质量较差，削弱了当前和潜在节能指标的有效性，这是节能评价的一大挑战；在煤炭统计中，工业终端消费部门的原煤消费统计的数据质量尤其应当引起重视，且必须从统计制度优化角度提高数据质量；电力的跨区域统计在折算标准煤时，要算法统一，避免重复和漏算；可再生能源消费总量统计制度应当逐步建立起来，可再生能源消费总量或消费比重可以作为化石能源消费量增长率/下降率指标的补充，以评价地方政府发展可再生能源的效果。

在能源消费统计制度层面，改"分级独立核算"为"下算一级"，建立更加完备的信息公开和发布机制，尤其是促进地级市层面相关数据的公开；建立电力折标系数统一核算和发布机制，提高电力折标过程中的规范性；建立可再生能源消费总量核算方法和折标系数规范，并予以公开；建立基于普查数据的历史数据调整技术方案，增加数据调整过程的透明度。

第三，基于节能资源配置视角的分析，发现以万元 GDP 能耗下降率为主的评价指标，强化了地方政府做大 GDP 的激励，与采取以技术节能为主的节能手段相互强化，从而在客观上忽视了结构节能尤其是管理节能。随着技术节能的空间被压缩、经济的最终需求由基础设施建设向消费需求转型、能源消费由工业能耗向建筑和交通能耗转变，结构节能尤其是管理节能在节能管理中的地位越来越重要。能源消费量变化率指标，有利于遏制地方政府通过做大 GDP 实现节能目标的投机行为，也有利于改变以技术节能为主的节能激励，将地方政府更多的精力和努力配置到管理节能上，通过城市布局优化设计、能源需求侧管理等终端节能措施，引导消费者的用能行为，实现长远节能。

综合三个视角的评估，本研究认为应当将化石能源消费量增长率/下降率指标引入节能评价指标体系。该指标具有以下优势：1）与节约化石能源的节能内涵相匹配；2）与本已存在的 GDP 强激励分离（财政激励和晋升激励）；3）避免做大 GDP 等非节能激励；4）减少多指标核算（GDP 核算基期、名义 GDP 核算、实际 GDP 核算、经济普查后的调整等）时的人为干预空间；5）引导地方政府节能手段转型（由以技术节能为主向结构节能、管理节能转型），通过节能资源的更优配置实现真正节能。

同时，辅之以可再生能源利用总量或其占能源消费量的比重，以实现：1）与发展可再生能源替代化石能源的节能内涵相匹配；2）产生对发展可再生能源的制度激励。

引入化石能源消费量增长率/下降率指标也面临一些挑战：1）以 GDP 为核心的地方政府政绩考核模式带来的扭曲，这种扭曲在一定时期内将持续存在；2）不同行政层级间能源消费量数据无法衔接带来的节能统计困境；3）作为化石能源的主体，原煤的消费统计尤其是工业终端煤耗统计相对薄弱；4）电力跨区域统计的规范性不够、可再生能源统计薄弱、数据调整机制不透明等带来的人为干预数据的空间；5）节能手段转型对政府节能管理能力提出的更高要求；等等。

因此，节能评价指标的改进需要配套改革：1）逐步理顺节能激励，消除经济增长激励对节能统计的扭曲；2）通过多种措施解决数据无法衔接问题、改善工业煤炭统计质量，如实行能源消费量"下算一级"制度、引入内部和外部制衡、加大信息公开力度并促进信息共享等；3）规范电力折标系数、加强可再生能源统计制度建设、明确数据调整机制、提高统计透明度；4）以指标的合理化引导和激励地方政府长远节能能力建设。

7.2 几点启示

本研究对地方政府节能评价指标的多视角评估和改进，对于节能评价指标体系完善、政府政绩评价体系改革、统计制度改革顶层设计、能源市场化改革等方面均具有一定的启示意义。

第一，在节能自上而下推动的背景下，中央政府是节能的动力源泉，节能政策的执行有赖于地方政府，特别是较基层政府（地级、县级）的节能激励结构。在可预见的将来，这种体制不会发生根本变化。因此，通过何种机制将中央政府的节能战略细化为地方政府的实际行动，决定着节能的成败。本研究选取三个视角，重点评估了万元 GDP 能耗下降率指标存在的问题，并认为化石能源消费量增长率/下降率能够弥补当前指标的一些不足，具有某些优势。然而，需要特别指出的是，每个指标都既有优势也存在不足，应当形成一个包含万元 GDP 能耗下降率、化石能源消费量变化率在内的优势互补的指标体系。以此类推，人均能耗、工业增加值能耗等指标在节能评价中都可能有其潜在的优势，而是否将其纳入节能评价指标体系，取决于边际收益与边际成本（多指标之间的冲突性和优势互补性、指标变更、执行成本等）的权衡。进一步地，如何将公众满意指标引入节能减排降碳考核，通过信息公开和公众参与，引导地方政府合理配置资源，也是可以探索的机制。

第二，改革开放以来，各级政府将经济发展作为重中之重，这是由我国的国情所决定的。为调动地方政府发展经济的积极性，形成了地方官员为财政创收、政治晋升而相互竞争、不遗余力发展地区经济的基本格局。这种针对地方官员的强力激励模式是中国经济高增长至关重要的因素。内嵌于中国特定的政治经济制度，节能目标责任制总体上是符合中国国情的，然而，在实际执行过程中难以避免地受到经济增长强力激励的扭曲，出现节能数据扭曲、消极节能乃至极端节能等现象。可以肯定的是，对节能激励的扭曲仅是冰山一角。随着中国经济的崛起，一系列诸如恶性竞争、地方保护主义、经济结构失衡、地区发展不均衡、环境污染等问题暴露出来。从追求经济规模到注重发展质量，经济发展方式转型必然要求政府绩效评价体系的相应改革。2013 年 12 月，中组部印发《关于改进地方党政领导班子和领导干部政绩考核工作的通知》，提出了完善政绩考核评价指标的若干思路，首次明确了"选人用人不能简单以地区生产总值及增长率论英雄""对限制开发区域不再考核地区生产总值"，标志着政绩考核指挥棒多元化、科学化改革已提上议事日程。尽管官员经济发展激励模式的副作用显现，但打破容易重建难，多目标、多任务权衡下的官员政绩评价体系改革任重而道远。

第三，节能评价制度激励的有效性很大程度上受节能统计的影响，良好的统计制度顶层设计对于改善统计数据质量至关重要。由于大部分能源消费经过市场交易，交易记录和资金流为商品能源的统计提供了天然的核查机制。这种情形与 GDP 核算类似，GDP 是增加值，是产品产值扣除成本后的部分，实际上是市场交易规模的反映。然而，即便是存在市场这个天然的核查机制，近年来，仍然出现了省级数据加总明显超出国家总体数据的情形。也就是说，市场机制本身并非良好统计数据的充分条件，在统计制度顶层设计上，需要引入有效的内部和外部制衡，避免或尽量减少行政力量对统计数据的人为干预。其中，内部制衡即统计机构之间的统计分权，外部制衡则主要通过信息公开、提高统计透明度来实现。

第四，节能的市场失灵仅是部分失灵，能源价格机制在资源配置中应当起基础性和决定性作用。然而，在中国当前的经济制度下，能源价格机制市场化改革滞后，政府掌握着大量资源，至少在短期内，绕开政府的主导和推动，节能将无从谈起。这也是本研究选择对地方政府节能评价指标进行评估的原因之一。一个基本的判断是：通过节能评价指标的改进，塑造地方政府真实的节能激励，一方面，可以形成对能源市场化和价格形成机制改革的倒逼机制，从而调动地方政府推动建立反映资源稀缺状况和外部成本的能源价格机制的积极性，对能源价格和税费政策改革的深化起到促进作用。另一方面，随着能源市场化推进和能源税费政策完善，节能的微观基础得到加强，地方政府可以从节能微观事务中解脱出来，致力于宏观节能管理，例如，通过更有序、更优质的城镇化，充分发挥规模经济的节能效果。

参考文献

[1] Akkemik, K. A. , Göksal, K. , Li, J. , 2012. Energy Consumption and Income in Chinese Provinces: Heterogeneous Panel Causality Analysis. *Applied Energy* 99, 445-454.

[2] Archer, C. L. , Jacobson, M. Z. , 2005. Evaluation of Global Wind Power. *Journal of Geophysical Research: Atmospheres* 110, D12110.

[3] Bernardini, O. , Galli, R. , 1993. Dematerialization: Long-term Trends in the Intensity of Use of Materials and Energy. *Futures* 25, 431-448.

[4] Bo, Z. , 1996. Economic Performance and Political Mobility: Chinese Provincial Leaders. *Journal of Contemporary China* 5, 135-154.

[5] Bohi, D. , Toman, M. , 1996. *Empirical Evidence on Energy Security Externalities, The Economics of Energy Security*. Dordrecht: Springer Netherlands, 31-58.

[6] Bohi, D. R. , Toman, M. A. , 1993. Energy Security: Externalities and Policies. *Energy Policy* 21, 1093-1109.

[7] Bond, S. R. , Eberhardt, M. , 2013. Accounting for Unobserved Heterogeneity in Panel Time Series Models, Discussing Paper,

Nottingham, UK.

[8] BP, 2011. BP Statistical Review of World Energy June 2010. British Petroleum, London.

[9] BP, 2012. BP Statistical Review of World Energy June 2011. British Petroleum, London.

[10] Burton, E., 2000. The Compact City: Just or Just Compact? A Preliminary Analysis. *Urban Studies* 37, 1969-2006.

[11] Cai, Y., 2000. Between State and Peasant: Local Cadres and Statistical Reporting in Rural China. *The China Quarterly* 163, 783-805.

[12] Capello, R., Camagni, R., 2000. Beyond Optimal City size: An Evaluation of Alternative Urban Growth Patterns. *Urban Studies* 37, 1479-1496.

[13] Chen, Y., Li, H., Zhou, L.-A., 2005. Relative Per-Formance Evaluation and the Turnover of Provincial Leaders in China. *Economics Letters* 88, 421-425.

[14] Chow, G., 2006. Are Chinese Official Statistics Reliable? *CESifo Economic Studies* 52, 396-414.

[15] Dhakal, S., 2009. Urban Energy Use and Carbon Emissions from Cities in China and Policy Implications. *Energy Policy* 37, 4208-4219.

[16] Dietz, T., Rosa, E. A., 1994. Rethinking the Environmental Impacts of Population, Affluence and Technology. *Human Ecology Review* 1, 277-300.

[17] Dietz, T., Rosa, E. A., 1997. Effects of Population and Affluence on CO_2 Emissions. *Proceeding of the National Academy of Sciences of the United States of America* 94, 175-179.

[18] Downs, E. S., 2004. The Chinese Energy Security Debate. *The China Quarterly* 177, 21-41.

[19] Driscoll, J. C., Kraay, A. C., 1998. Consistent Covariance Matrix Estimation with Spatially Dependent Panel Data. *The Review*

of Economics and Statistics 80, 549-560.

[20] Eaton, S., Kostka, G., 2014. Authoritarian Environmentalism Undermined? Local Leaders' Time Horizons and Environmental Policy Implementation in China. *The China Quarterly* 218, 359-380.

[21] Eberhardt, M., 2012. Estimating Panel Time-series Models with Heterogeneous Slopes. *Stata Journal* 12, 61-71.

[22] Eberhardt, M., Bond, S., 2009. Cross-section Dependence in Nonstationary Panel Models: A Novel Estimator. Munich Personal RePEc Archive Working Paper No. 17870, Germany.

[23] Eberhardt, M., Teal, F., 2010. Productivity Analysis in global Manufacturing Production. Economics Series Working Papers 515, Department of Economics, University of Oxford.

[24] Edin, M., 2003. State Capacity and Local Agent Control in China: CCP Cadre Management from A Township Perspective. *The China Quarterly* 173, 35-52.

[25] Edin, M., 2005. Remaking the Communist Party-State: The Cadre Responsibility System at the Local Level in China. *China: An International Journal* 1, 1-15.

[26] Ehrlich, P. R., Holdren, J. P., 1971. Impact of Population Growth. *Science* 171, 1212-1217.

[27] Eurasia Group, 2006. China's Overseas Investments in Oil and Gas Production, Prepared for the US-China Economic and Security Review Commission. Eurasia Group, New York, USA.

[28] Fisher-Vanden, K., Jefferson, G. H., Liu, H., Tao, Q., 2004. What is Driving China's Decline in Energy Intensity? *Resource and Energy Economics* 26, 77-97.

[29] Fouquet, R., Pearson, P. J. G., 2012. Past and Prospective Energy Transitions: Insights from History. *Energy Policy* 50, 1-7.

[30] Galli, R., 1998. The Relationship between Energy Intensity

and Income Levels: Forecasting Long Term Energy Demand in Asian Emerging Countries. *The Energy Journal* 19, 85-105.

[31] Gates, D. F., Yin, J. Z., 2004. Urbanization and Energy in China: Issues and Implications. Chen, A., Liu, G. G., Zhang, K. H. *Urbanization and Social Welfare in China*. Ashgate Publishing Limited, Burlington, USA, 351-371.

[32] Gillingham, K., Newell, R., Palmer, K., 2006. Energy Efficiency Policies: A Retrospective Examination. *Annual Review of Environment and Resources* 31, 161-192.

[33] Gillingham, K., Newell, R. G., Palmer, K., 2009. Energy Efficiency Economics and Policy. *Annual Review of Resource Economics* 1, 597-619.

[34] Gillingham, K., Sweeney, J., 2010. Market Failure and the Structure of Externalities. Padilla, A. J., Schmalensee, R. *Harnessing Renewable Energy*. RFF Press.

[35] Grubler, A., 2012. Energy Transitions Research: Insights and Cautionary Tales. *Energy Policy* 50, 8-16.

[36] Han, J. Y., Arthur Mol, P. J., Lu, Y. L., 2010. Solar Water Heaters in China: A New Day Dawning. *Energy Policy* 38, 383-391.

[37] Hang, L., Tu, M., 2007. The Impacts of Energy Prices on Energy Intensity: Evidence from China. *Energy Policy* 35, 2978-2988.

[38] Hayek, F. A., 1945. The Use of Knowledge in Society. *The American Economic Review* 35, 519-530.

[39] Herrerias, M. J., Cuadros, A., Orts, V., 2013a. Energy Intensity and Investment Ownership Across Chinese Provinces. *Energy Economics* 36, 286-298.

[40] Herrerias, M. J., Joyeux, R., Girardin, E., 2013b. Short- and Long-run Causality between Energy Consumption and Economic Growth: Evidence Across Regions in China. *Applied Energy* 112, 1483-1492.

[41] Hoechle, D., 2007. Robust Standard Errors for Panel Regressions with Cross-sectional Dependence. *Stata Journal* 3, 281-312.

[42] Holz, C. A., 2003. "Fast, Clear and Accurate": How Reliable are Chinese Output and Economic Growth Statistics?. *The China Quarterly* 173, 122-163.

[43] Holz, C. A., 2004a. Deconstructing China's GDP Statistics. *China Economic Review* 15, 164-202.

[44] Holz, C. A., 2004b. China's Statistical System in Transition: Challenges, Data Problems, and Institutional Innovations. *Review of Income and Wealth* 50, 381-409.

[45] Holz, C. A., 2005. OECD-China Governance Project: the Institutional Arrangements for the Production of Statistics. OECD Statistics Working Papers 2005/1, OECD Publishing, Paris.

[46] Holz, C. A., 2008. China's 2004 Economic Census and 2006 Benchmark Revision of GDP Statistics: More Questions Than Answers?. *The China Quarterly* 193, 150-163.

[47] Holz, C. A., 2013. Chinese Statistics: Classification Systems and Data Sources, Munich Personal RePEc Archive (MPRA) Working Paper, No. 43869.

[48] Holz, C. A., 2014. The Quality of China's GDP Statistics. *China Economic Review* 30, 309-338.

[49] Howarth, R. B., Sanstad, A. H., 1995. Discount Rates and Energy Efficiency. *Contemporary Economic Policy* 13, 101-109.

[50] IEA, 2012. IEA Statistics CO_2 Emission from Fuel Combustion: Highlights. International Energy Agency, Paris.

[51] IEA, 2013. World Energy Outlook 2013. International Energy Agency, Paris, France.

[52] Jiang, Z., Lin, B., 2012. China's Energy Demand and Its Characteristics in the Industrialization and Urbanization Process. *Ener-

gy Policy 49, 608-615.

[53] Jiang, Z. , Lin, B. , 2014. The Perverse Fossil Fuel Subsidies in China: The Scale and Effects. *Energy* 70, 411-419.

[54] Jiang, Z. , Tan, J. , 2013. How the Removal of Energy Subsidy Affects General Price in China: A Study Based on Input-output Model. *Energy Policy* 63, 599-606.

[55] Jin, H. , Qian, Y. , Weingast, B. R. , 2005. Regional Decentralization and Fiscal Incentives: Federalism, Chinese Style. *Journal of Public Economics* 89, 1719-1742.

[56] Jones, D. W. , 1989. Urbanization and Energy Use in Economic Development. *The Energy Journal* 10, 29-44.

[57] Jones, D. W. , 1991. How Urbanization Affects Energy-use in Developing Countries. *Energy Policy* 19, 621-630.

[58] Kapetanios, G. , Pesaran, M. H. , Yamagata, T. , 2011. Panels with Non-stationary Multifactor Error Structures. *Journal of Econometrics* 160, 326-348.

[59] Karl, Y. , Chen, Z. , 2010. Government Expenditure and Energy Intensity in China. *Energy Policy* 38, 691-694.

[60] Ke, J. , Price, L. , Ohshita, S. , Fridley, D. , Khanna, N. Z. , Zhou, N. , Levine, M. , 2012. China's Industrial Energy Consumption Trends and Impacts of the Top-1000 Enterprises Energy-saving Program and the Ten Key Energy-saving Projects. *Energy Policy* 50, 562-569.

[61] Koch-Weser, I. N. , 2013. The Reliability of China's Economic Data: An Analysis of National Output. The U. S. -China Economic and Security Review Commission, New York.

[62] Kostka, G. , Hobbs, W. , 2012. Local Energy Efficiency Policy Implementation in China: Bridging the Gap between National Priorities and Local Interests. *The China Quarterly* 211, 765-785.

[63] Leach, G., 1992. The Energy Transition. *Energy Policy* 20, 116-123.

[64] Li, H., Zhou, L.-A., 2005. Political Turnover and Economic Performance: The Incentive Role of Personnel Control in China. *Journal of Public Economics* 89, 1743-1762.

[65] Li, J., Wang, X., 2012. Energy and Climate Policy in China's Twelfth Five-year Plan: A Paradigm Shift. *Energy Policy* 41, 519-528.

[66] Li, W., Song, G. J., Beresford, M., Ma, B., 2011. China's Transition to Green Energy Systems: The Economics of Home Solar Water Heaters and Their Popularization in Dezhou City. *Energy Policy* 39, 5909-5919.

[67] Liao, H., Fan, Y., Wei, Y.-M., 2007. What Induced China's Energy Intensity to Fluctuate: 1997—2006? *Energy Policy* 35, 4640-4649.

[68] Lin, B., Jiang, Z., 2011. Estimates of Energy Subsidies in China and Impact of Energy Subsidy Reform. *Energy Economics* 33, 273-283.

[69] Lin, B., Liu, X., 2012. Dilemma between Economic Development and Energy Conservation: Energy Rebound Effect in China. *Energy* 45, 867-873.

[70] Lin, B., Ouyang, X., 2014. A Revisit of Fossil-fuel Subsidies in China: Challenges and Opportunities for Energy Price Reform. *Energy Conversion and Management* 82, 124-134.

[71] Liu, W., Li, H., 2011. Improving Energy Consumption Structure: A Comprehensive Assessment of Fossil Energy Subsidies Reform in China. *Energy Policy* 39, 4134-4143.

[72] Liu, Y., 2009. Exploring the Relationship between Urbanization and Energy Consumption in China Using ARDL (Autoregressive Distributed Lag) and FDM (Factor Decomposition Model). *Energy* 34,

1846—1854.

[73] Liu, Y. , Xie, Y. , 2013. Asymmetric Adjustment of the Dynamic Relationship between Energy Intensity and Urbanization in China. *Energy Economics* 36, 43—54.

[74] Lo, K. , Wang, M. Y. , 2013. Energy Conservation in China's Twelfth Five-year Plan Period: Continuation or Paradigm Shift? *Renewable and Sustainable Energy Reviews* 18, 499—507.

[75] Ma, B. , Song, G. , Smardon, R. C. , Chen, J. , 2014a. Diffusion of Solar Water Heaters in Regional China: Economic Feasibility and Policy Effectiveness Evaluation. *Energy Policy* 72, 23—34.

[76] Ma, B. , Song, G. , Zhang, L. , Sonnenfeld, D. A. , 2014b. Explaining Sectoral Discrepancies between National and Provincial Statistics in China. *China Economic Review* 30, 353—369.

[77] Ma, C. , Stern, D. I. , 2008. China's Changing Energy Intensity Trend: A Decomposition Analysis. *Energy Economics* 30, 1037—1053.

[78] Madlener, R. , Sunak, Y. , 2011. Impacts of Urbanization on Urban Structures and Energy Demand: What Can We Learn for Urban Energy Planning and Urbanization Management? *Sustainable Cities and Society* 1, 45—53.

[79] Marcotullio, P. J. , Schulz, N. B. , 2008. Urbanization, Increasing Wealth and Energy Transitions: Comparing Experiences between the USA, Japan and Rapidly Developing Asia-Pacific Economies. Droege, P. *Urban Energy Transition: From Fossil Fuels to Renewable Power.* Elsevier, Amsterdam, Netherlands.

[80] Markandya, A. , Pedroso-Galinato, S. , Streimikiene, D. , 2006. Energy Intensity in Transition Economies: Is There Convergence towards the EU Average? *Energy Economics* 28, 121—145.

[81] Martínez-Zarzoso, I. , Bengochea-Morancho, A. , Morales-

Lage, R. , 2007. The Impact of Population on CO_2 Emissions: Evidence from European Countries. *Environmental and Resource Economics* 38, 497−512.

[82] Maskin, E. , Qian, Y. , Xu, C. , 2000. Incentives, Information, and Organizational Form. *The Review of Economic Studies* 67, 359−378.

[83] Matland, R. E. , 1995. Synthesizing the Implementation Literature: The Ambiguity-conflict Model of Policy Implementation. *Journal of Public Administration Research and Theory* 5, 145−174.

[84] Mehrotra, A. , Pääkkönen, J. , 2011. Comparing China's GDP Statistics with Coincident Indicators. *Journal of Comparative Economics* 39, 406−411.

[85] Moe, T. M. , 1984. The New Economics of Organization. *American Journal of Political Science* 28, 739−777.

[86] Montinola, G. , Qian, Y. , Weingast, B. R. , 1995. Federalism, Chinese Style: the Political Basis for Economic Success. *World Politics* 48, 50−81.

[87] O'Brien, K. J. , Li, L. , 1999. Selective Policy Implementation in Rural China. *Comparative Politics*, 167−186.

[88] O'Neill, B. C. , Ren, X. , Jiang, L. , Dalton, M. , 2012. The Effect of Urbanization on Energy Use in India and China in the iPETS Model. *Energy Economics* 34, Supplement 3, S339−S345.

[89] OECD, 1998. Improving the Environment through Reducing Subsidies. OECD, Paris, France.

[90] OECD, 2005. Environment and Governance in China, in Governance in China, Chapter 17. OECD Publishing, Paris.

[91] Pachauri, S. , Jiang, L. , 2008. The Household Energy Transition in India and China. *Energy Policy* 36, 4022−4035.

[92] Parikh, J. , Shukla, V. , 1995. Urbanization, Energy Use

and Greenhouse Effects in Economic Development: Results from A Cross-national Study of Developing Countries. *Global Environmental Change* 5, 87-103.

[93] Patterson, M. G., 1996. What is Energy Efficiency?: Concepts, Indicators and Methodological Issues. *Energy Policy* 24, 377-390.

[94] Pesaran, M. H., 2004. General Diagnostic Tests for Cross Section Dependence in Panels. Cambridge Working Papers in Economics No. 435, University of Cambridge, and CESifo Working Paper Series No. 1229.

[95] Pesaran, M. H., 2006. Estimation and Inference in Large Heterogeneous Panels with A Multifactor Error Structure. *Econometrica* 74, 967-1012.

[96] Pesaran, M. H., 2007. A Simple Panel Unit Root Test in the Presence of Cross-section Dependence. *Journal of Applied Econometrics* 22, 265-312.

[97] Pesaran, M. H., Smith, R., 1995. Estimating Long-run Relationships from Dynamic Heterogeneous Panels. *Journal of Econometrics* 68, 79-113.

[98] Poumanyvong, P., Kaneko, S., 2010. Does Urbanization Lead to Less Energy Use and Lower CO_2 Emissions? A Cross-country Analysis. *Ecological Economics* 70, 434-444.

[99] Poumanyvong, P., Kaneko, S., Dhakal, S., 2012. Impacts of Urbanization on National Transport and Road Energy Use: Evidence from Low, Middle and High Income Countries. *Energy Policy* 46, 268-277.

[100] Price, L., Levine, M. D., Zhou, N., Fridley, D., Aden, N., Lu, H., McNeil, M., Zheng, N., Qin, Y., Yowargana, P., 2011. Assessment of China's Energy-saving and Emission-reduction Accomplishments and Opportunities during the 11th Five Year

Plan. *Energy Policy* 39, 2165-2178.

[101] Qian, Y., Roland, G., 1998. Federalism and the Soft Budget Constraint. *The American Economic Review*, 88 (5), 1143-1162.

[102] Qian, Y., Weingast, B. R., 1997. Federalism As A Commitment to Perserving Market Incentives. *The Journal of Economic Perspectives* 11, 83-92.

[103] Qian, Y., Xu, C., 1993. Why China's Economic Reforms Differ: The M-form Hierarchy and Entry/Expansion of the Non-state Sector. *Economics of Transition* 1, 135-170.

[104] Rawski, T. G., 2001. What Is Happening to China's GDP Statistics? *China Economic Review* 12, 347-354.

[105] DA Rosa, A., 2012. *Fundamentals of Renewable Energy Processes* (Third Edition). Elsevier Academic Press, Amsterdam, Netherlands.

[106] Rutter, P., Keirstead, J., 2012. A Brief History and the Possible Future of Urban Energy Systems. *Energy Policy* 50, 72-80.

[107] Sadorsky, P., 2013. Do Urbanization and Industrialization Affect Energy Intensity in Developing Countries? *Energy Economics* 37, 52-59.

[108] Sanstad, A. H., Hanemann, W. M., Auffhammer, M., 2006. End-use Energy Efficiency in A "Post-Carbon" California Economy: Policy Issues and Research Frontiers. The California Climate Change Center at UC-Berkeley, Berkeley, California, USA.

[109] Saunders, H. D., 2008. Fuel Conserving (and Using) Production Functions. *Energy Economics* 30, 2184-2235.

[110] Shahbaz, M., Khan, S., Tahir, M. I., 2013. The Dynamic Links between Energy Consumption, Economic Growth, Financial Development and Trade in China: Fresh Evidence from Multivariate Framework Analysis. *Energy Economics* 40, 8-21.

[111] Shao, S., Huang, T., Yang, L., 2014. Using Latent Variable Approach to Estimate China's Economy-wide Energy Rebound Effect Over 1954—2010. *Energy Policy* 72, 235-248.

[112] Shen, L., Cheng, S., Gunson, A. J., Wan, H., 2005. Urbanization, Sustainability and the Utilization of Energy and Mineral Resources in China. *Cities* 22, 287-302.

[113] Shi, A., 2003. The Impact of Population Pressure on Global Carbon Dioxide Emissions, 1975—1996: Evidence from Pooled Cross-country Data. *Ecological Economics* 44, 29-42.

[114] Sinton, J. E., 2001. Accuracy and Reliability of China's Energy Statistics. *China Economic Review* 12, 373-383.

[115] Song, F., Zheng, X., 2012. What Drives the Change in China's Energy Intensity: Combining Decomposition Analysis and Econometric Analysis at the Provincial Level. *Energy Policy* 51, 445-453.

[116] Tsui, K.-y., Wang, Y., 2004. Between Separate Stoves and A Single Menu: Fiscal Decentralization in China. *The China Quarterly* 177, 71-90.

[117] US National Research Council, 2010. *Hidden Costs of Energy: Unpriced Consequences of Energy Production and Use*. The National Academies Press, Washington, D. C., USA.

[118] Wang, B., 2007. An Imbalanced Development of Coal and Electricity Industries in China. *Energy Policy* 35, 4959-4968.

[119] Wang, F., Yin, H., Li, S., 2010. China's Renewable Energy Policy: Commitments and Challenges. *Energy Policy* 38, 1872-1878.

[120] Wang, Q., 2014. Effects of Urbanization on Energy Consumption in China. *Energy Policy* 65, 332-339.

[121] Wang, X., 2011. On China's Energy Intensity Statistics: toward A Comprehensive and Transparent Indicator. *Energy Policy*

39，7284−7289.

[122] Wang, X., Meng, L., 2001. A Reevaluation of China's Economic Growth. *China Economic Review* 12, 338−346.

[123] Wang, Y., Chandler, W., 2011. Understanding Energy Intensity Data in China. Carnegie Endowment for International Peace.

[124] Wei, B., Yagita, H., Naba, A., Sagisaka, M., 2003. Urbanization Impact on Energy Demand and CO_2 Emission in China. *Journal of Chongqing University* (*Eng. Ed.*), 46−50.

[125] Wei, Y.-M., Liu, L.-C., Fan, Y., Wu, G., 2007. The Impact of Lifestyle on Energy Use and CO_2 Emission: An Empirical Analysis of China's Residents. *Energy Policy* 35, 247−257.

[126] Weingast, B. R., 1995. The Economic Role of Political Institutions: Market-Preserving Federalism and Economic Development. *Journal of Law, Economics, and Organization* 11, 1−31.

[127] Whiting, S. H., 2001. Power and Wealth in Rural China: The Political Economy of Institutional Change. Cambridge University Press, New York.

[128] Wu, Y., 2012. Energy Intensity and Its Determinants in China's Regional Economies. *Energy Policy* 41, 703−711.

[129] Xu, C., 2011. The Fundamental Institutions of China's Reforms and Development. *Journal of Economic Literature* 49, 1076−1151.

[130] Xu, X., 2004. China's Gross Domestic Product Estimation. *China Economic Review* 15, 302−322.

[131] Xu, X., 2006. New Features of China's National Accounts. OECD, Paris, France.

[132] Xue, S., 2004. China's Statistical System and Resources. *Journal of Government Information* 30, 87−109.

[133] Yang, M., Patiño-Echeverri, D., Yang, F., 2012. Wind Power Generation in China: Understanding the Mismatch between Capacity

and Generation. *Renewable Energy* 41, 145-151.

[134] York, R., 2007. Demographic Trends and Energy Consumption in European Union Nations, 1960—2025. *Social Science Research* 36, 855-872.

[135] York, R., Rosa, E. A., Dietz, T., 2003. STIRPAT, IPAT and ImPACT: Analytic Tools for Unpacking the Driving Forces of Environmental Impacts. *Ecological Economics* 46, 351-365.

[136] Yu, H., 2012. The Influential Factors of China's Regional Energy Intensity and Its Spatial Linkages: 1988—2007. *Energy Policy* 45, 583-593.

[137] Yuan, J.-H., Kang, J.-G., Zhao, C.-H., Hu, Z.-G., 2008. Energy Consumption and Economic Growth: Evidence from China at Both Aggregated and Disaggregated Levels. *Energy Economics* 30, 3077-3094.

[138] Yuan, J., Kang, J., Yu, C., Hu, Z., 2011. Energy Conservation and Emissions Reduction in China: Progress and Prospective. *Renewable and Sustainable Energy Reviews* 15, 4334-4347.

[139] Zhang, C., Lin, Y., 2012. Panel Estimation for Urbanization, Energy Consumption and CO₂ Emissions: A Regional Analysis in China. *Energy Policy* 49, 488-498.

[140] Zhang, C., Xu, J., 2012. Retesting the Causality between Energy Consumption and GDP in China: Evidence from Sectoral and Regional Analyses Using Dynamic Panel Data. *Energy Economics* 34, 1782-1789.

[141] Zhang, D., Aunan, K., Martin Seip, H., Vennemo, H., 2011. The Energy Intensity Target in China's 11th Five-year Plan Period: Local Implementation and Achievements in Shanxi Province. *Energy Policy* 39, 4115-4124.

[142] Zhang, S., Qin, X., 2013. Comment on "China's Energy

Demand and Its Characteristics in the Industrialization and Urbanization process" by Zhujun Jiang and Boqiang Lin. *Energy Policy* 59，942-945.

[143] Zhang, Z., 2003. Why did the Energy Intensity Fall in China's Industrial Sector in the 1990s? The Relative Importance of Structural Change and Intensity Change. *Energy Economics* 25，625-638.

[144] Zhang, Z., 2010. Copenhagen and Beyond: Reflections on China's Stance and Responses. East-West Center Working Papers No. 111.

[145] Zhao, X., Li, H., Wu, L., Qi, Y., 2014. Implementation of Energy-saving Policies in China: How Local Governments Assisted Industrial Enterprises in Achieving Energy-saving Targets. *Energy Policy* 66，170-184.

[146] Zhao, X., Ma, C., Hong, D., 2010. Why did China's Energy Intensity Increase during 1998—2006: Decomposition and Policy Analysis. *Energy Policy* 38，1379-1388.

[147] Zheng, S., Kahn, M. E., 2013. Understanding China's Urban Pollution Dynamics. *Journal of Economic Literature* 51，731-772.

[148] Zhou, N., Levine, M. D., Price, L., 2010. Overview of Current Energy-efficiency Policies in China. *Energy Policy* 38，6439-6452.

[149] Zhou, W., Zhu, B., Chen, D., Griffy-Brown, C., Ma, Y., Fei, W., 2012. Energy Consumption Patterns in the Process of China's Urbanization. *Population and Environment* 33，202-220.

[150] Zhu, Y., 1998. "Formal" and "Informal" Urbanization in China: Trends in Fujian Province. *Third World Planning Review* 20，267-284.

[151] 曾先峰，李国平. 非再生能源资源使用者成本：一个新的估计. 资源科学，2013（2）.

[152] 陈艳，朱雅丽. 中国农村居民可再生能源生活消费的碳排放评估. 中国人口·资源与环境，2011（9）.

[153] 丁杰. 能源、原材料价格改革与管理. 中国物价年鉴，1996.

[154] 冯芸，吴冲锋. 中国官员晋升中的经济因素重要吗？. 管理科学学报，2013（11）.

[155] 傅勇. 中国的分权为何不同：一个考虑政治激励与财政激励的分析框架. 世界经济，2008（11）.

[156] 傅勇，张晏. 中国式分权与财政支出结构偏向：为增长而竞争的代价. 管理世界，2007（3）.

[157] 郭庆旺，贾俊雪. 中国地方政府规模和结构优化研究. 北京：中国人民大学出版社，2012.

[158] 国家发改委. 可再生能源发展"十二五"规划编制工作方案，2010.

[159] 国务院. 国家新型城镇化规划（2014—2020 年）. 新华社，2014-04-16.

[160] 韩天. 领导干部考察考核实用全书. 北京：中国人事出版社，1999.

[161] 郝吉明，马广大，王书肖. 大气污染控制工程（第三版）. 北京：高等教育出版社，2010.

[162] 胡鞍钢，鄢一龙，刘生龙. 市场经济条件下的"计划之手"——基于能源强度的检验. 中国工业经济，2010（7）.

[163] 黄再胜，朱敏军. 中国分权式改革的激励难题及其政策选择——一种合约视角的分析. 当代经济科学，2007（5）.

[164] 蓝志勇，胡税根. 中国政府绩效评估：理论与实践. 政治学研究，2008（3）.

[165] 李国平，吴迪. 使用者成本法及其在煤炭资源价值折耗测算中的应用. 资源科学，2004（3）.

[166] 李国平，张海莹. 基于两个负外部成本内部化的煤炭开采税费水平研究. 人文杂志，2011（5）.

[167] 李克军. 官话实说：对若干时政问题的议论与探索. 哈尔滨：黑龙江人民出版社，2010.

[168] 林伯强，刘希颖，邹楚沅，刘霞. 资源税改革：以煤炭为例

的资源经济学分析. 中国社会科学，2012（2）.

[169] 林伯强，魏巍贤，任力. 现代能源经济学. 北京：中国财政经济出版社，2007.

[170] 刘瑞. 政府经济管理行为分析. 北京：新华出版社，1999.

[171] 马本，宋国君，杜倩倩. 中国太阳能热水器成本分析方法与应用研究. 中国人口·资源与环境，2012（11）.

[172] 马丽，李惠民，齐晔. 节能的目标责任制与自愿协议. 中国人口·资源与环境，2011（6）.

[173] 马丽，李惠民，齐晔. 中央—地方互动与"十一五"节能目标责任考核政策的制定过程分析. 公共管理学报，2012（1）.

[174] 茅于轼，盛洪，杨富强. 煤炭的真实成本. 北京：煤炭工业出版社，2008.

[175] 王赵宾. 扭曲的电价. 能源，2014（6）.

[176] 聂辉华，蒋敏杰. 政企合谋与矿难：来自中国省级面板数据的证据. 经济研究，2011（6）.

[177] 潘振文，安玉理. 一万亿的差距从何而来——对国家级、省级核算数据差距的思考. 中国统计，2003（11）.

[178] 齐晔. 中国低碳发展报告（2011—2012）——回顾"十一五"展望"十二五". 北京：社会科学文献出版社，2011.

[179] 齐晔. 中国低碳发展报告（2013）——政策执行与制度创新. 北京：社会科学文献出版社，2013.

[180] 乔坤元. 我国官员晋升锦标赛机制的再考察——来自省、市两级政府的证据. 财经研究，2013（4）.

[181] 邵帅，杨莉莉，黄涛. 能源回弹效应的理论模型与中国经验. 经济研究，2013（2）.

[182] 史丹. 中国能源效率的地区差异与节能潜力分析. 中国工业经济，2006（10）.

[183] 宋国君，金书秦，傅毅明. 基于外部性理论的中国环境管理体制设计. 中国人口·资源与环境，2008（2）.

[184] 宋国君，马本. 中国城市能源效率评估研究. 北京：化学工业出版社，2013.

[185] 宋雅琴，古德丹. "十一五规划"开局节能、减排指标"失灵"的制度分析. 中国软科学，2007（9）.

[186] 唐衍伟. 中国煤炭资源消费状况与价格形成机制研究. 资源科学，2008（4）.

[187] 陶然，陆曦，苏福兵，汪晖. 地区竞争格局演变下的中国转轨：财政激励和发展模式反思. 经济研究，2009（7）.

[188] 陶然，苏福兵，陆曦，朱昱铭. 经济增长能够带来晋升吗？——对晋升锦标竞赛理论的逻辑挑战与省级实证重估. 管理世界，2010（12）.

[189] 王汉生，王一鸽. 目标管理责任制：农村基层政权的实践逻辑. 社会学研究，2009（2）.

[190] 王炬鹏. 中科院专项研究强雾霾天气原因——污染排放为主因. 中国青年报，2013-02-16.

[191] 王琦. 新编统计工作实务全书. 北京：中国统计出版社，2000.

[192] 王贤彬，徐现祥. 地方官员晋升竞争与经济增长. 经济科学，2010（6）.

[193] 王永钦，张晏，章元，陈钊，陆铭. 中国的大国发展道路——论分权式改革的得失. 经济研究，2007（1）.

[194] 许宪春. 中国服务业核算及其存在的问题研究. 经济研究，2004（3）.

[195] 许宪春. 关于经济普查年度 GDP 核算的变化. 经济研究，2006（2）.

[196] 许宪春. 中国国民经济核算体系的建立、改革和发展. 中国社会科学，2009（6）.

[197] 杨其静，郑楠. 地方领导晋升竞争是标尺赛、锦标赛还是资格赛. 世界经济，2013（12）.

[198] 张万宽，焦燕. 地方政府绩效考核研究：多任务委托代理的

视角. 东岳论丛，2010（5）.

　　[199] 赵丹宁，赵逸平. 太阳能热水器在住宅中的应用. 给水排水，2009（S1）.

　　[200] 赵文娟，高新伟. 我国石油税费对成品油价格的影响分析. 价格理论与实践，2013（8）.

　　[201] 赵晓丽，洪东悦. 中国节能政策演变与展望. 软科学，2010（4）.

　　[202] 周黎安. 中国地方官员的晋升锦标赛模式研究. 经济研究，2007（7）.